Deutsche Flagge, sei gegrüsst!

Friedens- und Kriegsfahrten der Hanse, Kriegs- und Friedenstaten der deutschen Marine

Hans Satow

Alpha Editions

This edition published in 2022

ISBN : 9789356788343

Design and Setting By
Alpha Editions
www.alphaedis.com
Email - info@alphaedis.com

Contents

Vorwort.

In allen Teilen unseres Vaterlandes begeistern sich Jugend und Volk für die See, den Handel, die Schiffahrt und die Marine.

Das Verständnis hierfür zu fördern, betrachtete mein Buch: „Von der Wasserkante“[1] als seine Aufgabe. Die vielseitige, freudige Anerkennung, die ihm gezollt wurde, ist hoffentlich auch der vorliegenden Arbeit beschieden.

Sie will unsere heutige raschlebende Zeit erinnern an vorwärtsstrebende Gemeinwesen und ihre tatkräftigen Führer, die in den Tagen der Hanse für die deutsche Seegeltung sich mühten. Sie will ferner Jugend und Volk erinnern an die Kriegs- und Friedenstaten der deutschen Marine, die Zeugen sind für den opferfreudigen Mannesmut der Führer und Mannschaften; damit in der heranwachsenden Generation der Gedanke fortlebt, der jene zu den Taten begeisterte:

Die deutsche Flagge soll in Ehren wehen!

Lübeck.

Hans Satow.

Erster Teil.

Deutsche Flagge.

Deutsche Flagge,
Sei jubelnd gegrüßt!
Flatternd von tausend friedlichen Masten,
Trägst du, ob Sturm oder Sonne dich küßt,
Über die Meere die köstlichen Lasten.
Und von dem eisengepanzerten Bord
Sprichst du des Reiches donnerndes Wort,
Deutsche Flagge!

Deutsche Flagge —
Unsägliche Schmach
Haben wir, da du uns fehltest, erlitten!
Deutsche Hoffnung und Ehre zerbrach,
Da wir ohn' Banner in Zwietracht gestritten.
Neben den Fähnlein allen kein Raum,
Wehtest den Deinen nur trauernd im Traum,
Deutsche Flagge!

Deutsche Flagge,
Da kam der Tag,
Flammenden Morgenröten entsprungen,
Daß wir siegend im Wetterschlag
Dich als herrlichen Preis uns errungen!
Scheuchend der Nebel nächtlichen Flor,
Stiegst du zum Lichte leuchtend empor,
Deutsche Flagge!

Deutsche Flagge

Schwarz, weiß und rot,

Öffne zu fernsten Welten die Tore,

Schütze die Deinen in Glück und in Not,

Birg in den Falten uns Sieg, Trikolore!

Doch wenn im Kampf wir darniedergestreckt,

Sei du's, die einst noch im Tode uns deckt,

Deutsche Flagge!

Ernst Scherenberg.

Einleitung.

Wenn zur heißen Sommerzeit die Steinmauern und die Straßenpflaster der Großstädte glühen, dann ziehen viele der Stadtbewohner hinaus ans Meer. Dampfroß oder Dampfschiff bringen die wanderfrohen Städter in schneller Fahrt an das Ziel ihrer Wünsche, und gleich unseren germanischen Vorfahren, die vor einem Jahrtausend und noch früher Besitz nahmen von den Küsten der Ost- und Nordsee, bauen die Städteflüchtigen am Strande des Meeres Burgen mit starken Wällen und wehenden Fahnen, welche die Künder sind der Freude und des Frohsinns der Burgbesitzer. Nur kurze Zeit währt der Jubel, nur zu schnell sind die Ferientage vorübergerauscht, und die Herbststürme peitschen wieder die Meereswogen, die hochaufrauschend alle Herrlichkeiten der Sandburgen zerstören; in ihnen fällt alles der zertrümmernden Gier des Meeres zum Opfer.

An solchen Sturmtagen werden die Geister unserer Vorfahren wieder lebendig.

Heute braust und brandet das Meer wie ehedem, seine schaumgekrönten Wogen rinnen über blanken Seesand, über glatte und rauhe Kiesel; hier und da häuft sich am Strand der Seetang, den das Spiel der Wellen aus seinem Lager riß, an anderen Plätzen liegen Reste von Schiffsplanken und Balken, deren dunkle Massen zu erzählen wissen von schrecklichem Sturm, namenlosem Unglück, von Not und Tod.

Wir aber stehen am Strande und freuen uns über das sonnenbeglänzte Meer, dessen leuchtende Wogen in rastloser Folge heranrauschen, jubelnd ringt sich auch von unseren Lippen der alte Gruß: „Thalatta, sei uns gegrüßt, du ewiges Meer!“

Lübeck um die Mitte des sechzehnten Jahrhunderts.

Unsere Augen folgen den Schiffen, die schwerbeladen ihren Weg über das Meer suchen und nach den Hafenstädten eilen, deren rote Ziegeldächer und schlanke Türme sich widerspiegeln im Wasser der Küstenflüsse. Im Geiste sehen wir die Orte vor uns und hören auf das, was sie zu erzählen wissen von der Tatkraft ihrer Bewohner und vom Unternehmungsgeist der Vorfahren, die schon auf unbedeutenden Fahrzeugen den Weg nach fremden Ländern fanden und die Produkte der Heimat austauschten gegen die der Fremde. Die jahrhundertealten Türme, die trutzigen Stadttore, die in ihrer Ruhe nicht mehr hineinpassen in das Hasten unserer Tage, sind Zeugen der Tatkraft und des Mutes ihrer Gründer, die sich und die Ihrigen zu schützen wußten gegen räuberische und arglistige Feinde. Das reichgeschmückte Innere der Bauten umfaßt herrliche Kunstschätze, Erinnerungszeichen des Reichtums und der Freigebigkeit der Stifter. In Domen mit mächtigen Kirchenschiffen, hohen Pfeilern, prächtigen Altären und reichgeschnitzten Kirchenstühlen dankten die Zeitgenossen der Hanse Gott, wenn er sie glücklich heimbrachte nach sturmreicher Fahrt. Jene Tage der Hanse sahen ein stolzes Geschlecht. Fest verbündet hielt es sich lange Zeit in Genossenschaften zusammen, immer bestrebt, die Vorteile des Handels, die Quelle seines Reichtums, auszunützen. Die Zeit der Hanse sah ein freiheitliebendes, mutiges Geschlecht. Zahlreiche stattliche Schiffe sandten die Mitglieder des Bundes hinaus, um fremde Staaten und fremde Fürsten zu bezwingen und botmäßig zu machen, meerbeherrschend gebot lange Zeit die freie Reichsstadt Lübeck als das Haupt der Hanse. An jene Glanzzeit erinnern Geibels Worte:

„Wie steigst, o Lübeck, du herauf

In alter Pracht vor meinen Sinnen

An des beflaggten Stromes Lauf,

Mit stolzen Türmen, schart'gen Zinnen.

Dort war's, wo deiner Erker Zahl
Der Hanse Boten wartend zählten;
Dort, wo die Väter hoch im Saal
Ein Haupt für leere Kronen wählten.

Denn eine Fürstin standest du,
Der Markt war dein und dein die Wege;
Du führtest reich dem Süden zu,
Was nur gedieh in Nordens Pflege.

Es bot dir Norweg seinen Zoll,
Der Schwede bog sein Haupt, der Däne,
Wenn deine Schiffe segelvoll
Vorüberflohn, des Meeres Schwäne."

Nur ein freies Geschlecht, geführt und geleitet von den tüchtigsten unter seinen Einwohnern, konnte die herrlichen Bauwerke, die die Jahrhunderte überdauerten, schaffen, nur jenes freie und stolze Geschlecht fand nach Mißerfolgen, die auch ihm beschieden waren, den Mut, neue Flotten hinauszuschicken zu neuen Ruhmestaten im Frieden und im Kriege.

Von dieser Zeit der Pracht und der Macht des freien deutschen Bürgertums, deren Zeugen die hochragenden Türme und die prächtigen Rathäuser sind, sollen die folgenden Abschnitte erzählen.

Geschichtlicher Rückblick auf die Zeit der Hanse.

Auf den Weltmeeren zeigt die deutsche Flagge ihre leuchtenden Farben, freudig und stolz begrüßt von den Angehörigen der deutschen Nation, respektvoll beachtet von den Konkurrenten Deutschlands im Welthandel.

Unsere an Ereignissen so reiche Gegenwart läßt die Tage der Vergangenheit besonders lebendig werden, und die heutige Jugend hat die Pflicht, sich mit der Geschichte der Hanse zu befassen, um an der Hand der Erfahrungen einer ruhmreichen Vergangenheit zu erkennen, was die Zeit von unserer Generation fordert.

Unsere Beziehungen zur See bedingen es, daß wir uns mehr mit der glanzvollen Zeit der Hanse beschäftigen, damit unser Volksbewußtsein sich stärkt und zu einer Quelle der Kraft wird für die Ereignisse der Zukunft.

Wohl hat die Geschichte der Hanse etwas Eintöniges an sich, und doch fehlt es jener Epoche der deutschen Geschichte nicht an Ereignissen und Männern, die die tatenfrohe Jugend reizen, von ihnen zu hören und zu lesen.

Die Germanen waren Anwohner der Meeresküste zu der Zeit, aus der die älteste Kunde uns von ihnen berichtet. Die Gestade der Nordsee hatten sie ganz besetzt, an der Ostsee reichte ihr Einfluß bis etwa ans Kurische Haff. Geschichtliche Zeugnisse beweisen, daß sie seekundig waren, und die Besitzergreifung der englischen Inseln spricht für ihren unternehmungsfrohen Seefahrergeist. Jedoch in den Tagen der Völkerwanderung verschwanden die Germanen von den baltischen Küsten, und die Slawen traten an ihre Stelle.

Als dann im 9. und 10. Jahrhundert sich ein gesondertes deutsches Reich nach dem Vertrage zu Verdun im Jahre 843 zu entwickeln begann, stießen an der Kieler Bucht Dänen und Wenden als Grenznachbarn aufeinander.

Karl der Große (768 bis 814) und Heinrich I. (919 bis 936), zwei bedeutende Männer unter den deutschen Herrschern, die den Grund zu unserem deutschen Städtewesen legten, indem sie Niederlassungen an wichtigen Punkten gründeten und diesen dann Vorrechte und Selbständigkeit verliehen, versuchten auch die deutsche Oberherrschaft in den Küstengebieten auszudehnen, weil ihnen die Bedeutung der Seefahrt und des Handels bekannt war. Heinrich I. besonders schützte durch einen siegreichen Kriegszug gegen die Dänen den deutschen Handel vor deren Räubereien, ihren König Gorm machte er sich tributpflichtig.

Otto der Große setzte die Bemühungen seines Vaters fort und wirkte noch mittelbar für das Seewesen durch seinen Heereszug in die Nordmark im Jahre 965, durch den er König Harald zwang, sein Lehnsmann zu werden. Von nun an blieben Könige und Kaiser dem Meere fern, die deutschen Seefahrer waren auf sich allein angewiesen, und bis zum Ende des 11. Jahrhunderts beherrschten die kühnen Normannen die Küsten Deutschlands.

Der deutsche Seehandel erreichte trotz der Seeräubereien der Normannen im 9. Jahrhundert eine große Ausdehnung. Seine Wege führten nach England, nach den nordischen Königreichen und nach Rußland. Deutschen Kaufleuten sollen schon um das Jahr 1000 in London besondere Vorrechte bewilligt worden sein, die später Wilhelm der Eroberer ergänzte. Von Köln kamen reiche Mengen Rheinwein nach England. Etwa um 1070 wurde der Stahlhof am Strande in London gegründet und damit der Mittelpunkt geschaffen, der jahrhundertelang die deutschen Kaufleute in England vereinigte und so einen wichtigen Stützpunkt des deutschen Handels in England bildete.

Im 12. und 13. Jahrhundert begann die große Kolonisation im Ostseegebiet, die eine Ausdehnung des Seeverkehrs mit sich brachte und dadurch zu einem der wichtigsten Ereignisse in der Entwicklung Deutschlands wurde. Bei Beginn der Regierung Kaiser Lothars im Jahre 1125 kannte die Ostseeküste keine deutschen Bewohner, und als im Jahre 1254 der letzte Hohenstaufenkönig starb, hatten Deutsche das ganze Gebiet bis zum Finnischen Meerbusen inne. Blühende deutsche Gemeinwesen reichten von Kiel bis nach Riga; sie bildeten den Boden, auf dem die deutsche Hanse entstand.

Im Jahre 1158 begann das Werk. Das raschgewachsene, an Bedeutung zunehmende Lübeck gründete in Wisby auf Gotland eine deutsche Handelsgesellschaft. Die zentrale Lage von Wisby, das sich ungefähr auf halbem Wege zwischen Newa und Trave, zwischen dem Sund und dem Meerbusen von Riga, zwischen Weichsel und Mälarsee befand, wurde zu einer bedeutsamen Station für die damalige Schiffahrt, die große Reisen noch ängstlich vermied. Zu jener Zeit begann auch die Kolonisation der Ostseeprovinzen, indem bremische Kaufleute am Meerbusen von Riga Niederlassungen schufen, die erst mit dem Verfall der deutschen Seemacht verloren gingen. Einige Jahrzehnte später kamen Mönche in diese Gegenden, um das Christentum zu predigen, und ihnen folgten niederdeutsche Kreuzfahrer, die diese Landstriche eroberten und die Stadt Riga anlegten.

Die Städte, die auf dem Kolonialboden, der an Größe Deutschland glich, entstanden, wurden Träger eines regen Warenaustausches, einerlei, ob sie im Binnenlande oder an der See lagen; namentlich die letzteren gaben die Mittelpunkte ab für die Verkehrswege nach den nordeuropäischen Meeren. Die vielseitige und umfangreiche Tätigkeit der Städte ließ die deutsche Hanse entstehen. Die Bildung der deutschen Handelsgesellschaft in Wisby, von der oben die Rede war, weist auf die Begründung der Hansen hin. Das Wort Hansen ist eine vlämisch-gotische Zusammensetzung für den Ausdruck Genossenschaft und schließt die Bedeutung „Verbindung zu gemeinsamem Zweck mit Zahlung von Beiträgen“ in sich. Um das Jahr 1200 bildete sich die erste Hanse in Brügge, die sogenannte flandrische Hanse, die eine Genossenschaft von siebzehn Städten umfaßte und regelmäßigen Großhandel mit England betrieb. Ihr Vorort war Brügge, damals die erste Handelsstadt Nordeuropas.

Wisby zur Zeit der Hanse.
Nach einem Stich von Merian.

Im Jahre 1229 schlossen die deutschen Kaufleute von Wisby ein Abkommen mit dem Fürsten von Smolensk, das für Lübeck, Bremen, Riga, Groningen, Münster, Soest und Dortmund Gültigkeit hatte. Zum ersten Male traten deutsche Kaufleute in der Ferne einig auf, um sich durchzusetzen, und für ihre Verbindung prägten sie das Wort: ‚Der gemeine deutsche Kaufmann'. Die Bezeichnung ‚Hanse' brachte eine spätere Zeit auf. Die Vorrechtstellung von Wisby, an dessen Größe und Herrlichkeit noch heute die Ruinen der mächtigen Stadtmauer, die hohen Gewölbe der ehemals prächtigen Kirchen und die alten Treppengiebelhäuser erinnern, gründete sich insbesondere auch auf die Privilegien, die sich die ‚Kaufleute von Gotland' im Jahre 1257 von Heinrich III. in England erwarben. Handels- und Zollfreiheit wurden ihnen zugesichert; dies war nicht ein Vorrecht der Gotländer oder der Bürger von Wisby, sondern der gotländischen deutschen Genossenschaft, deren Mitglieder aus den verschiedensten Städten vom Rhein bis zum Finnischen Meerbusen stammten und im Osten wie im Westen Handel trieben. Den Angehörigen der Genossenschaften sollte der Weg nach beiden Richtungen offen stehen.

Die Schlacht bei Bornhöved am 22. Juli 1227.
Nach einer alten Lithographie.

Der Einfluß und die Bedeutung der Genossenschaft wuchs, als eine der in der Vereinigung vertretenen Städte — Lübeck — die Führung an sich brachte. Die günstige Lage am inneren Winkel der Ostsee, die Nähe der Salzwerke Lüneburgs, der schiffbare Strom, dazu die gesicherte Lage auf einem Hügel zwischen Trave und Wakenitz machten es zu einer Niederlassung, in der die Fäden der Handelswege zwischen Westdeutschland und den baltischen Plätzen zusammenliefen. Mächtig förderte Herzog Heinrich der Löwe Lübeck, und die ihr verliehenen Vorrechte blieben der Stadt erhalten zum Vorteil der deutschen Sache, als Friedrich Barbarossa Lübeck im Jahre 1188 zur Reichsstadt erhob.

Die Jahre des Zerwürfnisses zwischen Hohenstaufen und Welfen brachten den Aufstieg Dänemarks und eine Ausbreitung seines Gebietes. Im Jahre 1214 überließ Friedrich II. die Siedelungen bis nach Vorpommern dem Dänenkönig Waldemar. Erst die glücklich verlaufene Schlacht bei Bornhöved in Holstein im Jahre 1227 brachte den deutschen Ländern und den Städten, darunter auch Lübeck, die ersehnte Befreiung. Jetzt begann die Stadt sich emporzuarbeiten; die Anerkennung des Kaisers als freie Reichsstadt erhielt Lübeck. Dänemark ließ nicht leichten Kaufes die aufblühende Stadt fahren und schloß im Jahre 1234 Lübeck zur See und zu Lande ein. Lübecks Kriegskoggen, schnell ausgerüstet, durchbrachen die dänische Sperrflotte und vernichteten sie gänzlich, und damit hefteten sie den ersten deutschen Seesieg über eine bedeutende feindliche Übermacht an ihre Fahnen. Dieser erfolgreiche Kriegszug begründete, gestützt auf die Tüchtigkeit der lübeckischen Flotte, die Vormachtstellung dieser Stadt. Zum ersten Male waren die Deutschen Herren der Ostsee. Im Jahre 1241 ging Lübeck ein Bündnis mit Hamburg ein, um eine Flotte zu schaffen, deren Unterhaltung auf gemeinsame Kosten geschah und deren Aufgabe Offenhaltung des Seeverkehrs war.

Lübecks Flotte verheerte wenige Jahre darauf in einem Kriege mit Dänemark die dänische Küste. Sie zerstörte das Schloß von Kopenhagen und zertrümmerte auch das den Dänen unterworfene Stralsund. Trotz einiger Fehlschläge erbrachte der Friede vom Jahre 1254 nur Günstiges für die Stadt.

In der deutschen Geschichte begann die Periode der kaiserlosen, der schrecklichen Zeit, in der Zuchtlosigkeit und Raub herrschten. Die deutschen Städte an den Seeküsten, die sich bis dahin immer noch auf deutsche Fürsten stützen konnten, blieben mehr auf sich allein angewiesen und mußten ihre Geschicke selbst in die Hand nehmen. ‚Der gemeine deutsche Kaufmann' hatte sich dank seiner Tüchtigkeit und Rührigkeit im Auslande günstige Stellungen erworben. Weitgehende Vorrechte kamen ihm sehr zustatten und brachten ihm Erfolge. In Brügge, London, Bergen, Nowgorod, überall hatten die deutschen Kaufleute ihre besonderen Kontore, denen die Landesherren jener Gebiete Vorrechte überließen, und die damit zu wertvollen Stützpunkten des Handels wurden. Von ihnen soll weiter unten noch die Rede sein.

In jener Zeit schloß Lübeck ohne besonderen Auftrag im Namen ‚des gemeinen Kaufmannes römischen Reiches' Verträge, in denen es die gleichen Vorteile für alle deutschen Städte forderte. Eine edle Gesinnung, ein weitblickender staats- und kaufmännischer Geist sprachen aus solchem Vorgehen, das außerdem das Gefühl nationaler Zusammengehörigkeit offenbarte. Gerade die Berührung mit dem Auslande brachte die Anschauung hervor, daß der Deutsche ohne Unterschied des Standes oder Wohnortes als Angehöriger und Gleichberechtigter angesehen wurde.

Wie im Binnenlande gegen das Raubrittertum ein rheinischer Städtebund aus siebzig Städten, die von den Niederlanden bis hinauf nach Basel lagen, sich bildete, um durch die Selbsthilfe der Bürger sich in der Zeit der Gesetzlosigkeit zu schützen, so vereinigten sich auch die Seestädte. Über etwaige Verhandlungen, die über den engeren Zusammenschluß der späteren Hansestädte gepflogen worden sind, wird nichts in den Chroniken berichtet. Um das Jahr 1260 trat der erste Hansetag in Lübeck zusammen. Das Jahr kann nicht genau angegeben werden; nur spärliche Nachrichten berichten über diesen wichtigen geschichtlichen Vorgang. Schon die Zahl der Städte, die sich dem Hansebund anschlossen, schwankt. Man darf als sicher betrachten, daß manche der binnenländischen Städte die Verbindung mit der Hanse nur wegen der damit verknüpften Handelsvorteile suchten; dem Geschick des Bundes brachten sie nur geringe Anteilnahme entgegen.

Doch wenden wir uns nun den besonderen Merkmalen der Hanse zu. Die Eigenart der Vereinigung wurde gekennzeichnet durch das Fehlen einer festen Organisation. Eine zentrale Gewalt gab es nicht. Gemeinsame Streitkräfte zu Wasser und zu Lande waren nicht vorhanden, und darum erübrigte sich auch eine gemeinsame Finanzverwaltung. Die Gleichberechtigung aller Mitglieder gestand dem Vororte Lübeck nur die freiwillige Leitung zu, weil seine Bürgermeister und Ratsherren sich durch politischen Blick und staatsmännisches Geschick auszeichneten. Lübeck war weitsichtig und auch opferfreudig genug, die Lasten der Unterhaltung einer Kriegsschiffsflotte zu übernehmen.

Die deutschen Fürsten wehrten sich oft gegen das Reich- und Mächtigwerden der Städte. Wenn sie nicht zu bestimmten Zeiten des Beistandes der freien Reichsstädte dringend bedurften, standen sie ihnen feindlich gegenüber. Und doch umschlossen die Städte in jenen Tagen die Mittelpunkte des religiösen, wissenschaftlichen und künstlerischen Lebens.

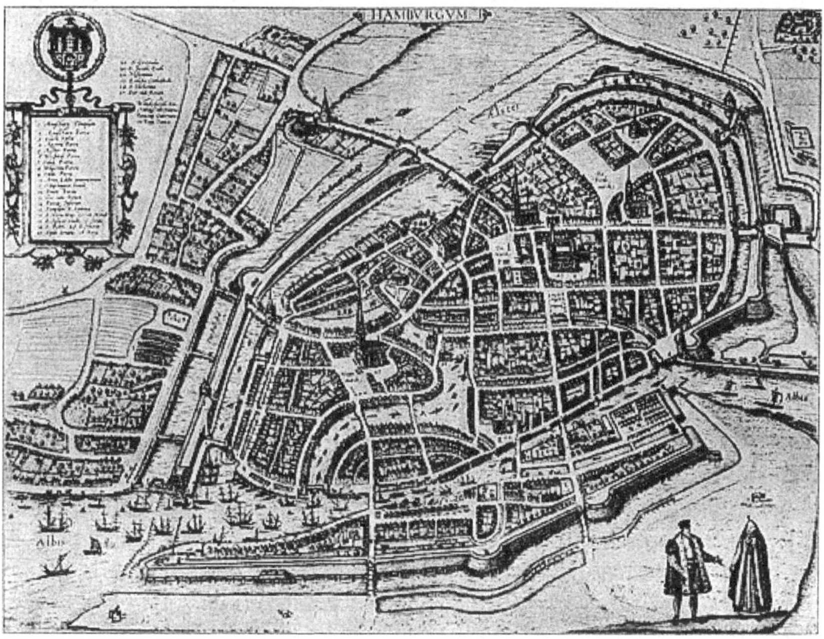

Hamburg in der zweiten Hälfte des 16. Jahrhunderts.

Nicht nur gegen ausländische Feinde mußten sich die Hansestädte wehren, — denn alle fremden seefahrenden Nationen waren ihre Konkurrenten, die ihren Einfluß geltend machten, um die Handelswege der Hansen zu stören, — sondern oft hatten die Städte eine Frontstellung gegen einheimische Fürsten inne. Aus dieser Schilderung erkennt man die Schwierigkeiten des Bundes, die nur eine ebenso vorsichtige wie kluge Leitung überwinden konnte. Auch an inneren Reibereien und Feindseligkeiten fehlte es dem Bunde nicht. Die Wünsche der Seestädte und der Binnenstädte gingen oft weit auseinander, und das einzige Zwangsmittel, das den Bund in sich festigte, war das ‚Verhansen', das heißt: Ausscheiden und in Verruf erklären. Mit dem in Verruf erklärten Orte durfte kein Verkehr gepflogen werden. Eine Polizei, die die Durchführung der Maßnahmen des Bundes überwachte, gab es nicht. Beschwerden konnten nur auf den regelmäßig stattfindenden Hansetagen, die von den Abgesandten der Bundesstädte besucht waren, vorgebracht werden. Wie wirksam die Verhansung sein konnte, erfuhr Bremen, das im Jahre 1355 in die Acht kam und nach drei Jahren, nachdem es schwere Verluste erlitten hatte, um seine Wiederaufnahme ersuchte.

Die Städte, die das Gebiet der Hanse umfaßten, gliederten sich in drei Gruppen. Zur wendischen Gruppe gehörten: Lübeck, Hamburg, Wismar, Rostock, die pommerschen Städte Stralsund, Greifswald, Anklam, Stettin, Kolberg usw. Sie hießen die Osterlinge. Zur friesisch-holländischen Gruppe gehörten Köln, die westfälischen Städte Soest und Dortmund, ferner Groningen usw. Sie wurden die Westerlinge genannt. Die letzte Gruppe bestand aus Wisby und den Städten in den Ostseeprovinzen: Riga usw.

Die Hanse wuchs aus den Verhältnissen ihrer Zeit heraus und war die Form, welche der deutsche Kaufmann zu seiner Machtstellung im Auslande sich schuf. Der hansische Kaufmann, namentlich der Lübecker, erkannte den Wert der Seemacht und stellte deshalb die Mittel bereit, die zur Unterhaltung see- und kampftüchtiger Schiffe dienten. Die Machthaber der Hanse errangen mit Geschick günstige Stellungen im Handel der Nord- und Ostseegebiete. Nicht unangebracht wäre es, das Wort Monopol dafür zu setzen. Ihr Streben richtete sich darauf, in den fremden Staaten große Vorrechte zu erhalten, wie freie Niederlassung, freien Betrieb des Handels, geringen oder gar keinen Zoll für Waren, Freiheit von Abgaben, Gründung von eigenen Häusern und Höfen und schließlich eine eigene Gerichtsbarkeit. Die hansischen Handelsherren, namentlich die von Lübeck, nutzten vortrefflich die Schwächen der Nachbarstaaten für sich aus. In den umliegenden Ländern wußten sich die Hansen nach den verschiedensten Seiten hin unentbehrlich zu machen, so daß dort die Erkenntnis aufkam, der Verkehr mit den deutschen Seestädten schließe einen Vorteil in sich. Um diese Vormachtstellung für die Hansen zu erringen, war man in der Wahl der Mittel nicht immer ängstlich. Verhalfen Geschenke und Bestechungen nicht zum gewünschten Erfolg, so schufen der Angriff zur See und zu Lande, Gewalttaten allerlei Art meistens eine zufriedenstellende Lösung. —

Im nun folgenden geschichtlichen Überblick können nur einige der wichtigsten Abschnitte der Hanse gekennzeichnet werden, weil die deutsche Geschichte des Mittelalters, wie auch die der nordischen Reiche eine Mannigfaltigkeit von rasch wechselnden Ereignissen in sich birgt, die nicht alle berücksichtigt werden können.

Es war im Jahre 1280. — Lübeck und Wisby schützten gemeinsam den Handel im Gebiete der Ostsee. Schon drei Jahre später nach diesem Seepolizeidienst verband sich die Hanse mit den Herzögen von Mecklenburg und Pommern gegen die Markgrafen von Brandenburg, um den Frieden zu erhalten, und König Erich Glipping von Dänemark trat dem Bündnis bei, da er in Verwicklungen mit Norwegen stand. Der erste, der die Stärke des neuen Bundes fühlte, war König Erich von Norwegen, genannt ‚der Priesterfeind'. Die enge Verbindung der Hansen mit Dänemark beantwortete der norwegische König mit allerlei Gewaltmaßregeln, durch die er die Hansen ernstlich treffen wollte. Der Norweger beschlagnahmte nicht nur in Bergen deutsche Handelsschiffe, sondern eignete sich auch das dort lagernde deutsche Handelsgut an, um den Handel der Hansen zu stören.

Unter der Oberleitung Lübecks rüsteten die wendischen Städte Wismar, Rostock, Stralsund, Greifswald, Stettin, ferner Riga und Wisby eine Flotte aus, auch verboten sie die Getreide- und Bierausfuhr an die arme Küste. Norwegische Häfen wurden eingeschlossen oder verwüstet, die Schiffe fortgenommen, so daß dem bedrängten Fürsten nichts weiter übrigblieb, als mit den Hansen den Frieden zu Kalmar im Jahre 1285 zu schließen. 6000 Mark Silber zahlte König Erich, dazu lieferte er die beschlagnahmten Schiffe aus, ferner bestätigte und erweiterte er die alten Vorrechte der Deutschen, dazu versprach er, in allen künftigen Streitigkeiten mit Dänemark sich dem Schiedsspruche von drei Hansestädten zu unterwerfen. Unerwartet hatte damit die Hanse eine bedeutende Hebung errungen, sie wurde Schiedsrichterin in Streitfällen zwischen den nordischen Reichen.

Die innere Ordnung der Verhältnisse in Dänemark unter Erich Menved (1286 bis 1319) raubte der Hanse wieder die Vorrechtsstellung, merkwürdigerweise wurde Lübeck diesem Dänenfürsten untertan. Im Jahre 1307 stellte es gegen Zahlung eines jährlichen Tributs sich wegen der schweren Angriffe der holsteinischen Grafen auf zehn Jahre unter seinen Schutz. König Erich umschloß Rostock mit Hilfe ‚aller deutschen und slawischen Fürsten jener Gegend' zu Wasser und zu Land, und er bezwang die Stadt trotz des Beistandes von Stralsund. Aus diesen Kriegen ging die Hanse geschwächt hervor, ihr Waffenruhm war für eine Zeit dahin.

Die Gründe für das überraschende Ergebnis, dreißig Jahre nach großen Kriegserfolgen, hat man in den Mängeln der politischen und militärischen Ordnung des Bundes zu suchen. Außerdem haben die Fehden mit ihren deutschen Nachbarn schwer auf die Städte gedrückt. Zwei Jahre nach diesen Schlägen bot das Glück den Hansen wieder die Hand. König Erich Menved starb, und damit hörte die Ruhe und Ordnung in seinen Staaten auf. Die Dänen, die mit sich selbst genug zu tun hatten, gaben ihre auswärtigen Errungenschaften auf, im Jahre 1320 kauften die Lübecker die dänische Feste von Travemünde zurück, die Rostocker wurden die Danskeburg vor dem Hafen los.

Als Christoph II., der Bruder und Nachfolger von König Erich, von den Großen seines Reiches verjagt wurde, hielten sich die Lübecker zu ihm und führten ihn in sein Land zurück. Aus Dankbarkeit gewährte er dem deutschen Kaufmann wiederum große Handelsvorteile. Dies gleiche führte auch Magnus von Norwegen im Jahre 1343 wieder durch, trotzdem er der Hanse keineswegs günstig gesinnt war. In jenen Jahren verschwand der Handel der nordischen Reiche und der russischen Gebietsteile aus der Ostsee. Englands Handel spielte eine minder bedeutende Rolle, die Hanse aber herrschte von der Newa bis an die Küste Hollands, ihr Einfluß über die See und über den Handel war so groß wie nie zuvor. Auch in England faßte die Hanse wieder festeren Fuß, weil der bedrängte König Eduard IV. mit hansischer Unterstützung aus seiner Lage befreit wurde. Für die ihm gewährten Geldunterstützungen verpfändete er die Zolleinnahme auf Wolle, die Zinngruben in Cornwall und anderes mehr an die Hansen. Die große Zeit der Hanse begann, ihre machtgebietende Stellung in Nord- und Ostsee gab ihr eine Ruhezeit, in der sie sich kräftigte für die kriegerischen Auseinandersetzungen mit König Waldemar IV. von Dänemark. Von 1340 bis 1375 führte Waldemar das Regiment in Dänemark, und ihm glückte es, nachdem er zwei Jahrzehnte an der Festigung und an der Mehrung seiner Macht gearbeitet hatte, ohne mit den Hansen in Streit zu geraten, Kräfte seines Landes für auswärtige Unternehmungen freizubekommen.

Wohl erkannte der Hansebund, daß die Erstarkung Dänemarks eine Gefahr für ihn bedeute, jedoch raffte sich die Hanse zu keinem Entschluß auf, die Entwicklung Dänemarks mit Gewalt zu hindern, auch ließen innere Streitigkeiten die Lösung dieser Aufgabe zurücktreten.

Die Hansen glaubten genug getan zu haben, wenn sie durch Anstiftung von Unruhen in Dänemark die Kräftigung des dänischen Staates hinderten. Ihre Bemühungen blieben ohne Erfolg. Im Jahre 1360 traf Waldemar durch die Eroberung von Schonen zum ersten Male den Hansebund; noch zauderten die Städte mit dem Losschlagen, da traf sie auch schon der zweite Schlag. Waldemar landete im Jahre 1361 auf Gotland, nahm das reiche Wisby und plünderte es gegen ein gegebenes Versprechen. Die Sage berichtet:

„Nach Zentnern wogen die Goten das Gold,
Zum Spiel dienten die edelsten Steine;
Die Frauen spannen mit Spindeln von Gold,
Aus silbernen Trögen fraßen die Schweine —"

Eine Menge Kostbarkeiten, viele Wertsachen und Vorräte wurden eine Beute König Waldemars. Wie die Sage weiter berichtet, gelang es ihm nicht, die geraubten Schätze nach Dänemark zu bringen. Bei einem mächtigen Sturm in der Nähe der Karlsinseln versanken sie in die Fluten, und der König rettete mit genauer Not sein Leben.

Jetzt waren den Hansen die Augen geöffnet, und die Ratssendboten der preußischen und wendischen Städte, die in Greifswald versammelt waren, beschlossen am 1. August, vier Tage nach dem Einzuge Waldemars in Wisby, ein Handelsverbot gegen Dänemark. Noch in demselben Monat verbanden sich die wendischen Städte mit den Königen von Schweden und Norwegen.

Brandschatzung der schwedischen Hansestadt Wisby durch den dänischen König Waldemar IV.
Nach einem Gemälde von C. G. Hellquist.

In großzügiger Weise trafen die Verbündeten die Vorbereitungen, um gegen den dänischen Fürsten ihre Rechte zu verteidigen. Im Frühjahr 1362 begann der Feldzug. Die Eroberung der Insel Gotland samt Wisby, die Plünderung des ‚deutschen Hofes' durch die Dänen erforderte Sühne. Die hansische Flotte unter Admiral und Bürgermeister Wittenborg erschien in rascher Fahrt im April vor Kopenhagen und im Sunde, die Belagerung der

Hauptstadt gab sie jedoch auf Wunsch der nordischen Verbündeten auf und wandte ihre ganze Kraft gegen Helsingborg, das damals noch allein den Eingang zum Sund beherrschte. Schweden und Norwegen hielten ihr Versprechen nicht, die von ihnen zugesagten zweitausend Mann trafen nicht ein. Zwölf Wochen belagerten die Hansen die starke Feste; um auch am Lande stark zu sein, entblößten sie die Schiffe zu sehr von Mannschaften. Dem König Waldemar entging diese günstige Gelegenheit des Angriffes nicht. Es gelang der dänischen Flotte, die sorglosen Hansen unter Admiral Wittenborg zu überraschen und zu schlagen. Zwölf Koggen wurden in diesem Kampfe erobert oder vernichtet, zahlreiche Gefangene und eine Anzahl Handelsschiffe fielen in die Hände der Dänen. Unter großen Verlusten schifften sich die hansischen Söldner ein und fuhren nach Lübeck zurück. Die Heimkehr brachte dem besiegten Feldherrn kein Glück. Die Lübecker hielten scharfen Gerichtstag, und mit dem Tode, den er auf dem Marktplatze zu Lübeck durch Henkershand im Jahre 1363 erlitt, sühnte Admiral Wittenborg seine Sorglosigkeit. Die gegenseitigen Anstrengungen erforderten nach diesem harten Schlage eine mehrjährige Waffenruhe.

Hinrichtung des Bürgermeisters Joh. Wittenborg auf dem Markt zu Lübeck. Nach einer Federzeichnung in Rehbeins Chronik, etwa 1620.

In dem Vertrage wurden den Hansen ihre Handelsvorteile gelassen, jedoch Waldemar kümmerte sich wenig um die Vereinbarungen, und bald kamen aus den Städten die heftigsten Klagen über allerlei Vergewaltigungen.

Im November des Jahres 1367 beschlossen auf dem Hansetag in Köln siebenundsiebzig Städte einen neuen Krieg gegen Dänemark und Norwegen. Eine machtvolle Flotte wurde ausgerüstet. Den ersten Angriff der vereinigten Flotte hatte Norwegen auszuhalten. Im Frühjahr 1368 verheerten die Hansen die Küste Norwegens so nachdrücklich, daß König Hakon um einen Waffenstillstand nachsuchte. Dann fuhren die verbündeten Hansen nach dem Sunde, eroberten in kurzer Zeit Kopenhagen, das feste Schloß Helsingör und verwüsteten Seeland. Gleichzeitig eroberte Albrecht von Schweden, der mit den Hansen gemeinsame Sache machte, Schonen und belagerte Helsingborg. König Waldemar weilte als Flüchtling im Ausland. Am 24. Mai 1370 schloß der Hansebund den ruhmreichen Frieden zu Stralsund, in dem ihm neben einer Kriegsentschädigung das bedeutungsvolle Recht zugesprochen wurde, die Könige der nordischen Reiche zu bestätigen. Damit stand die Hanse auf ihrem Gipfelpunkt, ein Städtebund triumphierte über Könige und Fürsten.

Nach diesem großen Erfolge ließ die Hanse es an der nötigen Aufsicht und an der notwendigen Einheit fehlen. Die Seekaperei und der Seeraub begannen überhandzunehmen. Wismar und Rostock hielten es im Jahre 1390 für angezeigt, Kaperbriefe gegen Schiffe der drei nordischen Reiche auszugeben. Statt daß die Verhältnisse sich besserten, verursachte dieses Vorgehen nur eine Verschlimmerung. Eine feste Seeräubergesellschaft mit dem Hauptstützpunkt in Wisby bildete sich; ihre Anhänger nannten sich ‚Likendeeler', auch unter dem Namen ‚Vitalienbrüder' sind sie bekannt geworden. Alles, was nicht zu diesen beiden Städten gehörte, sahen die Raubgeschwader als willkommene Beute an. Nicht nur, daß sie die See unsicher machten; ihre Wege führten sie auch nach Bergen, das sie plünderten und damit der Hanse großen Schaden zufügten. Im Jahre 1394 schickte Lübeck eine Flotte von vierunddreißig Koggen gegen sie aus, ohne jedoch einen bemerkenswerten Erfolg zu erringen.

Erst als die Likendeeler im Jahre 1398 Wisby und Gotland durch das Vordringen des deutschen Ordens verloren, suchten sie ihren Hauptstützpunkt in der Nordsee, wo sie noch lange ihren Räubereien oblagen.

Von einem ihrer verwegensten Anführer, Klaus Störtebeker und seinen Genossen, soll in einem anderen Kapitel die Rede sein. Im Jahre 1401 wurde er durch die Hamburger gefangengenommen und hingerichtet.

Unter den Seehelden der Hanse, die in den nachfolgenden Jahren eine Rolle spielten, müssen Kurt Bokelmann und Paul Beneke, die beiden Danziger Anführer, genannt werden, da sie in der Mitte und gegen Ausgang des 15. Jahrhunderts die Tüchtigkeit der hansischen Seehelden durch bemerkenswerte Taten bewiesen; von ihnen wird noch die Rede sein.

Am Anfang des 15. Jahrhunderts begann der Hansebund sich zu lockern; die mancherlei Eigenwege, die die im Hansebund zusammengeschlossenen Städte einschlugen, zersetzten den Bund immer mehr und mehr.

So führten die holländischen Städte Handel auf eigene Faust, der sie durch ihre günstige nähere Lage zum Ozean besonders fördern konnte. In den kriegerischen Auseinandersetzungen zwischen der Hanse und König Erich von Dänemark, die wegen der Erhebung eines Sundzolles in den Jahren 1427 bis 1435 entbrannten, hielten die Holländer strenge Neutralität und schufen sich dadurch Vorteile, der Hanse aber Nachteile, die schließlich im großen und ganzen das festhielt, was sie besaß.

Hin und her schwankte in jenen Jahren das Kriegsglück; unter sich uneins, griffen die Hansestädte wieder zum Kaperkriege, bei dem ihnen die Vitalienbrüder willkommene Bundesgenossen waren. Rostock und Stralsund bröckelten im Jahre 1430 vom Bunde ab, indem die beiden Städte durch einen Sonderfrieden, den sie mit Dänemark eingingen, die Gesamtinteressen verletzten. Die übrigen Hansestädte schlossen im Jahre 1435 mit dem Dänenfürsten den Frieden zu Vardingholm. Der König bestand nicht mehr auf dem Sundzoll und zahlte sogar eine geringe Entschädigung, nicht in Rücksicht auf die Kraft der Hansen, sondern weil die Verhältnisse in seinen Reichen ihn zum Nachgeben zwangen.

Die größte Bedeutung in der Lockerung des Hansebundes hat die Tatsache, daß vom Jahre 1425 an der große Zug der Heringe zur Ostsee ausblieb. Die an der Südwestspitze Schonens bei Skanoer und Falsterbo im Sommer und im Herbst errichteten umfangreichen Heringslager, unter dem Namen ‚Fitten' in der Geschichte bekannt, büßten an Bedeutung ein. Tausende von Fischern, Schiffern und Kaufleuten aller Nationen hatten sich viele Jahre hindurch hier zusammengefunden, und nun, da der Hering auf seinem Zuge jetzt die südliche Nordsee aufsuchte, büßten die alten Niederlassungen ihre Bedeutung ein. Die Niederlande aber nahmen an Bedeutung zu, da sie jetzt der Welt die bedeutsamste Fastenspeise — den Hering — lieferten.

Ein Kaperkrieg, der zwischen der Hanse und Holland ausgefochten wurde, brachte den Hansen Verluste und hatte als Endergebnis im Jahre 1441 die endgültige Trennung der holländischen Seestädte von der Hanse; das kleine Holland begann zuversichtlich seinen Welthandel zu entwickeln. Die Politik der Hansen war nicht mehr so sicher, so tatkräftig und so umsichtig wie früher. Ein vorsichtiger Krämergeist verursachte, daß nicht mehr wie sonst eine hinreichend starke Flotte unterhalten wurde, und als dann die drei nordischen Reiche in einer Hand vereinigt waren, bildeten sie eine Macht wie nie vorher. Die Hanse ließ es zu, mußte es zulassen, weil sie untätig war und sich mit der papierenen Zusicherung ihrer alten Vorrechte begnügte.

Inzwischen begannen die Verwicklungen mit England, die zu Kriegen führten, da die Engländer in den hartnäckigen französisch-englischen Auseinandersetzungen sich zeitweise mit Gewalt an den hansischen Schiffen bereicherten; die Engländer taten dies, weil sie wußten, daß hinter den einzelnen deutschen Städten keine Macht stand, und an eine Einigkeit der Hansestädte glaubten sie nicht. König Eduard IV. von England nahm im Jahre 1468 den Hansen ihre Vorrechte, setzte den deutschen Kaufmann gefangen, schloß den Stahlhof zu London und beschlagnahmte die deutschen Güter; nur die Kölner blieben verschont. Jetzt einigten sich die Städte. Auf dem Hansetag im Mai 1469 wurde auf Antrag von Lübeck beschlossen: 1. der Krieg gegen England, 2. das Verbot des Verkaufs englischer Waren im Gebiete der Hanse, 3. die Unterbindung des Verkehrs mit England.

Große Unternehmungen leiteten die Hansen nicht ein, sie versuchten es vorwiegend mit einem Kaperkriege, in dem sich besonders der Danziger Schiffsführer Paul Beneke hervortat.

Als eine starke Hanseflotte englische Küstengebiete viele Meilen weit verheerte und eine Reihe Schiffe fortgenommen hatte, bequemte sich Eduard IV. im Jahre 1474, Frieden zu schließen, der Hanse ihre Vorrechte wieder zu bestätigen und eine Kriegsentschädigung zu zahlen. Er tat dies, weil England die Absatzgebiete der Hanse noch brauchte.

Gegen Rußland konnte die Hanse bedeutsame Schritte nicht unternehmen, da diesem Staate ein Küstengebiet fehlte. Als Iwan I. im Jahre 1494 den deutschen Hof in Nowgorod ausplünderte, legte er die dort wohnenden neunundvierzig Deutschen in Ketten und fügte dadurch der Hanse schweren Schaden zu. Wohl rief sie den Kaiser um Hilfe an, der aber half nicht.

Wenige Jahre später erwirkte sich König Johann von Dänemark einen Achtbrief gegen Schweden. Die Hanse wurde hierdurch in ihrem Handelsverkehr gehindert. In diesen Zeiten erfuhr das feste Gefüge des Bundes eine große Lockerung. Als Lübeck am Ende des Jahres 1509 Dänemark den Krieg erklärte, schlossen sich ihm nur noch Rostock, Wismar und Stralsund an. Aber die Tatkraft der Hansestädte erfocht noch einmal den Sieg. Am 9. August 1510 wurde bei Bornholm den Dänen in einer Seeschlacht ein großer Verlust zugefügt; sie blieb aber nur unentschieden, weil die Stralsunder Schiffe zu spät kamen. Die dänischen Inseln waren schon vorher von den Hanseschiffen heimgesucht worden. Wenige Tage nach dem 9. August griffen die Hansen vor Danzig eine holländische Handelsflotte an und erbeuteten zahlreiche Schiffe. Am 18. August des gleichen Jahres kam es erneut zu einem Treffen bei Hela, in dem die dänische Flotte geschlagen wurde, dazu betrieben Lübeck und Kolberg den

Kaperkrieg mit Erfolg, so daß die Überlegenheit der Hanse zur See bestehen blieb und der Friede zu Malmö im Jahre 1512 ihre Vorrechte bestätigte.

Wohl hatten die Hansen ihre Macht noch einmal gezeigt, aber die politischen Verhältnisse hatten während der zweieinhalb Jahrhunderte eine große Veränderung erfahren. Die Staaten, in denen die Hanse so große Vorrechte besaß, waren zu einem Lehns- und Beamtenstaat geworden; die Macht der Königswürde wuchs und damit auch das Bestreben jener Größen, nicht mehr den Seehandel des eigenen Landes in fremden Händen zu sehen. Dazu wollten die Fürsten sich des Rechtes, an ihrer Landesgrenze Zölle zu erheben, nicht länger begeben, noch sich Einschränkungen auferlegen lassen. Auch die günstigen Vorrechte, die der Hanse zustanden, wurden als lästig und drückend empfunden. Kurzum, die Zeit, in der sich Monopole des Seehandels aufrechterhalten ließen, war mit dem Mittelalter vorbei.

Leider erkannten die sonst so weitsichtigen Staatsmänner der Hanse diese Veränderungen der Zeitverhältnisse nicht. Sie hielten zu stark und zu fest an alten überkommenen Zielen. Die Seegrenzen, die die Haupthansestädte umfaßten, waren viel zu groß, dazu das Einflußgebiet der einzelnen Hansestädte zu verschiedenartig. Als notwendige Folge konnte die Abbröckelung des Bundes nicht ausbleiben. Die großen Entdeckungen des Mittelalters, die Reformation mit ihren durchgreifenden Erregungen der Gemüter führten auch zu einer Änderung auf sozialem Gebiete, durch das Schwankungen in die Verhältnisse hineinkamen.

In den Hansestädten wollten auch die minderbemittelten Kreise, die Handwerker, Einfluß auf die Regierung der Stadt haben und nicht allein alle Macht in den Händen der Kaufleute sehen. Die Gärung der Geister ging nicht spurlos im Treiben der Zeit vorüber, allein zum Ausbruch kam sie erst später.

Bürgermeister Jürgen Wullenweber (1492–1537).
Gemälde im Museum zu Lübeck.

Noch einmal griff die Hanse in die Geschicke der nordischen Reiche ein. Es war im Jahre 1520, als Karl V. Kaiser von Deutschland wurde und bei den Auseinandersetzungen mit seinem Bruder Ferdinand die Niederlande, Westfriesland und Utrecht für sich behielt. Damit ging das Gebiet des Reiches von der Ems bis nach Dünkirchen für Deutschland verloren und kam in enge Beziehungen zu Spanien. Diese Trennung von Deutschland kam dem niederländischen Handel zugute und erfuhr noch eine bedeutende Steigerung, als Christian II. von Dänemark, ein Schwager Karls V., die niederländischen Handelsbeziehungen besonders begünstigte. Sein Plan ging dahin, ganz Schweden zu erobern; Schonen, den südlichen Teil Schwedens, besaß er schon. Dazu erstrebte er, Kopenhagen zum Mittelpunkte der Ostsee zu machen, um die alte Vormachtsstellung des hansischen Handels vollständig zu untergraben. Im Jahre 1519 floh Gustav Wasa, König von Schweden, vor Christian II. nach Lübeck und erbat hier Hilfe und Beistand.

In den kriegerischen Auseinandersetzungen der nachfolgenden Jahre machte sich Christian II. durch das Stockholmer Blutbad furchtbar verhaßt. Einen Aufstand, den Gustav Wasa erregte, begünstigte die Hanse offen; sie unterstützte Schweden durch die Entsendung einer Flotte, die Bornholm verwüstete, Kopenhagen und Stockholm belagerte. Der dänische Kommandant von Stockholm übergab im Jahre 1523 dem hansischen Admiral die Schlüssel Stockholms, und Gustav Wasa zog als Gustav I. in seine Hauptstadt ein. Eine Reihe von Vorrechten bildeten den Lohn für die Mühe der Hanse. Christian II. mußte sein Land verlassen, da mit Hilfe der Hanse in Jütland Friedrich I. von Holstein zum König ausgerufen wurde. Für den neuen König eroberten die Hansen Seeland und belagerten Kopenhagen, das am 24. April 1524 sich ergab. So kam der neue dänische König durch die Hansen in den Besitz seines Reiches und seiner Hauptstadt. König Christian II. entfloh vorher und versuchte nach einigen Jahren mit Hollands Hilfe Norwegen für sich zurückzuerobern. Es gelang ihm, für eine kurze Zeit an der Küste festen Fuß zu fassen, jedoch eine Flotte der Hansen schlug ihn aufs Haupt. Christian begab sich in die Gefangenschaft seines Oheims Friedrichs I., der ihn siebenundzwanzig Jahre lang in harter Haft bis zu seinem Tode im Jahre 1559 im Schlosse zu Sonderburg hielt.

Diese Leistungen: die Einführung Gustav Wasas in sein Reich, die Erhebung Friedrichs I. zum König von Dänemark nach dem Sturze Christians II., bedeuteten die letzten Äußerungen der Kraft der Hanse. Das Ende nahte. —

Schon vor dem letzten Seezuge gegen Christian II. von Dänemark brachen in Lübeck um das Jahr 1500 herum Unruhen aus, deren Endziel darin bestand, die alte Verwaltung zu stürzen und an ihre Stelle eine neue zu setzen. Jürgen Wullenweber, der gefeierte, in Romanen und Dichtungen verherrlichte Bürgermeister der Zeit der Aufstandsbewegung, trat an die Spitze Lübecks und damit auch in den Vordergrund des Hansebundes. Sein Ziel war, die alte Stellung der Hanse unter der Vorherrschaft Lübecks im Handelsverkehr des Ostseegebietes wiederherzustellen. Insbesondere richtete sich seine Tätigkeit gegen Holland. Im Krieg gegen diesen Staat schickte er Marx Meier mit einem Geschwader nach der Nordsee. Er selbst fuhr mit einer Flotte nach dem Sunde und versuchte hier, Dänemark und Schweden zum Kampfe gegen Holland zu gewinnen. Gustav I. schlug diese Forderung nicht nur ab, sondern widerrief auch die früher bewilligten Vorrechte.

In Dänemark starb gerade Friedrich I., und Wullenweber versuchte, die dänische Krone Herzog Christian von Holstein zu geben. Dieser verband sich mit Schweden, Dänemark und Holland gegen die Hansen, da er die Krone aus den Händen der Hansen nicht annehmen wollte. Im Jahre 1534 begann Wullenweber den Feldzug mit Erfolg. Ein Teil der Truppen fiel in Holstein verheerend ein. Wullenweber selbst fuhr mit einer starken Flotte nach Kopenhagen, das er belagerte. Eine Reihe dänischer und schwedischer Schiffe fielen ihm zur Beute. Die holländischen Schiffe wurden ausgeplündert und im Sunde ein Sundzoll erhoben. Durch eine angestiftete Verschwörung erreichte er, daß Malmö und die Häfen auf Seeland sich ergaben, ebenso Kopenhagen; die dänische Flotte vereinigte sich mit der seinigen; die kleineren dänischen Inseln und Schonen schlossen sich ihm an. Allüberall begannen die Bauern in Aufständen gegen die Vorherrschaft des Adels zu wüten. Christian von Holstein ward in Jütland als König Christian III. ausgerufen. Graf von Rantzau, der holsteinische Adelsmarschall, zog während dieser Zeit vor Lübeck und belagerte es. Um der Bedrängnis der Stadt abzuhelfen, kehrte Wullenweber zurück. Eine Aufhebung der Belagerung erreichte er nicht. Vielmehr erkaufte er sich nur einen Waffenstillstand mit Holstein. Anfangs des Jahres 1535 wurde Marx Meier von Christian III. und Gustav I. nicht nur geschlagen, sondern auch bei Helsingborg gefangengenommen. Die vereinigten Flotten dieser beiden Fürsten im Bunde mit der preußischen schlugen sich mit den Hansen am 9. Juni in einem unentschiedenen Gefecht bei Bornholm; am 11. Juni trafen sich die Gegner bei Assens am Kleinen Belt, und die Verbündeten wurden Sieger. Einige Tage später fielen durch den Überfall der Reede von Svendborg neun hansische Schiffe ohne Gefecht in die Hände der Feinde. Wullenweber sah binnen kurzer Zeit seine hochfahrenden Absichten zertrümmert.

Der Sieg der Lübecker in der Seeschlacht bei Gotland.
Nach einem Gemälde von Professor Hans Bohrdt.

Ein Hansetag, der jetzt einberufen wurde, sollte Hilfe bringen. Dieser Tagung wurde die entscheidende Frage vorgelegt: „Soll ein König von

Dänemark ohne Zustimmung der Hanse herrschen?" Inzwischen hatten die durch Wullenweber vertriebenen lübeckischen Bürgermeister ein Urteil des Kammergerichts herbeigeführt, in dem zum Ausdruck kam, daß die demokratische Verfassung durch Wullenweber widerrechtlich in Lübeck eingeführt sei und er mit der Reichsacht bedroht würde. Dies reichte hin, um die Lübecker zur Absetzung Wullenwebers zu bewegen.

Wullenweber ging an die Weser, um dort Landsknechte zu sammeln, er wurde jedoch vom Bischof von Bremen gefangengenommen und zu Wolfenbüttel hingerichtet. Die Pläne Wullenwebers paßten sich nicht den Zeitverhältnissen an, noch fügten sie sich in die Machtfaktoren ein. Und da weder Bündnisse, noch Heer und Flotte vorbereitet waren, mußte sein Unternehmen zugrunde gehen, und das zum Schaden des Vorortes der Hanse, Lübeck. Die Hanse galt nichts mehr. Gustav I. von Schweden hob kurzerhand die Vorrechte auf, Christian III. von Dänemark kümmerte sich auch nicht mehr darum. Der Verfall schritt rasch weiter. Im Jahre 1560 gingen die Ostseeprovinzen für Deutschland verloren, indem im Jahre 1558 Iwan II. von Rußland Narwa und Dorpat eroberte und der Hanse die Schiffahrt nach Livland verbot; Esthland unterwarf sich Erich XIV. von Schweden, und Kurland wurde im Jahre 1561 polnisches Lehen. —

Der ‚Adler'.
Nach einem Gemälde im Haus der Schiffergesellschaft zu Lübeck.

Gegen Schweden führte Lübeck im Bunde mit Dänemark von 1563 bis 1570 den letzten Seekrieg, Lübeck stand allein. Als die hansischen Abgeordneten den Fehdebrief an König Erich XIV. überbrachten, verwies er sie an den Rat der Stadt Stockholm. „Könige müßten Königen, Bürger und Bauern aber ihresgleichen den Absagebrief senden."

Lübecks Macht war noch nicht ganz zu verachten. Die Stadt gesellte der einundvierzig Schiffe starken dänischen Flotte unter Peder Skramm noch dreizehn lübische zu.

Der Krieg begann auch nicht ungünstig. Das Jahr 1564 brachte ein unentschiedenes Gefecht bei Öland. Am 30. Mai 1565 errangen die Verbündeten zwischen Öland und Gotland einen Sieg über die Schweden. Drei Tage lang wurde gefochten und das schwedische Admiralschiff, der Makeloes, das 173 Geschütze trug, erobert. Jakob Bagge, den schwedischen Admiral, brachten die Lübecker als Gefangenen heim.

Von nun an neigte sich das Glück den Schweden zu. Im Jahre 1565 flog das größte lübische Schiff, der ‚Engel', infolge einer Unvorsichtigkeit der eigenen Besatzung in die Luft. Dann führten die Schweden einen Handstreich gegen Travemünde aus, dem das neue hansische Admiralsschiff, der ‚Morian', nur mit knapper Not entging. Im Juli siegten die Schweden in einer Zweitageschlacht zwischen Rügen und Bornholm. Die Verbündeten verloren diesmal den dänischen und deutschen Admiral und fünfhundert Mann.

Nach einem unentschiedenen Treffen bei Gotland im Jahre 1566 wurde die dänische und deutsche Flotte bei Wisby vom Sturm überrascht. Drei lübische und zehn dänische Schiffe gingen zugrunde, darunter der ‚Morian' mit dem Admiral und dem Bürgermeister von Lübeck an Bord.

In den letzten Kriegsjahren gab's keine Seeschlachten mehr; die Schweden gingen nicht mehr in See. Die Stadt Lübeck ließ ein für die damalige Zeit sehr großes Schiff, den ‚Adler', in diesen Jahren gegen die Schweden kreuzen.

Lübeck bemühte sich, die übrigen Hauptstädte der Hanse zum Beitritt zu bewegen, doch vergebens. Der alte Unternehmungsgeist war dahin, von der Hanse war nichts mehr zu erwarten. Äußerlich hatten die alten Städte noch den Anschein von Kraft und Wohlstand, aber der Geist der alten Seefahrer war nicht mehr lebendig, die Hanse war fortan bis zur Auflösung im Jahre 1630 nur noch ein Name, den die Ausländer nicht achteten.

Es fehlte keineswegs an Bemühungen, die Hanse wieder zur Bedeutung emporzuheben. So hieß es in der Botschaft Ferdinands II. an die hansische Versammlung zu Lübeck im Jahre 1627:

„Der Kaiser Ferdinand II. wollte die Gelegenheit nicht versäumen, die Hansestädte wieder zu altem Flor, Ansehen und Hoheit herzustellen, da sie durch die Ausländer seit geraumer Zeit nicht allein merklich unterdrückt, sondern ihnen auch von fremden Potentaten die freie Schifffahrt gesperrt, ihre Schiffe überfallen, geplündert oder in Grund geschossen und ihnen zum Hohn und Spott deutscher Nation von ausländischen, monopolischen Gesellschaften das Brot gleichsam vor der Faust abgeschnitten sei." —

Bei der Botschaft blieb es; die Ereignisse bewiesen, daß der kriegerische Geist dahin war. Erst unsere Zeit konnte dem Deutschen Reiche wieder zu einer Seegeltung verhelfen.

Eine Septembernacht.

(1845.)

— Unde was der tidt tho Lübeck börgermester Jürgen Wullenweber; de hedde by sik geswaren, schot unde regiment van den Oeresundt an the hänsischen tho bringen, unde scholden de uth den steden myt eren schepen vortan nycht enes penniges wert an den Dänen betalen —

Lübische Chronik.

Zu Lübeck im Ratskeller saßen spät
Wir Freunde noch beim Wein und tranken,
Wo tief gebräunt die Eichentafel steht
Aus unsres letzten Kriegsschiffs Planken.
Doch galt es heute keinen Zecherspaß,
Kein lustig Liedel, keine Becherfehde;
Es schaute jeder ernst ins grüne Glas,
Und ernst und sinnig floß die Rede.

Wir sprachen von des alten Glanzes Zeit,
Von jenen, die der Hansa Schlachten schlugen,
Wir sprachen von der jüngsten Tage Leid
Und von der Hoffnung, die wir trugen.

Wohl spürten's alle feierlich und leis,
Wie sich aus Trümmern junges Leben zeuge,
Und stille ward's, als ob in unsern Kreis
Der Schutzgeist unsrer Stadt sich beuge.

Da schlug es Mitternacht. Sie brachen auf,
Wir drückten herzlich uns die Hände;
Mich aber trieb es noch den Gang hinauf,

Die Fässer durch, entlang die schatt'gen Wände.
Ich konnt' an Schlaf nicht denken. Sonst und heut
Zerfloß in meinen Sinnen lose;
So trat ich ein, gedankenvoll zerstreut,
Ins hallende Gewölb der ‚Rose'.

Wie kühl, wie stille! Nur mein Fußtritt scholl
Verdreifacht von den Gurten wider;
Ein Schauer wie vor Geisternähe quoll
Geheimnisvoll durch meine Glieder,
Und sieh, ein Lichtschein drang mir wunderbar
Linksher entgegen aus der hohen Nische.
Ich naht, und stand. Denn traun, ein seltnes Paar
Erblickt' ich zechend dort am Tische.

Der eine saß geschmückt nach alter Art
Mit Sammetschaube, Kraus' und Kette,
Umflossen Wang' und Kinn vom blonden Bart,
Die mächt'ge Stirn beschattet vom Barette.
Das blaue Auge zuckt in scharfem Glühn,
Als hing ein Weltgeschick an seinem Winken:
So saß er da, gebeugt und dennoch kühn,

Und starrt in seines Römers Blinken.

Der andre stand, die Hand am Schwertesknauf,
Riesig, vom Haupt zum Fuß in blankem Erze;
Wie Blut an seinem Panzer spielt' herauf
Der rote Flackerschein der Kerze;
Ein wild und rauh Gesicht. Ich spürt' es bald,
Hier war die Faust, dort das Ersinnen;
Da, murmelnd, wie der Wind durch Herbstlaub wallt,
Hört ich des ersten Worte rinnen:

„O Meeresauge, dunkelblauer Sund,
Du felsumstarrte Ostseepforte,
Wie schaut' ich oft hinab in deinen Grund
Und zwang ins Herz zurück der Sehnsucht Worte!
Dort unten, wo die Welle leiser schoß,
Sah ich den goldnen Zauberschlüssel liegen,
Der uns ein neues Reich erschloß
Von Meeresherrschaft, Glanz und Siegen.

Eroberung Kopenhagens durch die Hansa.
Von Professor Hans Petersen.

„Ich warb um ihn, wie um den Ring der Braut,
Ich warb auf Leben und auf Sterben.
O hätte mir das blöde Volk getraut!
Den Sieg erzwingen mußte solch ein Werben,
Den Sieg der Kampf, der sieben Jahre durch
Im Rat, zur See, im Schlachtfeld grollte,
Der Riesenkampf, der unsrer Hansa Burg
Bis zu den Sternen türmen sollte.

„Sie faßten's nicht, es war für sie zu groß;
Sie zitterten, die Käufer und Verkäufer;
Da führten meine Feinde schlau den Stoß,
Verräter hieß ich, Wiedertäufer.

Sie rissen von den Stufen mich herab,
Sie saßen trotzig zu Gerichte,
Sie brachen über mich den weißen Stab,
Und mehr! — Sie schrieben die Geschichte.

„Dreihundert Jahre sind's, da sprang vom Schlag
Des Beils mein Blut in Strömen vom Schafotte.
Doch war ein Geist des Unheils seit dem Tag
Mit meiner Heimat Heer und Flotte —
Was Menschen bauten, wird des Windes Spiel,
Nur Gottes Ratschluß bleibt beständig;
Die Hansa sank, das alte Reich zerfiel,
Doch Deutschland steigt empor lebendig.

„Es geht ein heil'ger Sturm von Stadt zu Stadt,
Sie spüren's all, erwacht aus schwerem Traume:
Deutschland ist eins, und jeder ist ein Blatt
Am riesengroßen Wunderbaume.
Schon grollt man jedem fremden Übermut,
Schon zürnt der Süden, ist der Norden frönig;
Hinweg denn mit dem knechtischen Tribut,
Dem Schoß an jenen Inselkönig!

„Frischauf, mein Volk, du großes Vaterland,
Treueinig, wie ich's nimmer durfte schauen!
Vollführe du, was mir im Herzen stand,

Zu Masten laß des Forstes Tannen hauen!
Dein sei der Sund, der dich nach Westen weist,
Der Weg des Meeres dein, ein glorreich Lehen,
Mit Kugeln gib den Zoll! Es soll mein Geist

Am Steuer deines Heerschiffs stehen!“

Er fuhr empor: die beiden stießen an,
Die Schwerter klirrten und die grünen Becher,
Und hastig bis zur Neige stürzten dann
Den Wein hinab die seltnen Zecher.
Da dröhnt’ es eins von Sankt Marien Turm,
Die Kerze flackert und erlosch im Schalle,
Durch Pfort und Gitter braust’ es wie ein Sturm,
Und einsam stand ich in der Halle.

Mir graute nicht. Wohl hatt’ ich sie erkannt,
Die Heimgekehrten aus dem Reich der Gräber,
Die mächtigen Gestalten Hand in Hand,
Marx Meier, Jürgen Wullenweber.
Mein Herz schlug kühn, zur Hoffnung hoch erwacht,
Und durch des Herbstes Wind und Blättertreiben
Heimschritt ich froh, um noch in tiefer Nacht,
Was ich vernommen, aufzuschreiben.

Emanuel Geibel.

(Aus: „Geibel, Gesammelte Werke“. I. G. Cottasche Buchhandlung Nachfolger, Stuttgart.)

Schiffbau und Schiffahrt zur Hansezeit.

Die erste deutsche Seemacht, die Hanse, besaß eine Flotte, die für jene Zeiten bedeutend war; im Frieden wie im Kriege hat sie eine Rolle gespielt, an die wir mit Wehmut und Neid zurückdenken. Über den Umfang und den Gesamtwert jener Flotte haben wir keine Nachrichten, keine, auch nur für einen Zeitpunkt. Wohl werden uns bei Gelegenheit von Rüstungen gegen gemeinsame Feinde einzelne Zahlen mitgeteilt, die für die Größe der Bewertung nicht ganz wertlos sind. Über die Entstehung der Kauffahrteiflotte, über den hansischen Schiffbau läßt uns das reichliche

Material der hansischen Geschichte im Stich, statistische Angaben fehlen vollständig. Angaben über Verluste von Schiffen, über Schiffsnamen, über Schiffsberaubungen, Strandungen und Ausrüstungen kommen schon bedeutend häufiger vor.

Schiffbauwerkstätte im 17. Jahrhundert.

Der Schiffbau war frühzeitig ein Gegenstand der polizeilich und wirtschaftlich beschränkenden Fürsorge der Hansen. Jede an der Schiffahrt beteiligte Stadt baute ihre Fahrzeuge selbst, und man hielt strenge darauf, daß für Außenhansen keine Schiffe gebaut oder neue Schiffe an sie verkauft wurden. Nicht immer beachtete man das Verbot des Schiffbaues für Fremde; namentlich Danzig, das einen besonders blühenden Schiffbau aufwies, kümmerte sich oftmals wenig darum. Neben Danzig muß Lübeck genannt werden, in dessen Lastadienbüchern — Lastadien nannte man zur Hansezeit die Schiffbauwerkstätten — seit 1560 eine genaue Aufstellung vorhanden ist. Andere bestimmte Nachrichten über den Umfang der Reederei und des Schiffbaues in den Hansestädten liegen nur in geringem Maße vor.

Schiffbauwerkstätte im 17. Jahrhundert.

Die Schiffahrt hat in den Zeiten der Hanse mancherlei Gefahren und Schwierigkeiten zu bestehen gehabt. Die Gestalt der Schiffe, die man teils lang und schmal, teils kurz und tiefbauchig baute, war bis zum 12. Jahrhundert sogar so einfach, daß die Fahrzeuge ohne Deck mit nur einem Mast fuhren, dessen einzige rechtwinklig sitzende Rahe ein Segel trug, das erst nach der Abfahrt aufgerichtet wurde; als Steuer diente ein bereits bewegliches Ruder, es konnte, je nachdem es erforderlich war, links oder rechts eingesetzt werden. War der Wind ungünstig und das Segeln unmöglich, so geschah die Fortbewegung des Schiffes durch Ruder und lange Stangen. Ein Teil der Schiffsmannschaft mußte das einströmende Wasser ausschöpfen. Nach dem 12. Jahrhundert erhielten die Schiffe ein Verdeck, jedoch wurde es im Winter abgenommen. Auch stellte man den Mast fester, verband das Steuerruder mit der Verlängerung des Kielbalkens und legte beim Vorder- und Hintersteven Kastelle an, das sind Aufbauten, die zur Verteidigung und beim Angriff als Schutzwehr dienten. Das Verdeck zwischen den Steven wurde mit Planken umsäumt, die in der Mitte einen Durchlaß hatten, der beim Ausladen und Einladen gebraucht wurde. Der kurze Mastbaum trug einen Mastkorb aus Weidenzweigen, die sogenannte Reibe, die erst in späterer Zeit aus festem Holz hergestellt wurde. Über die Betakelung und die Segelführung der Schiffe jener Zeit kann man sich schwer eine Vorstellung machen, desgleichen über die Handhabung und die Fahrt. Da der Kompaß in den nordischen Gewässern schwerlich in der zweiten Hälfte des 14. Jahrhunderts angewendet wurde, hielt sich der Schiffer immer in der Nähe der Küste auf. Chronometer und Log besaß er nicht, daher konnte er nur abschätzen und nur bei gutem Wetter eine längere Fahrt übers Meer unternehmen. Nicht zu unterschätzen ist die Geschwindigkeit, denn bei günstigem Winde fuhr ein Segler damaliger Zeit mindestens so schnell wie ein mittlerer Dampfer unserer Tage.

Am Abend, wenn die Dämmerung hereinbrach, wurde Anker geworfen, und Teile der Mannschaft stiegen ans Land, um die Mahlzeit zu kochen. Die erste Rolle spielte dabei die Grütze. An den Tagen, an denen nicht gelandet wurde oder an denen man nicht landen konnte, gab es kaltes Fleisch, Schinken, Brot, Butter, Räucherhering und dergleichen. Einen besonderen Koch gab es nicht. Das Kochen ging die Reihe herum. Unter dem Maste stand zugedeckt ein Gefäß Trinkwasser, aus dem man gemeinsam trank, und Bier, das in einer Tonne aufbewahrt wurde. Wenn das Schiff während der Nachtzeit am Ufer lag, verband eine Landungsbrücke Land und Schiff. Wachtposten sorgten für die Sicherheit. Kam ein Sturm, so suchte man, solange es möglich war, Schutz am Lande. Bei Fahrten über das offene Meer, wenn die Sonne unter den Horizont gesunken war und kein Küstenstrich sich mehr zeigte, richtete sich der Schiffsmann nach dem Polarstern. Dieser war der Leitstern des Schiffers. Tage-, ja wochenlang wartete man auf günstiges Wetter, auf einen klaren Himmel, um sich nicht der Gefahr auszusetzen, ins Ungewisse hinauszusegeln. Trat während der Fahrt schlechtes Wetter ein, so ließ der Schiffer wohl Vögel auffliegen, die er mit an Bord genommen hatte und nach deren Flug er sich richtete, da die fortfliegenden Vögel die Richtung nach dem Lande angaben. Der Schiffbau der Hansen hat sich im Laufe der Zeit je nach den Schwierigkeiten, die zu erfüllen waren, entwickelt. Die Größe der Schiffe, ihre Seetüchtigkeit, ihre Stärke und Manövrierfähigkeit, ihre Kriegsbrauchbarkeit, kurzum, Bau und Ausrüstung haben in den Jahrhunderten ständig Veränderungen erfahren.

Lübeckische Kriegskogge aus dem fünfzehnten Jahrhundert.

Aus der ältesten Zeit bis etwa in das 15. Jahrhundert hinein sind keine Bilder erhalten, die über das Äußere Aufschluß geben. Wie auch heute noch, so unterschied man damals nach Größe und Zweck vielfältige Formen, für die mannigfache Namen erdacht wurden. Am verbreitetsten war die Bezeichnung ‚Koggen'. Aus festem Eichenholz erbaut, mit hohem Borde, konnten sie dem wilden Sturme trotzen, und der bauchige Leib bot großen Raum für Waren und Mannschaften. Hinter- und Vorderteil waren abgerundet; die Segel befanden sich an zwei Masten. Die Durchschnittsgröße der hansischen Schiffe betrug im 14. Jahrhundert etwa hundert Tonnen und darunter, im 15. Jahrhundert mehr. An der Grenze des Mittelalters nahm die Größe der Schiffe zu. Im nordischen siebenjährigen Kriege (1563 bis 1570) bauten die Lübecker das Kriegsschiff ‚Adler', das 1400 Tonnen faßte. Lübeck und Danzig besaßen besonders große Schiffe.

Die Bezeichnung Tonne als Schiffsmaß stammt auch von den hansischen Schiffen, die als Hauptartikel Bier und Wein beförderten. Es kam darauf an, zu wissen, wieviel Tonnen, mit diesen Getränken gefüllt, ein Schiff laden konnte.

Hamburgisches Kriegsschiff aus der Zeit der Hanse.

Die Koggen dienten gleichmäßig für den Krieg und für den Frieden, je nachdem es die Zeit erforderte. Jedoch waren die für den Krieg bestimmten Schiffe noch besser ausgerüstet. Sie trugen am Vorder- und Hinterdeck kastellartige Erhöhungen, von denen aus die Mannschaften kämpften. In der Mitte des Schiffes befanden sich Wurfmaschinen; auch aus den Mastkörben schleuderten die Schützen ihre Geschosse.

Im Kampfe drangen die Schiffe nahe aufeinander ein, die Enterbrücken fielen; man zog unter Umständen das feindliche Schiff mit dem Enterhaken heran, um so an Bord den Kampf zu Ende zu führen.

Die kleineren Schiffe jener Zeit, die sogenannten ‚Sniggen', waren schmal, lang und offen gebaut, vergleichbar mit den heutzutage gebräuchlichen Schuten; ein Mast trug die Segel zur Fortbewegung.

Nachdem das Pulver erfunden war und die Feuerwaffen sich ausbreiteten, machten die Hansestädte in ihren Kriegen und bei der Ausrüstung ihrer Schiffe sehr schnell Gebrauch davon. Als Kopenhagen im Jahre 1428 belagert wurde, feuerten zweihundert Büchsen gleichzeitig gegen die Stadt.

Die Schiffahrt machte ständig Fortschritte, auch wurde man nach und nach mit dem Meer vertrauter. Man hielt sich nicht mehr ängstlich an den Küsten auf, sondern fuhr in freier Fahrt über das Meer; die Schiffe wurden für diese langen Fahrten größer und reicher ausgestattet. Auch die Kriegsschiffe, nach der damaligen holländischen Bezeichnung ‚Orlogschiffe' genannt, unterschieden sich jetzt viel mehr von den Kauffahrteifahrzeugen. Bei den Kriegsschiffen baute man ein doppeltes Deck ein, gab ihnen drei Masten und machte ihren Rumpf recht groß. So faßte zum Beispiel das schwedische Admiralschiff in der Seeschlacht bei Bornholm im Jahre 1564 siebenhundert Mann Besatzung.

Die Schiffe der Hanse besaßen kein gemeinsames Abzeichen, führten auch keine einheitliche Flagge. Je nach den Städten war die Farbe der Wimpel verschieden; bei den Hamburgern rot, bei den Lübeckern weiß-rot, bei den Rigaern schwarz mit weißem Kreuz. In der Schlacht, wo Erkennungszeichen notwendig waren, pflanzte man das Wappenschild des Fürsten oder der Stadt auf den Schiffskastellen oder dem Mastkorbe auf. An Bord der Schiffe herrschte strenge Ordnung. Auf der See war alles dem Gebote des Kapitäns und der selbstgewählten Vertrauensmänner untertan. Vor dem Auslauf in die See sprach man ein gemeinsames Gebet, auch wurden die betreffenden Vorschriften eingeschärft. Vor dem Einlaufen in den Hafen ermahnte man die Mannschaft, allen Groll über erlittene Strafen und andere Vorfälle nicht mit ans Land zu nehmen. In jener Zeit unterlag das Schiffswesen festen, geregelten Bestimmungen, die fast bis ins kleinste eingriffen. Es stand nicht einmal frei, zu jeder beliebigen Zeit in die See zu stoßen. Von Martini bis zum 22. Februar sollte die Schiffahrt ruhen, so forderte ein im Jahre 1401 gefaßter und später mehrmals wiederholter Beschluß. Zu Kriegszeiten durfte kein Schiff einzeln fahren und ferne Häfen aufsuchen. Aus allen diesen Gebräuchen und Beschlüssen entstand allmählich das Seerecht. Die am Mittelmeer liegenden Städte sind mit solchen Aufzeichnungen vorangegangen. Auf diese Vorlage bauten sich das Wisbysche Seerecht und das Hamburger Schiffsrecht auf, von denen gelehrte Bearbeitungen aus den Jahren 1591 und 1641 bis in die neuere Zeit Geltung behalten haben. Zur Orientierung auf dem Meere dienten auch damals dem Schiffer Seebücher. Eines dieser Bücher, dessen Ursprung bis ins 14. Jahrhundert zurückreicht, belehrte den hansischen Schiffsführer über Küsten und Meere von der Gibraltarstraße bis an den Finnischen Meerbusen, unterwies ihn über Gezeiten und Stromläufe, Häfen und Reeden, Klippen und Bänke, und unterrichtete ihn über die Merkmale, die für eine glückliche Landung zu beachten waren. Auch Angaben über Tiefe und Beschaffenheit des Meeresgrundes waren nicht vergessen.

Seekarten, die der Mittelmeerfahrer seit dem 14. Jahrhundert besaß, kamen für die nordischen Gewässer erst in der zweiten Hälfte des 16. Jahrhunderts auf, und ihre Verwendung erleichterte dem Schiffsführer sein schwieriges Amt.

Der hansische Kaufmann.

Vor dem 12. und 13. Jahrhundert kann von einem hansischen Kaufmann noch nicht gesprochen werden, denn erst in dieser Zeit trat er in die Erscheinung. Es ist ein eigenartiges Merkmal des Mittelalters, daß der einzelne Mensch unfreier, gebundener und der Gesamtheit weit mehr untergeordnet war als heute. Ordnung und Zucht hielten das Ganze — sei es Stadt oder Land — viel schärfer zusammen. Der einzelne konnte seiner Eigenart viel weniger nachgehen. Solchem Zwange unterlag auch das Kaufmannsleben der Hansezeit. In Heimat und Fremde mußte er die örtlichen Vorschriften beim Kauf und Verkauf der Waren beachten. In den ausländischen Kontoren in Nowgorod, Bergen, London lebte er in strenger, enger Tischgesellschaft mit seinen Genossen. Bei der Meerfahrt unterstand der Kaufmann der Gerichtsbarkeit des Admirals, und trotzdem war er in Heimat und Fremde ein freigeborener Mann. Gerade die persönliche Freiheit bildete die eigentliche Vorbedingung für das unbehelligte Wandern der Kaufleute. Mancher Kaufherr hatte im Mittelalter aus kleinen Anfängen sein Handlungshaus zur Höhe gebracht. Sein Wohlstand begründete den seines Geschlechtes, und in großartiger Wohltätigkeit schuf der Kaufmann Stiftungen für die Heimat, die seinen Namen bis in unsere Zeit rühmend nennen.

Wie war der Lebenslauf eines Kaufmanns in der hansischen Zeit? Sein Eintritt in das Leben, die Taufe und die ersten Kinderjahre verliefen kaum anders als bei sonstigen Sterblichen. Und wenn der neue Erdenbürger seinen ersten Schrei tat, nahmen daran nicht nur die Hausgenossen teil, sondern auch Verwandtschaft und Bekanntschaft. Die freudige Nachricht brachte die mit einem Blumenstrauß geschmückte Magd den Verwandten und befreundeten Nachbarn, und gern stellten sich die Freundinnen ein, um Mutter und Kind zu sehen und sich selbst bei gutem Mahle und gutem Trunk zum Wohle von Mutter und Kind zu stärken.

In jener Zeit hat vielfach die Obrigkeit durch Verordnungen eingegriffen, um die Gelage zu bekämpfen, aber mit wenig Erfolg. Die Taufe geschah nach den Vorschriften der Kirche bald nach der Geburt; meistens erfolgte sie schon am zweiten oder dritten Tag. Vielfach war auch die Taufe mit Festlichkeiten verbunden, die allerlei Aufwand aufwiesen, daher hatten manche Stadtobrigkeiten durch Verordnungen die Schmausereien und das Übermaß der Patengeschenke einschränken wollen. Es half aber wenig. Lieber zahlte man die Buße, die auf der Übertretung der Verordnung stand, und ließ alles beim alten. Nicht allemal verliefen die Tauffestlichkeiten friedlich; oft genug trennten sich die erhitzten Gemüter in Hader und Zwist.

Handelsbetrieb im fünfzehnten Jahrhundert.
Nach einer alten Miniatur.

Über den Verlauf der ersten Kinderjahre berichten die hansischen Geschichtsquellen wenig. Sie wissen wohl davon zu erzählen, daß die Kindersterblichkeit eine hohe Ziffer aufwies, ebenso war aber auch der Kinderreichtum der Familien groß. Die Sterblichkeit lag der Hauptsache nach in dem damaligen Stande der ärztlichen Kunst begründet. Allerlei Medizinen, viele Haus- und Geheimmittel begleiteten das neugeborene Kind von der Wiege an durch alle Lebensabschnitte der Kindheit. Sie sollten das Zahnen, das Gehen und Sprechenlernen unterstützen, und der Aber- und Wunderglaube jener Tage, der den Wolfs- und Pferdezähnen und ähnlichen Amuletten wunderbare Wirkungen zuschrieb, ist ja in unserer Zeit noch nicht ausgestorben. Auch in jenen Tagen hat es nicht an Beispielen gefehlt, daß der Kampf ums Dasein hart war, daß Vater und Mutter sich nicht, wie es sein mußte, um ihr Kind kümmern konnten.

Mit dem Eintritt in die Schule begann ein neuer Zeitabschnitt in dem Leben des jungen Menschenkindes; daß der Kaufmann jener Tage eine Schule besuchte, war selbstverständlich. In den Archiven der hansischen Städte finden wir neben den Aufzeichnungen, die in den Kanzleien geschahen und von Ratmannen oder Beamten stammten, auch Rechnungen einfacher Handwerker und Kaufleute. Und die Starrheit und Ungelenkigkeit der Schriftzüge beweisen, daß die Feder nur widerwillig der Führung der Hand gehorchte. Das Schulwesen jener Tage zeigte keine einheitliche Gliederung, sondern die örtlichen Verhältnisse und die recht verschiedenen Bedürfnisse und Rücksichten entschieden alles. Die Schule bildete keine Angelegenheit des Staates oder der Stadt, sondern der Kirche, und daher kam es oft zwischen beiden zu Auseinandersetzungen. Die Zucht in den Schulen war strenge; Stock und Rute spielten eine große Rolle, sie blieben die unentbehrlichsten Hilfsmittel im Unterricht. Auf bildlichen Vorstellungen des Mittelalters ist die Rute das Standessymbol des Lehrers. Als Unarten der Schüler jener Zeit werden nur solche Vergehen berichtet, die auch die heutige Jugend noch nicht abgelegt hat. Nach der Schulzeit kam die Lehre und damit der Ernst des Lebens.

Über die Lehrzeit sagen die niederdeutschen Quellen wenig. Sie war verschieden bemessen und schwankte zwischen zwei und zehn Jahren. Alter, Bildungsstand, Lebensstellung des Lehrlings spielten eine bestimmte Rolle. Lehrlingsordnungen überlieferte erst eine spätere Zeit. Es darf jedoch als sicher gelten, daß manche von diesen schon früher bestanden. In einigen dieser Bestimmungen fesselt besonders die Verfügung, die dem jungen Kaufmannsgesellen einen zweijährigen Aufenthalt in der Fremde vorschrieb. Hierin haben wir den Schlüssel zu der Stellung des hansischen Kaufmanns. Jeder mußte hinaus, um sich an anderen Orten, an fremden Plätzen, an fremden Märkten Erfahrungen zu sammeln, die ihn später in den Stand setzten, nicht nur für sich, sondern auch für das Wohl seiner Vaterstadt zu wirken. Die Lehrzeit war gewiß recht hart, denn der junge Kaufmannslehrling mußte auch im Haushalte tüchtig zugreifen; Einheizen, Feuerstechen, Hauskehren, Wein-, Bier- und Wasserholen gehörten vielfach zu seinen Dienstobliegenheiten. In den Bestimmungen wurde der Lehrherr darauf hingewiesen, den Lehrling in Gottesfurcht zu erziehen und allseitig auszubilden. Es darf nicht vergessen werden, daß der Lehrling oft sehr jung in die Lehre kam und häufig genug erst jetzt seine Schulbildung vervollständigte. Wenig hören wir von der Erlernung fremder Sprachen, abgesehen von dem Latein. Man darf als sicher annehmen, daß der Kaufmann der hansischen Zeit auch versucht hat, die Sprachen der Völker, mit denen er Handel trieb, zu beherrschen. Lehrjungen und Gesellen waren bei den Kaufleuten besonderen Aufnahmegebräuchen unterworfen, die nach Ort und Zeit durchaus verschiedenartige waren. Am bekanntesten sind die Spiele am Kontor zu Bergen geworden. Von ihnen soll noch in einem anderen Kapitel die Rede sein.

Nach überstandener Lehrzeit wurde aus dem Lehrling ein Handlungsdiener, er wurde Knecht oder Geselle. Die Bezeichnungen haben eben verschieden gelautet. Jetzt begann für ihn die Zeit der Reise; entweder begleitete er dabei seinen Herrn, oder dieser beauftragte den jungen Menschen, in die Fremde zu gehen. Gleich dem Wandern der Handwerkergesellen waren diese Handelsfahrten für den jungen Kaufmann von Wichtigkeit, sie gaben ihm Weitblick und Unternehmungsgeist und verliehen seinem Dasein Reiz. „Koplude, loplude" sagt ein altes Wort, das die Seite des kaufmännischen Lebens jener Tage dadurch scharf beleuchtet. Heutzutage, der Zeit der Durchgangszüge mit Speisewagen, reist es sich bequemer und schneller als in jener Vergangenheit, in der die Land- und Heerstraßen nur schlecht im Stand gehalten wurden. Nur die ärgsten Stellen und Löcher auf den großen Landesheerstraßen besserte man notdürftig mit Reisig und Knüppeln aus. Langsam und mühsam bewegten sich die hochbeladenen, mit einer großen Plane überspannten Frachtwagen vorwärts. Staub und grundloser Schmutz belästigten die Begleiter. Manches Rad und manche Achse gingen an Steinen und in Tiefen zuschanden.

Der wandernde Geselle schritt mit seinem Ränzel nebenher, der reiche Kaufherr ritt nebenan. Es war notwendig, sich mit Lebensmitteln wohl zu versorgen, denn die Wirtschaften an Straßen und in den Dörfern hatten nur selten etwas Genießbares. Auf Heuböden, bei der Ofenbank, auf den Tischen der Wirtsstuben wurde genächtigt. Oft blieb der Reisende lieber unter freiem Himmel. Geiler von Kaisersberg ruft mitleidig aus: „Was muß der Kaufmann alles leiden! Er muß elende Herbergen aufsuchen, manch böses Mahl mit guten Zähnen essen und teuer bezahlen."

Schiffbruch eines Bergenfahrers.
Nach einem Altargemälde in der Marienkirche zu Lübeck.

Die Schiffahrt, das wichtigste Hilfsmittel des hansischen Handels, erfreute sich allseitiger Anteilnahme. Der norddeutsche Kaufmann begleitete in der Regel seine Ware und wachte persönlich über sie. Wie im Laufe der Zeit sich ständige und enge Beziehungen zwischen den verschiedenen Häfen und Gebieten entwickelt hatten, dazu die Handelsgesellschaften und Lieger sich mehrten, veranlaßten säumige Schuldner oder andere Gründe einen großen Teil der Handelsherren, sich oft den Gefahren einer Meeresfahrt auszusetzen. Die Seekrankheit mit ihren unangenehmen Begleiterscheinungen focht nicht weiter an. Dafür drohten Seeraub, Kaperei und Strandrecht, ferner konnten die Naturgewalten durch Sturm und Unwetter Schiffbruch und Strandung herbeiführen. An der Westwand der Briefkapelle in der Marienkirche zu Lübeck hängt ein Gemälde, das den Untergang eines lübischen Dreimasters an der norwegischen Küste im Jahre 1489 darstellt. Der Sturm hat die Masten zersplittert, die Segel zerrissen; an Kisten und Planken geklammert, sucht sich die Schiffsbesatzung zu retten, einige haben glücklich die Felsenküste erreicht. Spruchbänder an der Tafel erzählen, daß der Schiffer und dreiunddreißig Mann ertrunken seien.

Der unbekannte Stifter des Bildes, wahrscheinlich ein aus dem Schiffbruch glücklich geretteter Bergenfahrer, schließt daran die Ermahnung:

Och, guden gesellen, holdet nicht to licht,

Er gi to scepe gat, gat jo to der bicht.

Et was so kort ene tyt,

Dat wy unses levendes worden quid.

En pater noster vor alle cristen seelen![2]

Aus diesen einfachen Versen spricht das religiöse Empfinden, das jeden vor Beginn einer größeren, mit Gefahren verknüpften Reise veranlaßt, für sein künftiges Seelenheil zu sorgen. Man darf jedoch die Unsicherheit der Land- und Wasserstraßen nicht übertreiben. Es lauerten weder an jeder Straßenecke oder in jedem Walde Räuber auf, noch verbargen sich hinter jeder Klippe oder in jeder Bucht Vitalienbrüder. Die Regel bildete das sichere Vollbringen der Fahrten. Von ihnen wird nicht viel gesprochen. Ohne das glückliche Vollenden vieler Fahrten wäre ein so reger und ständig wachsender Handelsverkehr nicht möglich gewesen. Mehr sprach man von den Reisen, die durch Raub und Plackerei betroffen wurden, und umfangreiche Schriftstücke in den Archiven der Städte beweisen, daß man mit vieler Umständlichkeit Beschwerden zu Papier gebracht hat. Der hansische Kaufmann reiste gern. In das Einerlei des Tages brachte die Fahrt willkommene Abwechslung. Nach der Heimkehr erwartete den jungen Kaufmann die Pflicht des Tages. Er mußte mitwirken in der Schreibstube, in den Räumen des Hauses oder auf den Kaufhöfen. Einerlei, ob er in das väterliche Geschäft eintrat oder sich selbständig machte. Spärlich ist die Auskunft über diese Tätigkeit; und in den Handelsbriefen und Handelsbüchern jener Epoche des deutschen Handels wird wenig darüber berichtet. Bildliche Darstellungen von den Meistern jener Zeit wissen uns mehr zu erzählen. Sorgen aller Art haben auch damals den Kaufmann bedrückt. Der Durchschnittskaufmann jedoch überarbeitete sich nicht. Das Hasten unserer Zeit, Telephon und Telegraph kannte er nicht, und reiflich und langsam überlegte er seine Geschäftsabschlüsse. Man erhob sich zwar früh aus den Federn, um der Frühmesse beizuwohnen. Dann kam das gemächliche Verzehren der Morgensuppe, dann die Arbeit oder die Ratssitzung, und wenn sich zur Mittagszeit der Hunger wieder einstellte, so gab's nach dem Essen eine längere Ruhepause. Des Nachmittags ging man wieder den Berufsgeschäften nach, um zwischen vier und fünf Uhr zu vespern; damit war dem Arbeitstage sein Ziel gesetzt, und nur in eiligen

Zeiten, wenn die Arbeitsmenge sich häufte, so zum Beispiel bei der Ankunft oder vor der Abfahrt von Flotten, wird sich mancher Kaufherr noch einmal des Abends in seine Schreibstube verfügt haben, um die Geschäftspapiere zu erledigen.

Der Artushof in Danzig.
Nach einer Aufnahme der Kgl. Meßbildanstalt in Berlin.

Das Haus der Schiffergesellschaft zu Lübeck.

Das Leben war im Mittelalter bis in das 15. Jahrhundert hinein arm und hart, und erst in einer Zeit, da von Italien der Prunk und Anspruch nach Deutschland vordrangen, wurde die Lebensart eine andere. Das Haus und seine Einrichtung dienten bis dahin in erster Linie den geschäftlichen Zwecken; für das Familienleben blieben nur enge und unbehagliche Räume. Erst mit dem 15. Jahrhundert begann hier ein Wechsel einzutreten, da zu dieser Zeit in norddeutschen Städten die Verwendung der Glasscheiben ihren Eingang fand. Aus dem Grunde ist es erklärlich, daß die Bewohner jener Zeit den Trieb nach Geselligkeit außerhalb des Hauses befriedigten und in Klubhäusern und Ratskellern ihre Zusammenkünfte pflegten. Die Artus- und Junkerhöfe, Seglerhäuser und Schüttinge, Bursen und Säle, unter welchen Namen diese Versammlungs- und Trinkhäuser ihren Zwecken dienstbar waren, sahen namentlich in den Wintertagen und nach des Tages Last und Hitze trinkfrohe Kreise in ihren Räumen versammelt.

Ein bemerkenswertes, eigenartiges und noch in unserer Zeit viel aufgesuchtes Versammlungshaus aus den Tagen der Hanse bildet das Haus der Schiffergesellschaft zu Lübeck.

Doch treten wir ein! Eine große Diele umfängt uns. Immer von neuem übt dieser Raum auf den Besucher seine Wirkung. Wie wunderlich ist er, und doch wie charaktervoll! Hier weht Seeluft. Wie der Seemann selbst in alter Zeit war, so ist auch sein Vereinslokal, behäbig, derb und voller Erinnerungen; und wie den Seemann erst ein längeres Verweilen und das Eingehen auf seine Worte veranlaßt, sich dem Gaste zu erschließen und sein ‚Garn zu spinnen', so lösen sich auch hier erst allmählich und nach einigem Verweilen aus der Dämmerung des Raumes die ‚Erinnerungen', jene sonderbaren Dekorationsstücke, die, in Jahrhunderten aus aller Welt zusammengebracht, den Raum bis in die fernsten Winkel füllen. Von der verräucherten Decke hängen die alten Schiffsmodelle herab, dazwischen prangt der mächtige Messingkronleuchter. Alte Heiligenstatuen bemerken wir an den Schränken, Bilder an den Wänden, Kränze und Teller auf den Borden. Jedes Stück hat seine Geschichte. Zwei große Bilder an einem Pfosten stellen den ‚Adler' dar, jenes gigantische Lübecker Admiralsschiff vom Jahre 1567. Das Gestühl an der südlichen Wand trägt als Wappen zwei gekrönte, gekreuzte Bootshaken. Dies ist das eigentliche Wappen der Schiffergesellschaft. Auf den Lehnen der übrigen ‚Gelage' in der Mitte des Raumes erblicken wir die Wappen der Bergenfahrer: ‚Gekrönter Stockfisch' und ‚Halber Adler', der Rigafahrer: ‚Burg mit gekreuzten Schlüsseln', und der Revalfahrer: ‚Drei Leoparden'.

Hier fanden sich die Schiffer nach den Gesellschaften zusammen, denen sie dienten, und hier trafen sie am ehesten gute Bekannte. Aus dicken Eichenplatten ist das Gestühl gezimmert, derb wie der Seemann, der einst darauf saß. Am Tische der Älterleute, dem sogenannten Beichtstuhl, finden wir wieder das Wappen der Gesellschaft, die gekreuzten Bootshaken. Die Hausordnung stammt aus dem Jahre 1580. Ohne Umschweife ward hier verfügt:

„Dit Nafolgende hebben de Hanße Bröderschop bewilliget: de disses Huses Gerechtigkeit nicht wil dohn ahne Kiwen den schall men up disse Taffel schriewen unde schall dar so lang up stahn dat he disses Huses Gerechtigkeit hefft gedahn. Beer tappen schall men ehm hir nicht, so lange dat he sine sake Hefft maket schlicht.[3]

Anno 1580."

Ein strammes Regiment scheint hier geherrscht zu haben. Es mußte wohl so sein, besonders bei den ‚großen Schaffen', den jährlichen gemeinsamen

Festmählern, die nach Schluß der Schiffahrt gefeiert wurden. Dann erhellte der herrliche vielarmige Kronleuchter den Raum, Wachslichter brannten überall, und über dem Ölleinenbezug der vier großen Laternen huschten die Silhouetten von Schiffern, Reitern und Fußsoldaten.

Versetzen wir uns im Geiste einmal in die vergangenen Tage zurück. Es geht hoch her. Die ganze Diele sitzt gedrängt voll. Mancher, der am Feste teilnehmen möchte, kehrt mißmutig wieder um. Die Musikanten sitzen auf den Schränken und blasen mit anerkennenswerter Stärke gegen die Unterhaltung an. Immerhin ist noch der Lärm erträglich. Eben ist das Essen abgetragen, und die ersten Krüge schäumenden Bieres sind aufmarschiert. Zufrieden sehen wir einen der Schiffer zwischen den Bänken umherwandeln. Er und sein Genosse haben es nicht leicht. Auf ihr eigenes Risiko geht die ganze Veranstaltung. An nichts haben die beiden es fehlen lassen. Man sieht es aber auch den Gesichtern der Brüder an: es hat geschmeckt. Vier Musikanten sind diesmal auch mehr als beim Schaffen des vorigen Jahres. Auf ihre Kosten kommen die beiden Schaffer diesmal wohl nicht. Aber man sieht's dem gutmütigen Gesicht der Veranstalter an, daß sie es nicht verdrießt, wenn nur alles ‚in goden freden' verläuft und die Brüder sich amüsieren. Das Gelage nimmt seinen feuchtfröhlichen Verlauf ohne Störung. Im Durcheinander von Singen, Erzählen und Musizieren muß man selbst schon ziemlich laut werden, um sich verständlich zu machen. Das ist etwas für Leute mit Nerven! So fühlen sich unsere Seebären gerade wohl und sind angeregt wie selten. Rauchwolken wie aus einem kleinen Schornstein steigen in die Luft und lagern über der munteren Gesellschaft, die grause Gefahren und Abenteuer des vergangenen Jahres mit Phantasie verbrämt zum besten gibt. Und seßhaft sind sie! Der grauende Morgen findet noch alles fidel beisammen. „Und sind lustig gewesen bis des Morgens halb sieben," bemerkt schmunzelnd der Schaffer in seinem Buche und fügt erleichterten Herzens hinzu: „und is wol thogan".[4] Nicht immer kann er das berichten. Im hohen Seegang der Bierbegeisterung wird wohl mancher Zusammenstoß erfolgt sein. Schwerwiegende Vergehen gegen die Ordnung des Hauses finden wir jedoch nur selten vermerkt. Die warnende Tafel hat doch wohl ihre Bestimmung nicht verfehlt. Heutzutage schreckt sie niemanden mehr. Wann hat wohl der letzte Name darangestanden? Lang, lang ist's her! Anders sind die Gäste, die im Schifferhause heute verkehren, ruhiger vor allem und weniger ausdauernd. Und wenn's auch jetzt noch manche späten Zecher gibt, bis ‚des Morgens halb sieben' hat das Haus der Schiffergesellschaft wohl lange keine Gäste mehr bei sich gesehen.

„Es ändert sich die Zeit und wir mit ihr!"

Auch das Kirchenjahr mit seinen vielen Feiertagen bot alt und jung, hoch und niedrig Gelegenheit, sich an besonderen Festlichkeiten zu vergnügen, dem Frohsinn und der Erheiterung gaben die Tage vor den Fasten viele Gelegenheit. An sie reihten sich wiederum Mai-, Pfingst- und Schützenfeste und die Jahrmärkte mit Gaukelspielern, Akrobaten, Possenreißern und sonstigen Künstlern.

Mit der Zunahme des Wohlstandes wuchs das Bestreben, sich gegenseitig zu überbieten, und nicht immer vergrößerte sich damit der innere Gehalt der Vergnügungen. „Speise und Trank, Kleidung und Schmuck, Tanz und Spiel blieben für lange Zeit die vornehmsten Vergnügungen".

Der hansische Kaufmann im Auslande.

1. Nowgorod.

Die Bedeutung der Hanse beruht darauf, daß sie die Handelsbeziehungen des Ostens mit denen des Westens verband. Sie umfaßte damit ein Handelsgebiet von großem Umfange, in dem die verschiedenartigsten Verhältnisse herrschten, die aber trotzdem den Hansen dienstbar gemacht wurden. An allen wichtigen Stapelplätzen der damaligen Handelsgebiete hatten die Hansen Niederlassungen inne, die man mit dem Namen ‚Kontor', dem die Bedeutung Schreibstube zugrunde liegt, bezeichnete. Am meisten genannt wurden Nowgorod, Bergen, Brügge und London; sie bildeten die vornehmsten Sammelplätze der hansischen Deutschen im Auslande. Diese Sammelpunkte waren keine Kolonien, sondern glichen mehr Faktoreien, die jedoch nicht einem einzelnen Handelshaus gehörten und nur bestimmte Handelsgeschäfte betrieben, sondern Eigentum der Gesamtheit waren. Die Kontore dienten den Kaufleuten während des Aufenthalts im Auslande als Stützpunkt und Wohnung. Jeder, der in ihnen Wohnung nahm, ging seinen eigenen Handelsbeziehungen nach; er war nur für die Dauer des Aufenthaltes bestimmten Vorschriften unterworfen. Alle Kontore samt den Niederlassungen standen trotz der Verschiedenartigkeit der Verhältnisse unter hansischer Aufsicht; sie konnten nur ihre inneren Angelegenheiten selbständig regeln; alle wichtigen Maßnahmen und Handlungen hingen seit der Mitte des 14. Jahrhunderts von der Genehmigung des Gesamtverbandes ab. Häufig kamen Vertreter der Höfe auf die Hansetage zur Berichterstattung, stimmberechtigt waren diese Abgesandten nicht.

Das Leben in den ausländischen Kontoren regelte eine bestimmte Hausordnung, auch hatten die Besucher durch festgesetzte Abgaben zum Unterhalt beizutragen. Der Trieb der Selbsterhaltung zwang die Hansen, sich im Auslande mit solchen festen Formen zu umgeben.

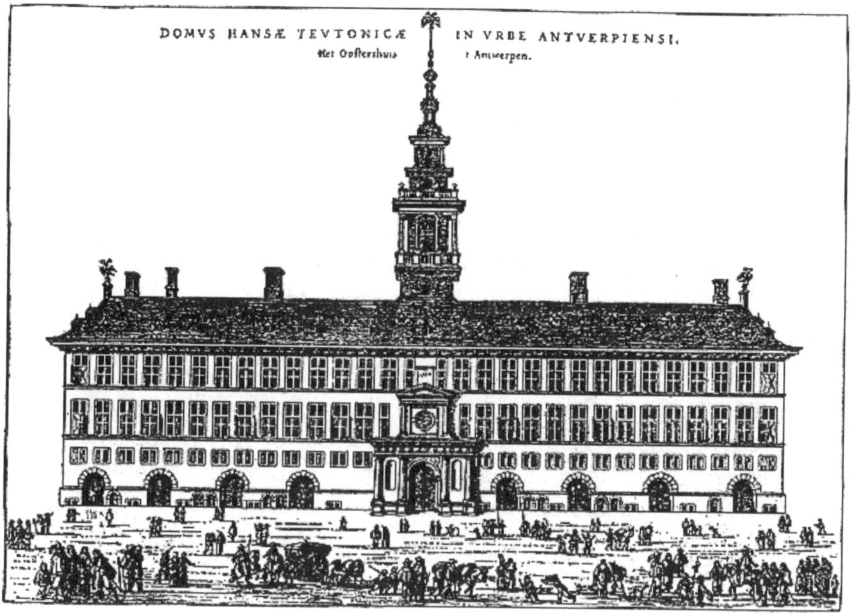

Das Haus der Hanse in Antwerpen.
Nach einem Kupferstich von F. de Wit.

Aus dem Jahre 1225 stammte die ‚Skra' des Hofes zu Nowgorod, die später durch allerlei Zusätze noch ergänzt wurde. Sie zeigt uns ein vollständig aufgebautes Kontor. An der Spitze der Niederlassung stand der Ältermann als Richter. Er war zugleich der Vertreter nach außen, und bei ihm lag die innere Verwaltung. Seine Tätigkeit wurde unterstützt durch einen zweiten Ältermann, der mehr die Verwaltung im einzelnen zu führen und die Abgaben und Strafgefälle einzuziehen hatte. Unter den Kaufleuten bedeuteten die Landfahrer am wenigsten. Sie kamen mit Karren und Lastwagen und führten auf diesen ihre Waren durch Preußen und Livland ein. Ihre Warenmenge war gering, ihr Aufenthalt auf dem Hofe kurz. Größere Bedeutung besaßen schon die Sommerfahrer, die nach der Eröffnung der Schiffahrt mit zahlreichen Fahrzeugen die Newa herauf kamen, auch brachten sie mehr Waren mit und belebten durch die Warenfülle den Markt, der das Volk an sich zog. Aber ehe die Schiffahrt zu Ende ging, segelten sie schon wieder heim. Die Herren des Hauses waren die Winterfahrer, die am Schlusse des Herbstes flottenweise herankamen; sie blieben während der Winterzeit im Kontor und richteten sich dort, so gut sie es vermochten, heimisch ein. Trotz aller Gefahren besorgten sie ihre eigenen und die von den Sommerfahrern hinterlassenen Geschäfte, um dann mit der Eröffnung der Schiffahrt heimzukehren.

Eine jede Gruppe ernannte bei ihrer Ankunft den Ältermann. Der Ältermann der Winterfahrer konnte sogleich nach seiner Ankunft auf dem Hofe nach Belieben ein Haus wählen und in dieses aufnehmen, wen er wollte. Ähnliche Rechte erlaubten ihm die Verfügung über die Nischen in der gemeinsamen Winterstube; sie war der Gesellschafts- und Speiseraum, der allen Kaufleuten offenstand. Eine besondere Ordnung regelte den Aufenthalt und die Gebräuche in dieser Räumlichkeit. In dem Zimmer durfte niemand sich zum Trinken setzen, wenn die Gesellschaft sich vom Eßtisch erhoben hatte. Eine Mark in Silber oder eine Mark Strafgeld sühnte dieses Vergehen. Gleicherweise war es niemand gestattet, das Zimmer als Wohn- und Schlafstube zu benutzen.

In einem besonderen Raume lebten die Knappen, Gesellen und Lehrlinge unter ihrem besonderen Ältermann. Sie konnten von ihrem Mietsherrn nicht entlassen werden, solange die Fahrt dauerte. Zehn Mark Strafe hatte dieser zu zahlen, falls er's dennoch ausführte.

Zu dem Hofe gehörte ein umfangreicher Grundbesitz, der noch eine Anzahl Wohngebäude und Lagerräume umfaßte, die sich um die St. Peterkirche gruppierten. Da die Russen zu Überfällen geneigt waren, wurde alles, sowohl bei Tage wie bei der Nacht, verschlossen gehalten und bewacht. Den Hofwarten lag die strenge Pflicht ob, zu jeder Zeit auf die äußere Ordnung im Hofe zu achten. Sie konnten nicht eher ihre Schlafstelle aufsuchen, bevor nicht drei von den Kaufherren, den Meistern, die auf eigene Kosten im Hofe wohnten, schliefen. Große Hunde liefen während der Nachtzeit frei umher. Auch über diese hatte der Hofwart die Aufsicht. Für jeden Schaden, den die Hunde anrichteten, wurde er verantwortlich gemacht. Im 14. Jahrhundert kam eine neue Skra mit mannigfachen Erläuterungen heraus, in denen deutlich die Vorherrschaft Lübecks erkennbar war. Die neue Verordnung verbot dem Kaufmann, von einem Russen Waren auf Kredit zu nehmen. Gleichzeitig untersagte sie ihm, mit einem Fläminger oder Engländer oder Russen eine Handelsgesellschaft einzugehen. Das Handelsgut, das auf den Hof kam, mußte von den Älterleuten und den Beigeordneten beschaut werden; schlechte und verfälschte Waren wurden mit einer Geldstrafe belegt.

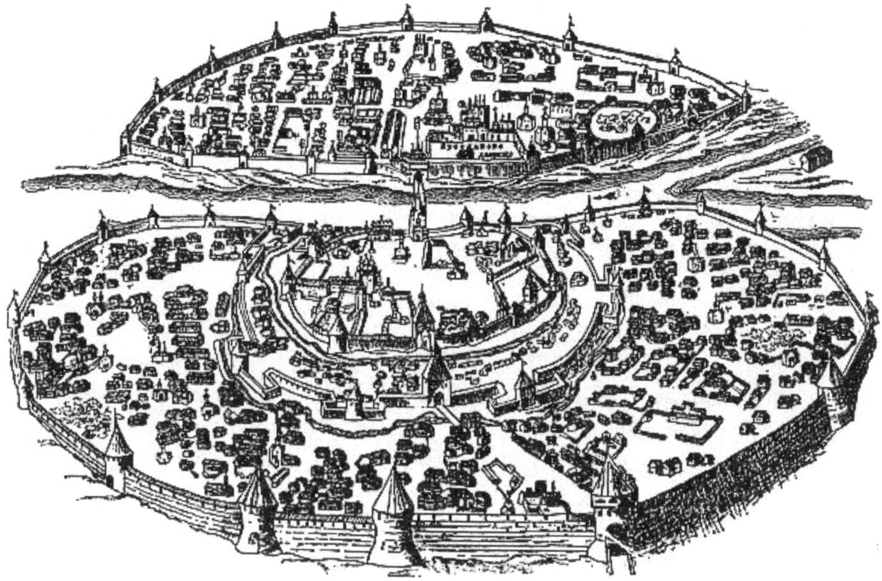

Ansicht der alten Stadt Nowgorod im 15. Jahrhundert.
(Aus Schiemann, Rußland, Polen und Livland bis ins 17. Jahrhundert.)

Als Meister auf dem Hofe galt damals der, welcher auf eigene Rechnung wohnte. Hatte er Knappen mitgebracht, so mußte er diese bei einer Strafe von fünf Mark wieder mit nach Hause nehmen. Es bestand für ihn die Verpflichtung, sobald er seine Ware verkauft und seine Angelegenheiten geordnet hatte, daß er abfuhr.

Der Petershof in Nowgorod bildete einen mit Planken umzäunten Raum, in dem die Häuser standen, die man als Verkaufshallen, Wohnbuden, Lagerhäuser usw. benutzte. Ein Hauptgebäude bildete die Kirche, die hier den Hansen unter Andersgläubigen besonders lieb war. Die Geistlichen warteten nicht nur ihres Amtes, sie halfen auch dem Kaufmann bei seinem Schreibwerk. In der Kirche bewahrte man auch die Kleinodien, die Schriften, die Kasse des Hofes, sowie das für alle Streitfälle nötige Normalmaß und Gewicht.

Nach der Mitte des 14. Jahrhunderts erfuhr die Kontorordnung eine Erweiterung. Von nun an konnte der einzelne bei seiner Ankunft wählen, ob er seine Waren außerhalb oder innerhalb des Hofes niederlegen wollte, denn die Warenhäuser auf den Höfen hatten nur beschränkten Raum. Die drei größeren von ihnen, ‚Kleten' genannt, boten für je vierundzwanzig Meistermänner Platz. Jede Haushaltung des Hofes hatte wieder eine besondere Ordnung, einen selbstgewählten Vogt mit einem Meister und einem Knappen als Gehilfen und Aufseher über jeden Zweig der Haushaltung. Der Vogt war für die Ordnung des Hofes verantwortlich, hatte jeden Sonnabend Gericht zu halten und durfte für alle Vergehen gegen die Ordnung Geldstrafen erkennen. Jedes Spiel, wobei über einen Vierding[5] verloren werden konnte, war bei zehn Mark Strafe verboten; spielte aber jemand in einem russischen Hofe, so zahlte er fünfzehn Mark und verlor das Hofrecht; wer den andern erstach, hatte sein Leben verwirkt, wer ihn vorsätzlich verwundete, verlor die Hand, wer ihn schlug und ohne Grund schimpfte, zahlte eine Geldstrafe. Diebe wurden in gemeinen Versammlungen gerichtet und kamen an den Galgen.

••••

2. Bergen.

Unter günstigeren Verhältnissen als in Rußland lebte der hansische Kaufmann in Norwegen, nachdem er dort Herr des Handels geworden war. Kleinere Kaufhöfe bestanden in Tönsberg und Oslo, die Rostock benutzte. Eine größere Bedeutung erhielt das Kontor zu Bergen, das an einer geschützten Meeresbucht liegt.

Die deutsche Brücke in Bergen.

Schon seit dem 13. Jahrhundert zog es die deutschen Kaufleute und Handwerker an; diese führten die Bezeichnung ‚Schuster', so genannt, weil jene ihre stärkste Gilde bildeten. Sie hielten sich allezeit im Glück und im Unglück zu den Hansen. Dadurch, daß eine Anzahl von Kaufleuten während der langen Winterzeit in Bergen blieb und daselbst für den Aufenthalt Häuser erwarb, wurde der Grund gelegt zu dem hansischen Kontor, von dem um die Mitte des 14. Jahrhunderts zuerst in der Geschichte berichtet wird; nach 1429 kam diese Niederlassung erst zur vollen Blüte. Der Teil des Gestades, an dem die alten Baulichkeiten standen, führte die Bezeichnung: ‚Die deutsche Brücke'. Sie lag am Ende der Meeresbucht Vaagen so günstig, daß die Schiffe dicht an den Landungsbrücken anlegen konnten und hier mit Hilfe von hohen beweglichen Kranen sehr leicht ihre Warenballen löschten. In einer Reihe lagen dreißig Häuser; sie führten die Bezeichnung Garde oder Garten; aus rohen Balken hergestellt, waren sie meist dreistöckig, hatten zwar eine schmale Vorderseite, aber eine große Tiefe, außerdem standen sie dicht nebeneinander. In ihnen lebten Kaufleute und Kaufmannsgesellen, Bootsjungen und Dienstleute zu besonderen Familien abgeteilt unter Aufsicht der ‚Hausbonden' in engen, niedrigen Stuben. Im Hintergrunde der Gebäude lag der ‚Schütting', ein langer, viereckiger Raum, ohne jeden Schmuck, mit nur wenigen kleinen Fensteröffnungen. In ihm versammelten sich während der Winterzeit um die lodernden Holzfeuer die Hausgenossenschaften. Eine Luke im Dach ließ den Rauch von dem Feuer abziehen. An den Wänden herum standen Bänke. Jeder Bewohner hatte seinen bestimmten Platz und über diesem in einem Schränkchen sein Eß- und Tischgerät. Die Zubereitung der Speisen geschah in einem besonderen Küchenraume, der ‚Elthaus' hieß, dort befand sich auch der Brunnen. Die Speisen wurden durch ein Schiebefenster von der Küche in den Schütting hineingereicht. Hinter den Gebäuden lag ein kleiner Garten, der die nötigen Küchengewächse lieferte. In jedem dieser Häuser wohnten etwa hundert Mann, insgesamt also dreitausend; während der Zeit des Sommerverkehrs vergrößerte sich die Zahl natürlich erheblich. In den Räumlichkeiten herrschte keine gute Luft, weil die Bewohner dicht zusammengepfercht hier hausten und die umliegenden Gebäude nur wenig Licht und Luft hereinließen. Der Geruch der getrockneten Fische, der Qualm und der Dunst von den Feuerstätten machten den Aufenthalt nicht angenehmer.

Bergen zur Zeit der Hanse (16. Jahrhundert).

Im Kontor zu Bergen herrschte gleichfalls eine strenge Zucht; niemand durfte verheiratet sein, dazu war den Frauen der Aufenthalt in der ‚deutschen Brücke' verboten. Man pflegte auch keinen freundschaftlichen Verkehr mit den Norwegern; wer eine Norwegerin heiratete, verlor sein deutsches Recht. Den Tag verbrachten alle in angestrengter Arbeit, und der Abend bot bei einem fröhlichen Umtrunk die Entschädigung, bis die festgesetzte frühe Stunde alle in die dumpfe Stube zwang. Für Beratungen, als Sammelplatz für die Börse und auch als Amtshaus benutzten die Hansen das nahegelegene Kaufmannshaus.

Auch in der Ferne wurde der Gottesdienst nicht vergessen, zwei Pfarrkirchen boten die Gelegenheit dazu. In einer walteten deutsche Priester ihres heiligen Amtes.

••••

3. Spiele der Hansen zu Bergen.

Bei den Kaufleuten im Kontor zu Bergen gab es allerlei berühmte, oder besser gesagt, berüchtigte Spiele, durch die insbesondere die neuen Lehrburschen geplagt wurden. Sie sollten die Kurzweil bieten für die Unbehaglichkeit des Kontors. Der Zweck der Veranstaltungen war, wie die Geschichte berichtete, junge reiche Leute abzuschrecken, sich nach Bergen aufs Kontor zu begeben, damit später aus ihnen keine gefährlichen Konkurrenten erwüchsen. Besonders spielten die Prügel eine große Rolle.

Durch die eigentümliche Art der Erprobung verfolgte man auch den Zweck, Muttersöhnchen den Aufenthalt zu erschweren, oder man wollte sie im Ertragen von körperlichen Anstrengungen und Beschwerden, deren ihrer genug im Kontor warteten, prüfen. Ähnliche Gebräuche, wie wir sie im hansischen Kontor zu Bergen finden, hat man auch in anderen Berufsständen während des Mittelalters geübt.

Der Neuling im Kontor mußte drei Proben bestehen, ehe er völlig in dem Kreis der Hansen Aufnahme fand. Der Schmerz, den die jungen Burschen bei diesen Proben empfanden, belustigte die älteren Hansen, die Prinzipale und Gesellen, und gerade diese nannten die Spiele ergötzlich.

Die erste Probe wurde das Rauchspiel, auch ‚Rookspill', genannt; es stellte eine Art Feuerprobe dar. Im feierlichen Zuge holte an einem Feierabend um zehn Uhr unter Trommelschlag eine Prozession von Gesellen den Neuling ab. Ein gar buntes Bild bot der Zug. Einige der Burschen als Bauern, andere als alte Weiber und Narren verkleidet, trugen allerlei Holzspäne, altes Gerümpel, Lederstücke und dergleichen Sachen mehr. Im feierlichen Zuge ging's in ihren Schütting. Der Lehrling, dem die Veranstaltung galt, wurde in einen Sack gesteckt und durch die Dachluken des Schüttings hinaufgewunden, unter ihm wurden das Holzgerümpel, die Haare und das Leder verbrannt, den beißenden Qualm und den erstickenden Rauch mußte der Neuling aushalten. Damit er auch nicht zu wenig in seinen Hals bekam, hatte er auf alle ihm vorgelegten Fragen laut und vernehmlich zu antworten, ja sogar Lieder zu singen. Endlich war's denn genug, der arme Bursche wurde heruntergehoben und zur Abkühlung und Neuerweckung seiner Lebensgeister mit sechs Tonnen Wasser übergossen.

Das Rauchspiel.

Die zweite Probe bildete das ‚Waterspill'; alljährlich am zweiten Mittwoch nach dem Pfingstsonntag fand es statt. Die Neulinge wurden zuvor gut bewirtet und am Nachmittage um drei Uhr in Kähnen aufs Meer gefahren. Hier entkleideten sie sich, wurden ins Wasser geworfen und dreimal untergetaucht, jedoch hielt man sie an den Armen fest. Während sie noch im Wasser lagen, peitschten die Gesellen den bloßen Rücken mit Ruten. Allzuhart ging es hierbei nicht her, denn jeder Prüfling hatte einen Gesellen, der ihm Beistand leistete, indem dieser mit Hilfe eines dichtbelaubten Maienbusches die Rutenstreiche auffing und den Körper deckte. War diese Schaustellung vorüber, so kleidete man die Burschen wieder an und führte sie zurück. Am Abend ging es in dem Schütting hoch her, die Lehrburschen mußten beim Gelage ihre Prinzipale und Gesellen bedienen.

Am Sonntage nach dem ‚Waterspill' kam die dritte Probe, das ‚Stupenspill' oder die ‚Stupe', zur Ausführung. Am Abend vor dieser Schaustellung erwuchs den neuen Lehrburschen die Pflicht, nach der nächsten Holzung zu rudern, um dort die neuen Maien- und Birkenzweige zu holen, aus denen die Ruten gemacht wurden. Am nächsten Morgen führte man die Lehrburschen unter Trommelschlag nach einem Garten vor dem Tore; zwei Prinzipale, herrenmäßig gekleidet, waren die Anführer. Andere der Kaufherren gingen als Rechenmeister mit, sie besorgten auch die Bewirtung. Selbstverständlich fehlte auch nicht der Hanswurst oder Narr; seine Kumpane waren ein als Bauertölpel gekleideter Gesell und ein als Bauernweib maskierter Lehrling. Dieses Kleeblatt foppte und neckte alle Welt, sprach in Reimen und trieb allerlei Possen mit der Einwohnerschaft von Bergen, die diesem Aufzuge gern zusah. Im Vorstadtgarten trieb die Schar sich eine Zeitlang herum und kehrte alsdann mit Maienzweigen in den Händen auf den Hof zurück, wo in der größten Schüttingstube um zwölf Uhr ein Mahl stattfand. Dann begann der wichtige Augenblick für die armen Neulinge. Der Narr und einige als Herren verkleidete Gesellen fingen zum Schein einen Streit an; hierauf erhielten die neuen Lehrlinge den Befehl, ihn ins Paradies zu bringen. Es war dies ein Alkoven oder ein Winkel im Schüttingsaale, der zuvor heimlich in eine Marterkammer umgewandelt wurde. Gewöhnlich hatte man die Lehrburschen bei dem Festmahl trunken gemacht, so daß sie beim Eintritt in das sogenannte Paradies ihre vierundzwanzig als Bauern vermummten Peiniger nicht erkannten. Einer der Gesellen redete die Opferlämmer mit dem alten Spruch an:

„Ehr sey gott, ehr sey gott,

Daß reedt ich wahrlich sonder spott.

Ey krupp ni dat hillige paradis,

Dar skult du smecken barikenris,

barikenris mit hupen,

als 24 buren op din stert konnen stupen.“[6]

Ein ohrenbetäubender Lärm hub an; Pauken, Trommeln und Becken wirbelten durcheinander, während die vierundzwanzig Gesellen über die Lehrlinge herfielen, sie packten, über die Bank warfen und mit Birkenruten aus Leibeskräften so lange bearbeiteten, bis das Jammergeschrei der Armen die laute Musik übertönte. War auch diese letzte Probe überstanden, dann galt der Lehrbursche als vollgültiges Mitglied der hansischen Vereinigung in Bergen.

Ohne Frage waren es grobe, allzu derbe Spiele. Im Jahre 1671 bereitete ihnen König Christian V. von Dänemark und Norwegen durch ein besonderes Gesetz ein Ende; er verbot den Hansen bei schwerer Geldstrafe die Veranstaltung dieser Spiele.

••••

4. Der Stahlhof in London.

Oberhalb von der Londoner Brücke lag, von engen Straßen begrenzt, festungsartig mit hohen Mauern umgeben, der Stahlhof, das Kontor der Hansen in London. Die starken Mauern, die ihn umgaben, waren nicht umsonst so dick, denn mehrmals boten gerade sie den Insassen vor den Angriffen des Pöbels Schutz. Diese Niederlassung erhielt in der ersten Hälfte des 15. Jahrhunderts ihre Bezeichnung von der größten Halle der Anlage, in der die Tücher, die von Köln kamen, ‚gestalt', das heißt geprüft wurden. Im 16. Jahrhundert führten von dem mehrstöckigen Gebäude drei Steintüren nach der Straße; zwei von diesen waren vermauert, die mittelste aber stets streng bewacht. Lateinische Inschriften zierten den Eingang. Sie hießen: „Fröhlich ist dieses Haus und stets mit Gutem gefüllet, hier sind Friede, hier Ruhe und immer ehrbare Freude". Eine andere lautete: „Gold ist der Vater anmutigen Glücks und der Sprößling des Schmerzes; es zu entbehren ist hart, es zu besitzen bringt Furcht." Eine dritte besagte: „Wer sich weigert, dem Guten zu gehorchen, vermeidet den Rauch, aber fällt in die Flammen!" Die Versammlungen und die festlichen Veranstaltungen der Hansen fanden in der Halle statt. Ein reiches Geschirr zierte die Tafeln, an den Wänden prangten zwei Gemälde von Hans Holbein: ‚Triumph des Reichtums' und ‚Triumph der Armut'. Von den übrigen zahlreichen Baulichkeiten, den Wohnungen, Kaufräumen und den Warenhäusern wurde das rheinische Weinhaus von der vornehmen Einwohnerschaft Londons gern und viel besucht. Allerlei Leckerbissen, unter anderem Kaviar und geräucherte Zunge, bildeten hier eine willkommene Zugabe zum Wein. Ein benachbarter Garten, in dem Obstbäume und Weinreben sich fanden, gewährte im Sommer angenehmen Aufenthalt und bot Platz für allerlei Spiele. Auch auf dem Stahlhofe zu London herrschte strenge Zucht und Ordnung; dort verboten die Statuten, die aus dem Jahre 1320 stammten, den Frauen den Zutritt. Nach strenger Sitte hatte auch hier jeder seinen festen Platz inne. Meister und Gesellen saßen stets gesondert voneinander bei Tisch. Die Trunkenheit, das Würfelspiel und die Unsittlichkeit wurden nicht geduldet; wer sich gegen die festgesetzten Sittenregeln verging, mußte schwere Bußen erlegen. Pünktlich um neun Uhr schloß man das Tor. Alle Bewohner des Stahlhofes mußten Wehr und Waffen tragen, nicht nur zum eigenen Schutz, sondern auch zur Verteidigung der Stadtmauern, denn im Falle eines Krieges lag den Insassen des Stahlhofes die Pflicht ob, ein besonderes Tor zu verteidigen.

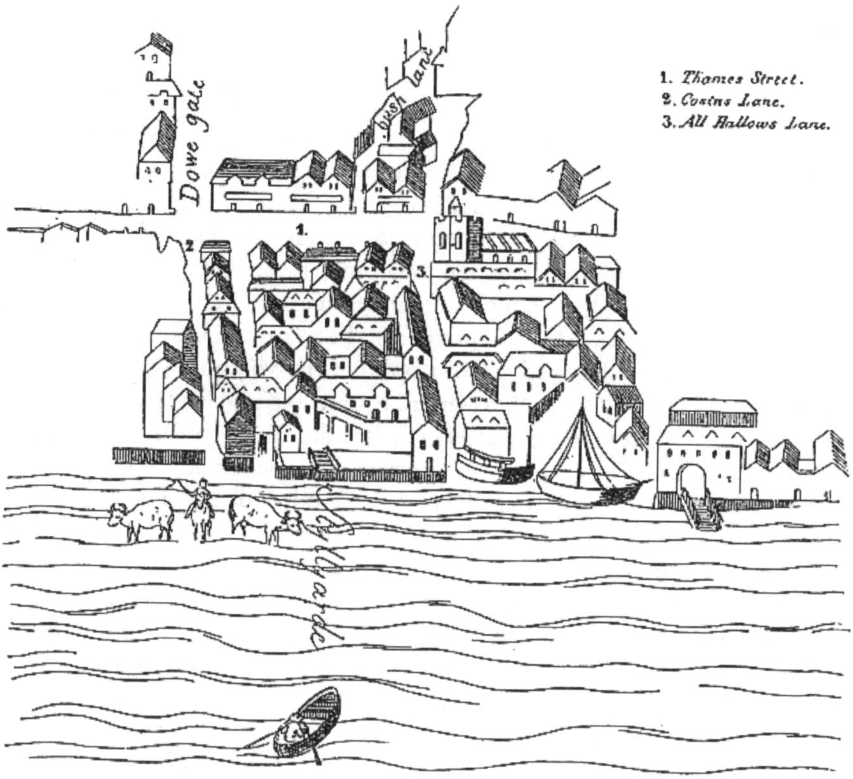

Der Stahlhof in London.
Nach einer alten Zeichnung.

London im siebzehnten Jahrhundert.

Alle Geschäfte erledigte jeder Insasse nach eigenem Ermessen. Nur hieß es darauf zu achten, beim Handel die allgemeinen Bestimmungen zu befolgen.

Fröhliche Feste erfreuten und erfrischten auch hier den hansischen Kaufmann.

Eine besondere festliche Feier hielt alljährlich am 4. Dezember die Hansen und ihre englischen Gäste zusammen. Ein auserlesenes Festmahl eröffnete den Reigen, an den dargereichten Leckerbissen erfreuten sich auch die Gäste aus der Stadt. Bei den Festfeiern der Londoner fehlten die Hansen ebenfalls nicht, sie erschienen im geschlossenen Zuge und nahmen als Gesamtheit, als Körperschaft hinter den städtischen Beamten ihren Platz ein. An solchen Festtagen erstrahlte in den Abendstunden der Stahlhof im schönsten Glanze. Tausende von Kerzen und viele brennende Pechtonnen tauchten ihn in ein Lichtmeer, das dem Kleinbürgertum Londons ein willkommenes Schauspiel bot, und gern labten sich die Bewohner an freigebig gespendetem Wein und Bier. Selbst die vornehmeren Bürger nahmen die Ehrengaben, die in Kaviar oder Hering, Lachs oder gar in barem Gelde bestanden, gern an. Ein begehrtes Geschenk bildeten ein Paar gute Handschuhe. An der Spitze der Niederlassung stand wie in den übrigen Kontoren ein Ältermann. In seinem Regimente unterstützten ihn zwei Besitzer und neun Ratsleute. Alle Streitigkeiten zwischen den Deutschen schlichtete der Ältermann, hingegen die zwischen Deutschen und Engländern ein aus Vertretern beider Nationen zusammengesetztes Gericht; Verbrechen, auf die Todesstrafe stand, unterstanden dem Urteile königlicher Richter. Der Stahlhof hatte ein besonderes Wappen seit 1434. Es war ein wagerecht geteilter Schild, oben weiß, unten rot, der den schwarzen Doppeladler mit goldenem Schwanz zeigte, um den Hals eine Krone, zwischen den beiden Köpfen einen Reichsapfel.

Die Handelswaren der Hansezeit.

In den Jahrhunderten, in denen die Hanse herrschte, haben sowohl die Waren als auch die Art, in der der Kaufmann seine Waren vertrieb, eine mannigfache Änderung erfahren. Der Aufstieg des hansischen Handels kam langsam, der Abstieg schneller; auch der Anteil, den die einzelnen Hansestädte am Umsatz hatten, war verschiedenartig. Der Handel der Hansestädte beschäftigte sich sehr stark mit Rohstoffen und ihrer Herbeischaffung durch die Seefahrt. Ein großer Teil der eingeführten Rohstoffe wurde entweder im Süden Deutschlands verarbeitet, oder er ging auf dem Seewege nach Brügge, nach England, ja sogar bis nach Spanien. Die Tätigkeit des hansischen Kaufmanns bildete nicht etwa der Frachtverkehr, sondern der Zwischenhandel, in dem er zwischen dem Verkäufer und dem Abnehmer als selbständiger Kaufmann auftrat. So wie der Hanse die Rohstoffe verhandelte, schaffte er den flandrischen und englischen Industrieerzeugnissen und denen des Gewerbes und der Kunst ein Absatzgebiet. Einen reichen Gewinn zogen die Seestädte aus dem

Frachtverkehr, indem sie ihre Schiffe an den binnenländischen Kaufmann vermieteten, da dieser der Fahrzeuge zum Fortschaffen seiner Waren benötigte.

Die Art des Handels war zunächst sehr einfach; im sogenannten ‚Proper-Handel', das heißt Eigenhandel, erstand der Kaufmann persönlich seine Waren, führte sie fort und schloß am anderen Ort den Kaufvertrag mit dem Käufer ab. Oft kam eine Art Tauschhandel zustande, Ware wurde gegen Ware vertauscht, und ein hinzugerechneter Aufschlag schuf den Gewinn. Allmählich kam dann die Entwicklung; sie brachte den Kommissionshandel auf, die reinen Geldgeschäfte nahmen zu, und die Zahlungsanweisung, der Wechsel, fand von Italien aus den Weg nach Deutschland.

Mit dem Wachsen des Handels entstand auch der Großkaufmann. Er zog Untergebene zur Abwicklung seiner Geschäfte heran. Sie hießen die ‚Lieger' und waren berechtigt, eigene Geschäfte abzuschließen, auch Schulden konnten sie einziehen. Entweder wohnten die Lieger an einem fremden Platz, oder sie begleiteten die Waren nach ihrem neuen Bestimmungsort; dort verkauften sie die Sendung und erwarben andere Handelsartikel. In den hansischen Kontoren des Auslandes galt auch für sie das Kaufmannsrecht.

Die Verkaufsläden und die Speicher bedienten die Gesellen oder Knechte, die Verpackung, die Verladung und dergleichen Arbeiten gehörten ebenfalls zu ihren Aufgaben. Die Kaufmannssöhne aus den vornehmsten Familien begannen ihre Laufbahn auf der untersten Staffel. Glänzende und verlockende Kaufläden mit prächtig aufgebauten Waren, die heute die Städte zieren, kannte das Kaufmannshaus der hansischen Zeit nicht. Die Vorratsräume in den Speichern, die Bodenräume und die Diele des eigenen Hauses genügten zur Stapelung der Waren; in einer engen, einfachen Schreibstube wurden die Handelsgeschäfte abgeschlossen, die Buchführung und der Schriftwechsel erledigt. An manchen Orten besaßen die Gilden dafür besondere Häuser. Die Krämer, die Kleinkaufleute der damaligen Zeit, benutzten Keller, Vorbauten oder Stuben, um von ihnen aus ihre Handelsgeschäfte im Kleinverkauf zu betreiben.

Die Verpackung der Waren, wie Ballen, Säcke, Fässer usw., wurde durch besondere Handelsmarken gekennzeichnet, die sich aus geraden oder krummen Linien zusammensetzten und so zur Kennzeichnung des Besitzers dienten. Eine solche Marke hatte damals rechtlichen Schutz und bedeutete für jene Zeit das, was heute die Firma darstellt. Der hansische Kaufmann brachte seine Marke in den Handelsbriefen an, er trug sie in seinem Siegelring, den er stets bei sich führte in dem breiten Gürtel, in dem er auch seine Geldbörse bewahrte.

Höchst mannigfaltig waren die Gegenstände, die der hansische Kaufmann verhandelte. Alle Reiche der Natur spendeten ihre Gaben. Als wertvollsten

Handelsartikel brachten der Norden und der Osten Pelzwerk, das in der damaligen Kulturwelt weithin, selbst bis in den Orient seine Verbreitung gefunden hat. Kostbares Pelzwerk galt als ein Zeichen der Vornehmheit und des Reichtums. Verordnungen verboten zeitweise den unteren Volksständen, Pelze und Pelzverbrämungen zu tragen. Als ein Zeichen der mittelalterlichen Hochschätzung des Pelzwerks sei daran erinnert, daß der Hermelinmantel noch heute als das Zeichen fürstlicher Würde gilt. In der Verarbeitung des Pelzwerkes, in der Zubereitung der Felle, in der Gerberei und der Kürschnerei hatten die Russen eine große Kunstfertigkeit erlangt. Der Kaufmann mußte streng darauf achten, daß er nicht übervorteilt wurde; er kaufte aus dem Grunde gern ungegerbte Ware. Der Hauptstapelplatz für diese wertvollen Handelsartikel war Nowgorod. Unter den Pelzarten fanden den meisten Absatz: Hermelin und Wiesel, Eichhorn, Bär, Biber, Bisam, Fuchs, Iltis, Luchs, Marder, Otter, Zobel, kurzum alle die Tiergattungen, die auch heute ihre Felle zu allerlei Kleidungsstücken und Gebrauchsgegenständen hergeben müssen. Mit dem größeren Anbau und der Zunahme der Bevölkerung traten andere Handelsartikel hinzu. Lebendes Vieh und frisches Fleisch, Handelsgegenstände, die heute große Bedeutung haben, konnten damals nur in benachbarten Landstrichen verhandelt werden, ein größeres Absatzgebiet fanden jedoch gedörrtes und gepökeltes Fleisch. Pferde brachte der Kaufmann von Preußen und Schweden bis nach England. Andere Erzeugnisse der Tierzucht erfuhren eine vielfache Verwendung. Rohe und gegerbte Häute, Leder aller Art, Talg, Speck, Butter, Käse kamen aus Norwegen und Schweden, Dänemark, Rußland und Deutschland. Ein größeres Absatzgebiet errang sich die Wolle, die vorwiegend in Flandern und England verarbeitet wurde. Die Hauptreichtumsquelle des hansischen Kaufmanns bildete aber der Hering. Seine Ausfuhr erstreckte sich über ganz Europa, und nur wenig geringer war der Handel mit getrocknetem Fleisch, dem Stockfisch. Hierfür bildete Bergen den Hauptstapelplatz.

Als große Bezugsquelle für Wachs galt Rußland, wo die ‚Wachsbäume‘, das sind die Stöcke der Waldbiene, unendliche Mengen erbrachten. Jene Zeit brauchte viel von diesem Stoff. Ein frommer Gebrauch des Mittelalters bestand in der Stiftung von Kerzen. Auch in den Kanzleien der Regierungen benutzte man das Wachs, da den Urkunden des Mittelalters wächserne Siegel angehängt wurden. In dem Hause der Reichen und Vermögenden brannte an hohen Festtagen die Wachskerze; für gewöhnlich begnügte sich jene Zeit mit den Unschlittkerzen und die ärmeren Volkskreise mit der Tranlampe, die qualmend an der Wand hing. Das Wachs kam geschmolzen, aber ungereinigt in großen Blöcken in den Handel. Auf den Kontoren prüften besondere Kenner die Qualität, um Fälschungsversuchen vorzubeugen. Den Gefährten des Wachses, den Honig, kaufte man sehr gern, denn er bedeutete für jene Zeit viel, weil der Zucker noch teuer und sehr selten war.

In den Tagen der Hanse bildete das Getreide gleichfalls einen willkommenen Handelsartikel. Norddeutschland gab Roggen und Weizen in größerer Menge ab, Rußland lieferte damals noch nichts zur Ausfuhr. Die nordischen Reiche und auch England waren im Mittelalter von der Zufuhr des deutschen Brotgetreides durchaus abhängig. Die Preise der Getreidearten schwankten viel mehr als heute, weil der verschiedene Ausfall der Ernte dies verursachte. Der Hanse handelte ferner mit Malz, Mehl, Zwiebeln, Thymian und Grütze, die letztere nahm den Weg bis nach Spanien. Einen sehr gewinnbringenden Erwerb bot die Brauerei, in der damals Deutschland nicht übertroffen wurde. Die Bedeutung des Biers war größer als heute, weil Bier in jenen Tagen als ein Nahrungsmittel galt und heute nur ein Genußmittel darstellt. Es gab unzählige Arten dieses Getränkes; fast jede Stadt hatte ihre besonderen Biersorten. Manche waren dünn und leicht, andere dickflüssig und schwerer. Erwähnt sei hier eine früher gebräuchliche eigentümliche Bierprobe; nachdem das Bier auf einen Schemel gegossen war, mußte sich ein Mann mit seiner Lederhose daraufsetzen. Wenn er sich nach einiger Zeit von seinem Sitze erhob, mußte der Schemel festkleben als Zeichen für die Güte des Bieres. Schon damals besaß das deutsche Bier Weltruf, selbst in den Zeiten von Handelssperren machte man mit diesem Stoff eine Ausnahme. Unter den Artikeln des Nordens müssen der Flachs, der aus Rußland und Skandinavien kam, ferner Hanf und Werg genannt werden, auch der Holzhandel war sehr lebhaft. Alle Länder um die Ostsee gaben Holz in reicher Menge ab, dazu lieferten sie den für den Holzschiffbau jener Zeit unentbehrlichen Teer. Einen bedeutenden Reichtum erwarb sich der deutsche Orden durch den Handel mit Bernstein, der sich einer besonderen Wertschätzung erfreute und seinen Weg bis in das Morgenland hinein nahm.

In der menschlichen Nahrung ist das Salz ein notwendiger und unentbehrlicher Bestandteil; blutige Kriege um die Salzquellen wurden in den ältesten germanischen Zeiten geführt. Gerade wegen ihres geringen Salzgehaltes eignete die Ostsee sich nicht zur Gewinnung des Salzes, und da der bergmännische Abbau von mineralischem Salz damals noch nicht üblich war, blieb man auf das durch Quellen aus der Erde kommende Salz angewiesen.

Unter den Salzstätten Deutschlands aus den Tagen der Hanse hatte Lüneburg die bedeutsamste Stellung inne. Gerade der Vorort der Hanse, Lübeck, stand mit Lüneburg seit der Mitte des 14. Jahrhunderts durch einen bequemen Wasserweg, den Elbe und Trave verbindenden alten Stecknitzkanal, in Verbindung. Dieses binnenländische Erzeugnis wurde von Lübeck über See ausgeführt und hieß ‚Travesalz‘, im Gegensatz zu dem ‚Baiensalz‘, das von einer kleinen Bucht südlich von der Loire in größerer Menge durch zahlreiche Flotten, den ‚Baienflotten‘, über die See geschafft wurde. Auch den Handel mit Erzen kannte man in der hansischen Zeit.

Schweden lieferte eine ganze Menge; schon damals befanden sich viele Eisengruben in lübeckischem Besitz. Andere Metallarten und Mineralien, die Gegenstand des hansischen Handels waren, sind: Kupfer, Blei, Schwefel, Arsenik, Zinnober, Alaun, Borax; auch ungemünztes Gold und Silber in Barren wurde ausgeführt. Als Ballast führten die Schiffe gute, zum Bauen geeignete Steinarten mit, Schweden lieferte Granit, Bornholm den hochwillkommenen Kalkstein.

An die Produkte des Nordens reihten sich die aus dem Westen und Süden Europas als Gegenstände des umfangreichen Handels der Hanse. Den ersten Platz nahmen die verschiedensten Weinarten ein; unter ihnen stand als wertgeschätzteste Sorte der Rheinwein an der Spitze. Jene Zeit liebte es auch, die Speisen kräftig zu würzen, weniger um den Geschmack zu beeinflussen, als um damit zu prunken. Der Hauptmarktplatz für die Gewürze war Brügge. Aus Italien, Südfrankreich und Spanien kam das feine Olivenöl in länglich spitzen Fässern, den Pipen. Es würde ein umfangreiches Verzeichnis geben, sollte alles aufgezählt werden, was die Warenpäcke aus dem Süden und Westen enthielten: Kastanien, Feigen, Datteln, Rosinen, Mandeln, Reis, Orangen, Granatäpfel, alles Dinge, die noch heute unser Herz erfreuen; auch die damalige Zeit genoß sie gern. Aus der Reihe der Gewürze und Heilmittel seien erwähnt: Zucker, Senf, Pfeffer, Nelken, Muskat, Safran, Zimt, Anis, Kampfer, Rhabarber, Wurmkraut, Kardamom, Mandelmilch. Zum Gottesdienste benötigte man des Weihrauchs, zur Färberei des Indigos.

Kostbare Waren aus dem Orient und dem Süden überbrachte der Kaufmann nach dem Norden: seidene Gewänder und seidene Stoffe, Perlen und Edelsteine, mit Perlen und Edelsteinen verzierte Geschmeide, ferner fanden auch Rohbaumwolle aus Syrien und Kattungewebe ihren Absatz im Norden.

Nicht nur die Roherzeugnisse der Tier-, Pflanzen- und Mineralwelt des eigenen Landes wie der fremden Zonen, sondern auch das, was die Kunst und das Handwerk hervorbrachten, füllte den weiten Bauch der hansischen Schiffe.

Am meisten lieferte die Weberei. Von ihr muß wieder die Tuchweberei erwähnt werden, da gerade sie in verschiedenen Orten und Provinzen besonders gute Stoffe hervorbrachte. Bis in das 16. Jahrhundert hinein lieferten die Flamländer die besten Tuche, die sich durch ihre Farbenfreudigkeit wie auch durch die Feinheit ihrer Gespinste auszeichneten. Jede Stadt in Flandern und im nördlichen Frankreich stellte ihre besonderen Arten her, die im Handel sorgfältig durch mannigfache Bezeichnungen unterschieden wurden.

Am deutschen Niederrhein blühte die Tuchweberei in Köln und seiner Umgebung; dort arbeitete man besonders schwarze Tuche für Priestergewänder.

Als England begann, seine Wolle selbst zu verweben, kamen von dorther englische Laken. Tuch war der Handelsgegenstand, der in allen nordischen Ländern gleich unentbehrlich war und gleich willkommen geheißen wurde. In den Handel kam es je nach dem Ursprungslande in Stücken von verschiedener Länge. Die Tuchstücke trugen Bleisiegel, die ihnen nach der Schau angeheftet wurden und ihre Güte und Gleichmäßigkeit bewiesen. Aus Flandern kamen neben kostbaren Teppichen, die man in vornehmen Häusern zum Verzieren der Wände benutzte, Decken mit allerlei Schmuck.

Leinwand führten die hansischen Kaufleute wohl zeitweise ein, meistens jedoch kam das in Deutschland erzeugte Leinen zur Ausfuhr. Nachdem es Sitte geworden war, das weiße Linnen als Stolz der Hausfrau zu betrachten, entstand die Kunstweberei. Fleißige Frauenhände schmückten das Linnen mit allerlei bunten Stickereien, für die der Handel das Garn feilbot.

Da Handwerk und Industrie in den nordischen Ländern und anfänglich auch in England sehr wenig sich entwickelten, bildeten die Gegenstände des täglichen Lebens einen umfangreichen Teil des Warenverkehrs zur Zeit der Hanse. Daraus zogen die einheimische wie fremde Gewerbtätigkeit ihren Vorteil. Was auch nur gefordert wurde, immer wußte der Kaufmann Nutzen daraus zu ziehen und seinen Kunden darzubieten: Hosen, Hüte und Mützen, Schuhe aus Leder und Kork, Stiefel, Gürtel und Beutel, Säcke, Seife, allerlei Glassachen, Perlen, verschiedene Hausgeräte aus Eisen, Messing und Zinn, wie z. B. Äxte, Türschlösser, Messer, Schlüssel, Nägel, Draht, Nadeln, Spielwaren; nicht zu vergessen die Waffen und die Panzer, die Schätze des vornehmen Hauses, der Kirchen und Klöster, hergestellt aus kostbarem Edelmetall, Pergament und Papier, Rosenkränze und Bilder, ganze Altäre, Glocken und geschriebene Gebetbücher.

Beim hansischen Kaufmann standen die Bedarfsgegenstände des täglichen Lebens, die Genußmittel und der Schmuck für das Haus und für die Kleidung zum Verkauf. Er vermittelte den Austausch der Waren zwischen Nord und Süd, zwischen Ost und West, und sein geschäftskundiger Blick, vereint mit der notwendigen politischen Einsicht und dem Willen, die See zu beherrschen, schuf jenen vergangenen glänzenden Abschnitt in der Geschichte des deutschen Handels — die Zeit der Hanse.

Der Hauptmann von Wismar.

Im Jahre 1394 im Winter kam die Nachricht an die Fürsten von Mecklenburg, daß Stockholm hart von den Dänen belagert werde und die Bürger allda großen Hunger litten; wenn sie nicht bald entsetzt würden, müßten sie aus Not die Stadt übergeben. Um das zu verhindern, wurden in dem Wismarschen Tief acht große Schiffe zugerüstet; diese wurden mit Korn, Mehl und anderen Lebensmitteln beladen und mit kühnen Helden besetzt, den Holm zu befreien. Es war aber mitten im Winter, da diese Schiffe ausliefen; sie hatten einen Hauptmann mit Namen Meister Hugo. Die Dänen hatten auch einen Haufen Schiffe in der See, um der Seeräuber willen, die dem Reiche Schaden tun wollten.

Es begab sich nun, daß plötzlich ein gar starker Frost eintrat, daß die Schiffe in der See einfroren und nirgends hinkommen konnten. Als nun der Hauptmann der Wismarschen sah, daß der Frost so heftig überhandnahm, sprach er zu den andern Schiffern und Kriegsleuten also: „Liebe Gesellen, ihr seht, daß wir hier eingefroren liegen und nicht hoffen dürfen, daß das Wetter so bald umschlagen wird; auch wißt ihr, daß der Dänen Schiffe auch in der See sind. Darum weiß ich gewiß, wenn dieser Frost bleibt, so werden sie uns anfallen und sich mit uns versuchen; sie haben aber alsdann den großen Vorteil, daß sie sich aus ihrem Lande verstärken können, so viel sie wollen. Deshalb ist es besser, wir sehen uns vor. Wollt ihr nun meinen Rat hören, so wollen wir unsere Schiffe so verwahren, daß wir sie vor den Dänen wohl behalten, wiewohl es Arbeit kosten wird; dennoch, weil es so kalt ist, so ist es besser, daß wir etwas zu tun haben, als daß wir zu Tode frieren. Sehet da," sprach er, „am Lande steht viel Holz; da wollen wir Leute hinsenden, die sollen lange und große Bäume hauen und auf dem Eise mit geringer Arbeit an die Schiffe schaffen; die wollen wir auf beiden Seiten der Schiffe hinlegen und mit Wasser begießen, das bald zufrieren und unsern Schiffen einen Wall und ein Bollwerk geben wird. Laßt dann die Dänen kommen, so wollen wir ihrer warten!"

Dieser Rat gefiel den andern allen wohl. Sie holten die Bäume, schichteten sie bei den Schiffen auf und begossen sie mit Wasser, und es ward also ein gläserner Wall. Diese Arbeit war kaum vollbracht, da kamen die Dänen in Haufen übers Eis und vermeinten, die Schiffe zu erobern; aber wiewohl der Dänen wohl vier waren auf einen Wismarschen, mußten sie doch mit großem Schaden davonziehen und die Schiffe bleiben lassen. Dies verdroß die Dänen über die Maßen, und sie dachten darüber nach, wie man den Schiffen doch Schaden zufügen könnte. Weil sie gesehen hatten, daß sie vor dem Bollwerk die Schiffe nicht beschießen konnten, wollten sie ein Kriegsgerät herrichten, das man eine Katze nennt, und liefen ins Holz, wo die Wismarschen die Bäume gehauen hatten. Der Hauptmann von Wismar, Meister Hugo, erkannte bald ihre Anschläge und ließ in der Nacht um die Schiffe große Waken hauen, und die Eisschollen ließ er niederdrücken. Nicht lange danach kamen die Dänen mit ihrem Volke und merkten nicht, daß die Wismarschen geeist hatten, denn es war oben wieder zugefroren — und kamen mit großem Ungestüm und mit Hast und meinten nun, die Schiffe zu gewinnen, denn es verdroß sie, daß sie vormals mit Schande hatten zurückweichen müssen. Aber es ist ein altes Sprichwort: Große Hast gibt oft guten Spott. Also ging es den Dänen diesmal auch, denn sie fielen haufenweise ins Wasser, und der eine drängte dem andern nach, also daß viele Hunderte der Dänen den Tag ertranken. Zu diesem Schaden mußten die armen Dänen noch großen Spott dazu haben, denn als die Dänen so ertranken, riefen die auf den Schiffen: „Kaiz, Kaiz, Kaiz!" So pflegt man zu rufen, wenn man die Katzen jagt.

So erhielten die Wismarschen ihre acht Schiffe, beides durch List und Gewalt, bis Gott ein anderes Wetter gab, daß das Eis verging; da liefen sie nach dem Holm und entsetzten die Stadt.

Reimar Kock,
(altlübischer Lesemeister).

Klaus Störtebeker und seine Raubgesellen.

Nach dem Tode des Königs Hakon von Norwegen regierte über Dänemark und Norwegen die umsichtige Königin Margarete, die die Vormundschaft für ihren Sohn Elaf bis zum Jahre 1387 innehatte und dann selbst zur Regierung kam, da in diesem Jahre das Fürstenkind starb. Die Herrschaft über Norwegen machte ihr König Albrecht von Schweden streitig; in den sich zwischen den beiden entspinnenden kriegerischen Auseinandersetzungen wurden am 24. Februar 1389 die schwedischen Truppen besiegt, dazu fiel König Albrecht in die Hände seiner Gegnerin und Besiegerin, die ihn im Gefängnis grausam foltern ließ. Um Schwedens Hauptstadt lagerte sich das siegreiche Heer. Die Hanse beteiligte sich als Verband nicht an den Kämpfen, nur die unter mecklenburgischer Schutzherrschaft stehenden Ostseestädte Rostock und Wismar ergriffen für den gefangenen Schwedenkönig Partei: für sie handelte es sich darum, Stockholm mit Lebensmitteln zu versehen, zu befreien und der mächtigen Königin Schaden zuzufügen, um die Freigabe des Gefangenen zu erreichen.

Der Rat der beiden Städte gab zu dem Zwecke ‚Stehlbriefe'[7] aus, durch die die Freibeuter im Ost- und Nordseegebiet berechtigt wurden, auf eigene Faust gegen die Schiffe der nordischen Reiche zu ‚abenteuern', das heißt, sie konnten rauben und plündern nach Herzenslust, wo sich ihnen Gelegenheit dazu bot. Rostock und Wismar öffneten ihnen jederzeit ihre Häfen und gaben ihnen somit die Möglichkeit, die erbeuteten Warenmengen zu lagern oder zu verkaufen. Die verwegenen Raubgesellen unter der Führung deutscher, dänischer und schwedischer Edelleute ließen sich diese günstige Gelegenheit nicht entgehen. In großen Scharen strömten sie in den beiden Städten zusammen, so daß selbst ein alter Chronist der damaligen Zeit schrieb: „Es steht nicht zu beschreiben, was des losen und bösen Volks zu Hauf lief aus allen Landen."

Als Aufgabe der Plünderer und Seeräuber galt, das belagerte Stockholm von der Seeseite aus mit allerlei Lebensmitteln zu versorgen; ferner besaßen sie das Recht, die Länder der siegreichen Königin, Dänemark und Norwegen, mit Raub und Plünderung zu überziehen, damit Margarete durch die Bedrängnisse genötigt wurde, die eigenen Lande zu schützen und Stockholm freizugeben.

Die Raubgesellen, die auch die Bezeichnung ‚Likendeeler' führten, weil sie die Beute gleichmäßig unter sich verteilten, führten als Losungswort: „Gottes Freund und aller Welt Feind." Mit Raub, Mord und Brand erreichten sie dies Ziel. Die Kaperschiffe der Likendeeler brachten viele Dänenschiffe auf. Gelegentlich versuchten sie ihre Kraft an den neutralen Handelsschiffen der Hanse. Auch diese Beute gaben jene Störenfriede der Seefahrt nicht wieder heraus. Andere unter den Seeräubern richteten sich genau nach ihren Abmachungen. Die Geschichte erzählt uns, daß zwei der Hauptleute der Likendeeler zum Seelenheil des Königs Albrecht und auch des ihrigen der Kirche zu Stockholm eine Messe stifteten. Der weitaus größte Teil der Räuber achtete jedoch weder Recht noch Verträge. Bei ihnen galten Raub, Plünderung und der eigene Vorteil. Von ihren Verstecken aus überfielen sie die Kauffahrer; wer von den unglücklichen Besatzungen sich ihnen nicht anschloß, wurde zu Tode gemartert und ertränkt.

Einen festen Stützpunkt schufen sich die Seeräuber in Wisby auf Gotland, dort errichteten sie sich feste Türme und Schlösser, fanden Lagerplätze und leichte Abnahme ihrer Beute in Wisby, und einen ruhigen, unbehinderten Winteraufenthalt. Ihre Räubereien, die durch die ständig wachsenden Scharen neuen großen Umfang annahmen und sie fast zu unumschränkten Herren der Ostsee machten, hoben den Handelsverkehr fast auf.

Die so bedeutende Schiffahrt nach Schonen, wie auch der Heringsfang mußten drei Jahre lang unterbrochen werden, in den Städten herrschte Teuerung und eine aufgeregte Stimmung der Bevölkerung. Der Rat von Lübeck ordnete an, daß hinfort nur bewaffnete Kauffahrer in Gruppen von mindestens zehn Schiffen die See befahren durften.

Auf die Piraten übte die Verordnung jedoch eine andere Wirkung. Die wenigen Schiffe, die jetzt noch die Ostsee befuhren, versprachen nur geringe Beute, sie warfen sich deshalb auf die Küsten von Dänemark und Norwegen, eroberten, plünderten und verheerten die Insel Moen und die reiche Stadt Bergen. Ein Teil fuhr nach Livland und Esthland, wo sie, zweitausend Mann stark, die Bewohner schrecklich plagten.

Vergebens suchten die übrigen Hansen auf Rostock und Wismar einzuwirken, den Streit mit Margarete, der so schwere Folgen nach sich zog, zu beenden, und vergebens waren die Mahnungen des Hochmeisters des Deutschen Ordens im Namen seiner Städte. Jene weigerten sich, solange die Königin nicht Albrecht aus der Gefangenschaft entließ, und ebensowenig trug diese den Vorschlägen Lübecks Rechnung.

Es blieb nichts anderes übrig, als die Schiffahrt einzustellen, sodann mußte eine starke Flotte ausgerüstet werden, um die gefährlichen Piraten auszurotten. Nach einigen vergeblichen Tagefahrten kam endlich auch ein Beschluß der Hanse zustande.

Der mit Beginn der Schiffahrt ausgesandten Kriegsflotte der Hanse gelang es, die Ostsee soweit zu ‚befrieden', daß für dies Jahr die Seefahrt für den Hansen leidlich gesichert war.

Auf Margarete machten die wiederholten, drohenden Klagen der Hanse endlich Eindruck, und sie hielt es für geraten, die offene Gegnerschaft der Hanse nicht herauszufordern, um ihren Thron nicht aufs Spiel zu setzen.

Bildnis Klaus Störtebekers.
Nach einem späteren Stich.

Im Jahre 1395 erhielt Albrecht von Schweden nach schmachvoller Gefangenschaft gegen ein Lösegeld von 6000 Mark lötigen Silbers[8] die Freiheit.

Damit war der Wunsch von Rostock und Wismar erfüllt und die Kaperbriefe hinfällig geworden. Die Likendeeler aber liebten die Räubereien und stellten das einträgliche Geschäft durchaus nicht ein, sondern setzten es auf eigene Faust fort.

Im Jahre 1396 statteten sie dem hansischen Kontor in Bergen einen ungebetenen Besuch ab. Trotz kräftiger Verteidigung konnten die Hansen ihre Niederlassung nicht halten. Das Kontor und seine Lagerhäuser wurden ausgeplündert, hansische Krieger und Kaufleute erschlagen und die erbeuteten Waren in Rostock und Wismar verkauft. Nach diesem großen Raubzuge teilten sich die Horden. Eine Abteilung segelte an die Küste Ostfrieslands, der zweite Teil fuhr an die Newa, und eine dritte Gruppe hielt sich an den spanischen Küsten auf, und außerdem zeigten sich auch in der Ostsee genug Kaperschiffe.

Die Hansestädte hatten endlich die Sorge satt und rüsteten zahlreiche Kriegsschiffe zum Kampf gegen die Räuber aus. Mehrmals eroberten die Schiffe der Hansen zahlreiche Piratenfahrzeuge und bereiteten ihren Besatzungen auf dem Schafott der Heimatstädte ein Ende.

Unter den Raubgesellen, von denen in Sage und Geschichte viel berichtet wird, war Klaus Störtebeker einer der bedeutendsten. Er gehörte zu den Lieblingen des Volkes, die in Liedern und Geschichten fortleben. Mit ihm werden in der Geschichte genannt: Gödeke Michaels, Wigbold und Wichmann, alle berühmt durch ihre Grausamkeit und ihren Wagemut. Im Volke erzählte man sich Wunderdinge von der großen Körperkraft Störtebekers, durch die er sich unter seiner wilden Raubgesellenschar den nötigen Respekt erhielt. Einzelne Chroniken berichten, daß Störtebeker ein Edelmann gewesen sein soll, der in der Gegend von Verden beheimatet war. Nach einem wilden, zügellosen Leben, in dem er Hab und Gut vergeudet hatte, selbst sein Rittergewand und sein Rüstzeug dahingab, trat er unter die Vitalienbrüder, die ihn gern bei sich aufnahmen. Wieder andere schreiben, daß er in Pommern geboren wurde, die Angaben neuerer Geschichtsforscher bringen ihn nach Wismar. Fest steht jedenfalls, daß es unter den Vitalienbrüdern mehrere dieses Namens gab, und es ist sicher, daß um 1400 herum in Wismar eine Familie namens Störtebeker beheimatet war. Der Name weist auf die Trinkfestigkeit seines Trägers hin. Er erhielt die Bezeichnung deswegen, so berichtet die Sage, weil er einen großen Becher Weins, der drei Flaschen faßte, in einem einzigen Zuge zu leeren verstand. ‚Becherstürzer', plattdeutsch ‚Störtebeker', nannte ihn sein Raubvolk, seinen wahren Namen hielt er verschwiegen.

Die Geschichtsforschung nimmt an, daß die Vorfahren Störtebekers Krugwirte waren, denn die Bezeichnung Sturzbecker war üblich für einen Becher mit einem Deckel oder Sturz, und nach ihm hat wohl die Familie ihren Namen erhalten.

Als das Raubgesindel die Ostsee räumte, hielt es sich in Ostfriesland auf. Im Gebiete des kleinen Ostfriesland regierte eine ganze Zahl kleiner Edelleute. Unter diesen riß Keno then Broke, ein gefürchteter, kriegerischer Häuptling, die Vorherrschaft im Lande an sich. Als die Vitalienbrüder, von den Hansen verfolgt, in Ostfriesland einen Stützpunkt suchten, räumte Keno ihnen

Marienhave ein. Die Einfahrt des durch vier große Pforten und starke, dicke Mauern befestigten Ortes lief durch einen Stichkanal, der noch jetzt ‚Störtebekers Tiefe' benannt ist. Auf den Wohlstand der Räuber weist heute noch der Marienhavener Turm hin, den sie aus ihren Mitteln erbauten. Im Jahre 1398 schlossen Lübeck und Hamburg im Verein mit Margarete einen Bund, um die nördlichen Meere von dem Raubgesindel zu befreien. Um 1400 einigte sich die Hanse dahin, mit vereinter Kraft das geplante Vorgehen zu unterstützen. Zwei Hamburger Ratsherren wurden abgeordnet, um Keno then Broke zu verwarnen, den Raubgesellen fürderhin keinen Aufenthalt mehr zu geben. Störtebeker war inzwischen Kenos Schwiegersohn geworden, und in seiner Gegenwart verpflichtete sich Keno then Broke, den Vitalienbrüdern in Zukunft keinen Schutz angedeihen zu lassen; der damals aufgesetzte Vertrag „Keno then Broke und seine Genossen geloben den Bürgermeistern und Ratmannen der Stadt Hamburg und ihren Nachfolgern, als Mitgliedern der Hanse, alle Vitalienbrüder von sich zu lassen und sie durchaus nicht weiter schützen zu wollen" wird noch heute im Archiv der Stadt Hamburg aufbewahrt, und neben der Unterschrift Keno then Brokes finden sich die einer ganzen Reihe friesischer Hauptleute. Als die Sendboten der Hanse aus der Halle traten, in der die Verhandlungen geführt waren, da eiferte Klaus Störtebeker gegen seinen Schwiegervater, weil er solche Bedingungen angenommen habe. Einer der Ratmannen, der seine Handschuhe vergessen hatte, kehrte zurück, um sie zu holen, und vernahm dabei die Antwort Keno then Brokes an Störtebeker, daß er durchaus nicht gewillt sei, den Vertrag zu halten. Die zurückkehrenden Ratmänner Albert Schreie und Johann Nanne berichteten getreulich und verschwiegen auch nicht das Eingeständnis des Friesenhäuptlings. Hamburg rüstete eine starke Flotte aus, die unter der Anführung der beiden oben genannten Ratsherren stand. Mit ihnen vereinigten sich die Lübecker an der Elbe bei Stade. Am 22. April segelte eine stattliche Flottenmacht nach dem Gebiet der Ems, um hier den Kampf gegen die Piraten zu führen.

Der Kampf entwickelte sich sehr bald. Bord an Bord lagen die Schiffe der Hansen mit denen der Räuber, und über die Enterbrücken hinweg tobten todesmutige Streiter, um im Nahkampf mit kurzen Beilen, Streitbolzen, Enterhaken, den Hauptwaffen der damaligen Zeit, den Sieg auf ihre Seite zu bringen. Voller Todesverachtung wehrten sich die Seeräuber, denn nur zu genau kannten sie ihr Schicksal, wenn sie in die Gefangenschaft gerieten. Lange wogte der Streit hin und her. Endlich konnten die Hansen den Sieg für sich in Anspruch nehmen. Achtzig Freibeuter fanden dabei den Tod. Ihre Leichen warf man ins Meer; sechsunddreißig fielen in die Gefangenschaft und der übrige Rest rettete sich durch Schwimmen ans Land. Von den Schiffen der Piraten fielen drei in die Hände der Sieger. Der heimgekehrten siegreichen Flotte wurde ein fröhlicher Empfang, eine dichtgedrängte Menschenmenge begrüßte die Heimkehrenden am Hafen. Im großen Zuge geleitete sie die beiden Ratsmänner, die die Flotte geführt hatten, zum Rathause. Den gefangenen Räubern bereitete der Büttel auf dem Grasbrook ein Ende. Wie eine alte Stadtrechnung berichtet, erhielt der Scharfrichter pro Kopf 8 Reichsmark, so daß sein Lohn 288 Reichsmark ausmachte. Zur Warnung wurden die Köpfe der Hingerichteten auf Pfähle gesteckt und am Ufer zur Schau gestellt. —

Um das Jahr 1401 herum, zu Beginn des Frühjahres, hielt sich Klaus Störtebeker mit seinem Hauptmann Wichmann wieder einmal mit zahlreichen Raubschiffen vor der Elbmündung auf, um die Hamburger Englandfahrer zu nehmen und sich bei ihnen reiche Beute zu holen. Sein Kampfgenosse Gödeke Michaels besetzte während jener Zeit den Sund, um die Schiffe der Hansen, die aus dem Gebiet der Ostsee kamen, mit Krieg zu überziehen. Sobald die ersten Nachrichten von dem Aufenthalte Störtebekers dem Hamburger Rate bekannt wurden, rüstete er zahlreiche Schiffe aus, um den Kampf mit dem verwegenen Seeräuber zu wagen. Alte Sagen und Berichte nennen den späteren Ratsherrn und Bürgermeister Simon von Utrecht den Hauptthelden als Anführer im Kampfe der Hamburger Flotte gegen Störtebekers Schiffe. Nachdem die Hamburger ihre Schiffe bemannt und ausgerüstet hatten, segelten sie unter Anführung der Ratsherren hinaus. Sie trafen Klaus Störtebeker und seine Schar auf frischer Tat, denn kurz zuvor war ein Bierschiff den Seeräubern in die Hände gefallen, und an dem edlen Gerstensafte hatten sie sich gütlich getan. Als die kleine, aber starke Flotte der Hamburger in die Nähe kam, hielt Störtebeker sie für die erwarteten Englandfahrer, denn der Nebel hinderte einen scharfen Ausblick. Jedoch sehr bald wurde der Seeräuberhauptmann gewahr, daß es Hamburger Kriegsschiffe waren, die mit günstigem Winde auf ihn zusegelten. Das führende Schiff, ‚die bunte Kuh‘ rannte auf das von den Seeräubern erbeutete Bierschiff, so daß dieses manövrierunfähig wurde.

„De bunte Koh uut Flandern kam,

Dat Roov-Schipp öp de Höörn nahm

Un stött es wiß in Stücken.“[9]

Störtebekers Gefangennahme.

Die Jubelgelage und die Trinkfestlichkeiten der Seeräuber fanden nun ein schnelles Ende. Der Kampf begann, und ein starkes und großes Fechten hielt, wie die Sage kündet, drei Tage und Nächte an. Mit dumpfem Getöne segelten die Hamburger auf die Seeräuberfahrzeuge. Das Krachen und Knirschen der gewaltigen Enterhaken zeigte, daß die Schiffe Bord an Bord lagen und nun die Einzelmannschaften in einem blutigen Nahkampf aufeinander losschlugen. Auf seiten der Hamburger war zuversichtlicher Mut, der Sieg konnte nicht fehlen; auf seiten der Seeräuber war der Mut der Verzweiflung, der Kampf um den Kopf. Störtebeker, den schon seine Zeit mit dem Scheine des Heldentums umgeben hatte, ein Mann von großer

Kraft, von kühnem und verwegenem Mute, der Ketten wie Zwirnfäden zerriß, kämpfte, wie nur ein Mensch kämpfen kann. Und ihm zur Seite standen seine todesmutigen, seine erprobten Seeräuber, alles wilde, trotzige Männer; sie alle verkauften ihr Leben so teuer wie möglich. Und Schwertgeklirr und Schlachtgeschrei durchhallte das Rauschen der Wogen, dazu die lauten Kommandorufe. Hier und da ächzten die Verwundeten oder stöhnten die tödlich Getroffenen, und auf den Wellen stießen die mit dem Tode Ringenden ihre letzten Hilferufe aus. An den Mast seines Schiffes gelehnt, stand der Hauptmann; so war sein Rücken gedeckt; unentwegt feuerte er die Seinen zum Widerstande an. Tapfer hielt er sich, immer und immer wieder wußte er den eindringenden Hamburgern Verluste beizufügen. Der Boden vor ihm war mit Verwundeten und Toten bedeckt, die unter seinen Streichen fielen. Endlich kam auch der Augenblick, der ihm die Streitaxt entriß. Ein wohlgezielter Bolzenschuß traf seinen rechten Arm. Er griff zum Schwerte, aber zu spät; schon hatte ein riesiger Schiffsmann der Hamburger ihn umklammert und zu Boden gerissen, laut dröhnend schlug sein Kopf auf das Verdeck, dann wurde er überwältigt und mit festen Seilen zusammengebunden. Jubelgeschrei der Hansen! Der gefürchtete Seeräuberhauptmann war endlich in ihrer Hand. Mit Störtebeker gerieten nach langen Kämpfen noch siebzig Seeräuber in die Hände der Hansen. Der Sieg der Hamburger war schwer erkauft, und manche hamburgische Familie hatte einen ihrer Angehörigen in diesem Kampfe verloren.

Heimkehr der Hamburger Englandfahrer nach Bekämpfung der Seeräuber.
Nach einem Gemälde von Professor Hans Bohrdt.

Hinrichtung von Störtebeker und Michaels. Im Hintergrunde links sieht man die Köpfe der Spießgesellen auf Stangen gesteckt. Nach einem Bilderbogen im Besitze der Stadt Hamburg.

Und nun zum jubelnden Empfang der Sieger! Die Geschütze lösten Freudenschüsse, als die Hamburger mit ihren Schiffen in den Hafen einfuhren. Der Rat der Stadt, an der Spitze die Bürgermeister, und die vornehmen Bürgerkreise standen am Landungsstege bereit, um die heimkehrenden Sieger zu begrüßen. Fröhliche Weisen der Stadtpfeifer und Pauker ertönten, und die weithin schallenden Kirchenglocken boten freundlichen und dankerfüllten Willkommengruß. Unermeßlicher Jubel durcheilte die Scharen der Bürger, als Störtebeker und die Seinen, mit schweren eisernen Ketten belastet, den Gang ins Gefängnis antraten. Das Gefängnis im Keller unter dem Rathause nahm sie auf. Dort blieben sie drei Monate, bis ihre Wunden geheilt waren, und dann traten sie den letzten Gang, den Weg zum Henker, an.

Nun erlebte Hamburg noch einen Festtag. Es war am 10. Juni 1401, da führte ein Zug die gefangenen Seeräuber zum Grasbrook hinaus. Hier unten am Elbstrande harrte ihrer das Schafott. Bewaffnete Bürger zu Fuß und zu Pferde begleiteten die Gefangenen, in einem langen Zuge folgten Frauen und Jungfrauen. Am Grasbrooke wartete der Scharfrichter Rosenfeld, ein starker und gewaltiger Mann. Von ihm wird berichtet, daß er ein Schwert führte, das ein gewöhnlicher Sterblicher kaum zu heben vermochte. Störtebeker fiel als der erste durch den Henker, dann kam Wichmann an die Reihe; nach ihnen die siebzig anderen. Das Volkslied singt davon:

„Der Büttel, der hieß Rosenfeld,

Der hieb so manchen stolzen Held

Zu Tod mit frischem Mute.

Er stund wohl in geschnürten Schuhn

Bis an die Enkel[10] im Blute."

Die Sage erzählt aber weiter, daß auch Rosenfeld selbst unmittelbar nach der Blutarbeit um einen Kopf kürzer gemacht worden sei. Denn als der der Hinrichtung beiwohnende ehrbare Rat von Hamburg nach der schweren Arbeit ihn teilnehmend fragte, ob er sehr ermüdet sei, lachte der blutberauschte Scharfrichter grimmig, und höhnisch antwortete er, es sei ihm nie wohler gewesen und er fühle noch genug Kraft, den ganzen Rat zu köpfen. „Ob dieser verbrecherischen Antwort ist ein ehrbarer Rat so empört und entsetzet gewesen, daß er den Kerl sofort abtun ließ."

Die Heldentaten Störtebekers leben in Sage und Geschichte fort bis in unsere Zeit. Vieles ist darüber berichtet worden. So soll der Mast seines Schiffes hohl gewesen sein und eine Menge Gold und Edelsteine enthalten haben. Mancherlei Andenken an die Zeit Störtebekers werden in der Hansestadt Hamburg aufbewahrt. In der Sammlung hamburgischer Altertümer finden sich eine Rüstung und ein Eisenhut, die angeblich Störtebeker gehört haben sollen. Von einem eisernen runden Schild mit einer Leuchte in der Mitte, der gleichfalls dort aufbewahrt wird, behauptet man das gleiche. Im Schiffer-Armenhause findet sich im Versammlungsraum der Schiffsalten ein 4 Kilogramm schwerer silberner Becher, der aus dem Silber angefertigt sein soll, das man im Schiff Störtebekers fand, und manche Hamburger glauben daran, daß die goldene Krone des Katharinenkirchturms aus dem Golde Störtebekers angefertigt sei.

In Sage und Geschichte und in allerlei Volksliedern wurden Störtebekers Heldentaten besungen. Sie sind verloren gegangen, und nur weniges wurde in unsere Zeit hinübergerettet.

Der Tag von Stralsund.

Herzog Erich von Pommern kam auf den Thron der drei nordischen Königreiche, als die Königin Margarete im Jahre 1412 gestorben war. Der neue König, eine stattliche Erscheinung, anfangs bei seinen Untertanen beliebt, trat in eine offene Gegnerschaft zur Hanse. Seine Feindschaft brachte er durch die Einführung des Sundzolles zum Ausdruck, seinen Zweck, den deutschen Handel durch die Sperrung des Sundes zu schädigen erreichte er nicht; vielmehr wurde er gerade durch diese Maßnahme in einen erbitterten Krieg mit der Hanse verwickelt, den er schließlich sogar verlor.

Im Jahre 1426 rüsteten Lübeck, Hamburg, Rostock, Stralsund, Wismar und Lüneburg zum Kampfe gegen ihn, mit ihnen der Herzog von Schleswig-

Holstein. In jenen bewegten Zeiten erregte die Einwohnerschaft Stralsunds am 4. Mai 1429 allerlei Kriegsgeschrei; der Schall der Kartaunen und Donnerbüchsen erweckte sie aus dem Morgenschlafe. König Erichs Gemahlin hatte unbemerkt eine Flotte von siebzig Fahrzeugen ausgerüstet und mit zwölfhundert Gewappneten bemannt, um die Stadt Stralsund einzunehmen. Die Mannschaften landeten unbemerkt und waren nun bereit, einen Überfall auf die Stadtmauern zur Ausführung zu bringen.

Wilhelm Jensen, der treffliche Romanschriftsteller, der besonders hansische Geschichte in seinen Werken behandelt, erzählt auch den Überfall von Stralsund; seinen Ausführungen folge ich bei der Wiedergabe der nachfolgenden Schilderung.

An den Hafenmauern staute sich die Menge, wildes Kampfgetöse erschallte dort, und hastig eilten in Wehr und Waffen immer neue Bürger dorthin. Sie trafen noch rechtzeitig ein, um der bedrängten kleinen Mauerwache Hilfe zu bringen. Immer dichter drang der Feindesschwarm heran; auf Sturmleitern suchten sie die Mauerhöhe zu erklimmen. Die Stralsunder hatten genug zu tun, um die Vorwitzigen, die die obersten Sprossen der Leitern erreicht hatten, in die Tiefe zu stürzen. An der Ladebrücke lagen die feindlichen Schiffe Mast an Mast. Drohend sahen die Geschütze von den Schiffskastellen nach der Stadt hinüber.

Unbemerkt, im Nebel der Nacht war die Flotte herangekommen, und siegesgewiß hoffte sie diesmal die Hansestadt zu erobern. Jedoch die Rechnung war ohne die Stralsunder gemacht. Bald standen genügend Bürger an der Stadtmauer bereit, die Angriffe der Feinde abzuwehren, die trotz ihrer Überzahl gegenüber der gewaltigen Mauerstärke nichts ausrichten konnten. Von den Schiffskastellen wurde der Angriff unterstützt. Die Bliden (Wurfmaschinen) der Schiffe schleuderten schwere Steine, Fässer mit Brennstoff und Tonnen mit Stinkpulver auf die Stadt; um diesen Einwirkungen zu entgehen, hielten die Verteidiger ihre Nasen mit Tüchern zu. Doch wie sehr auch die Dänen sich anstrengten: die Bürgerschaft unter der Anführung des Bürgermeisters Klaus von der Lippe, der die Seinen mit Umsicht führte, schlug die dänischen Gewappneten zurück. Als diese die Aussichtslosigkeit ihres Beginnens einsahen, stürmten sie fort, und in sinnloser Wut zerhieben ihre Fäuste alles, was in der Nähe der Ladebrücke erreichbar war. Das Kloster St. Jürgen und andere Bauwerke, die gleichfalls außerhalb der Stadtmauer lagen, wurden ausgeplündert und in Brand gesetzt. Den mutvollen Bürgern riefen sie ein uraltes Schimpfwort zu: „Tüdske Garper;“ es heißt so viel wie „Deutsche Läuse“. So tobten die Dänen vor den Stadtmauern mit Mordgeschrei bis gegen Mittag umher, und da durch dies Beginnen die Stadtmauern nicht fielen, blieb ihnen nichts andres übrig, als die Segel zu setzen und zu verschwinden, sie fuhren durch den Strelasund nach Südost davon.

Ingrimmig stand Klaus von der Lippe auf der Stadtmauer und schaute den enteilenden Schiffen nach, wutentbrannt über die Zerstörung, die sie am Hafen angerichtet hatten. „Wenn sie hier einer festhielte," so dachte er, „dann würde ich ihnen den ‚Lausekerl' heimzahlen!" Ein schöner Maitag war's, kühl und kräftig blies der Nordwind, der die Dänenflotte von Norden her hereingebracht hatte; aber den Schiffern schien es, als würde der Wind bald nach Osten umspringen.

Klaus von der Lippe, begleitet von den Ratsherren und einer vielköpfigen Menge von Bürgern, stieg zur Ladebrücke am Hafen herunter, um die Zerstörungen zu betrachten. Plötzlich rief irgend jemand aus der Menge: „Seht dort die Segel, die Dänen kommen um Rügen zurück!" In der Tat machte es den Eindruck, als sei es die Dänenflotte, die dort mit einem Schwarm durch den Wind mächtig aufgebauschter Segel zurückkehrte. Aber schon riefen die andern Stimmen: „Das sind Hansen, sie führen die Danziger Flagge!" Nach einiger Zeit des Wartens und des Zweifelns bewahrheitete es sich, daß es Hansen waren, die sich draußen auf der See getroffen hatten und, wie's Schiffsgebrauch war, zusammenhielten, um gemeinsam nach Stralsund hineinzufahren. Und da ihnen bei der Einfahrt der Wind von Osten her entgegenstand, nahmen sie ihren Kurs um Rügen und liefen jetzt segelgeschwellt auf Stralsund zu, ohne zu ahnen, was hier sich am Morgen zugetragen hatte. Die erste unter den Koggen mit der Danziger Flagge war ein neuerbautes Fahrzeug des Altbürgermeisters. Auf dem Vorderkastell stand der Sohn des gestrengen Herrn, der junge Jörg von der Lippe. Sobald der Alte des Sohns ansichtig wurde, leuchtete sein faltenreiches Gesicht, und seine mächtige Gestalt durchzuckte es. Mit großer Stimme rief er über die Menge hin: „Wahrlich, euch schickt der Himmel, ihr Danziger; wollt ihr uns helfen, die Dänen zu züchtigen? Seht hier, was sie verübt haben. — Dort sind sie hinaus!" Er streckte die Hand gen Süden. „Weit können sie noch nicht sein, denn der Wind greift um, und sie können nicht aus der Enge hinaus!" Ein ungeheures Stimmgetöse warf den Ruf zurück und wälzte sich dann fort durch die Straßen der Stadt. Allüberall ertönten die Rufe: „Auf die Dänen, auf die Dänen, alle Mann auf Deck! Die Danziger stellen ihre Schiffe zur Verfügung, jetzt Kraut und Lot und Bombarden[11] geholt!" Die Stadt schien einem Ameisenhaufen zu gleichen, alles rannte und schleppte irgend etwas herbei, und emsige Scharen eilten zu den Hafentoren.

In den Hansestädten kannte man in dringlichen Fällen die schnelle Ausrüstung der Frachtfahrzeuge zu Kriegsschiffen.

Kaum waren einige Stunden vergangen, da fuhren schon die sechs Koggen als Orlogschiffe gerüstet hinaus zum Kampf. Auf jedem Schiffe standen hundert bewaffnete Bürger, dazu schauten drohend die Geschütze aus den Kastellen hervor; in den Mastkörben standen Knallbüchsen mit Hakenschützen, und zu ihnen hatten sich noch die Armbruster gesellt.

Niemand von ihnen dachte an die zehnfache Übermacht der Dänen. Sie alle waren geblendet von dem Gedanken: der Sieg muß uns werden.

Kaum hatten dic hansischen Koggen die kleine Insel Hela passiert, die nur eine Viertelmeile vom Hafen entfernt liegt, da schwärmte die ganze dänische Flotte gegen sie heran. Der heftige, nach Osten umgeschlagene Wind und die hochgehende See versperrten den Dänen den Ausweg in den Greifswalder Bodden; sie wollten darum ihren Kurs an der Stadt vorüber durch den Gellen[12] nehmen, ahnten jedoch die Gefahr, die sich ihnen in den sechs deutschen Schiffen näherte, nicht.

Vom Gellen her kam noch der Wind. Er füllte die hansischen Segel, und die Dänen, vom Ostwind getrieben, rauschten heran. Ein eigenartiges Schauspiel! Im Augenblick hatten die Geschwader die zwischen ihnen liegende Lücke durchfahren. Ein halbes Dutzend Hansen gegen siebzig Schiffe der Dänen! Und die Berichte der Zeitgenossen sprechen davon, es hätte ausgesehen „wie Kirchen neben Kapellen“. Zuschauer waren eine Menge da. Auf der Stadtmauer drängte sich das Volk, Greise, Weiber und Kinder, um das Schauspiel zu genießen, das sich ihnen darbot, denn seit Jahrhunderten war so etwas nicht geschehen. Fast im Hafen entbrannte die mörderische Seeschlacht. Doch einen deutlichen Ausblick konnten sie nur für kurze Zeit genießen, bald war alles in dichten Pulverrauch gehüllt. Nur von Zeit zu Zeit, wenn der Wind hindurchstrich, war ein Durchblick möglich, dann zeigte sich die weiße Linie der Schiffe, um bald wieder zu verschwinden. Hier und da zuckten Flammen auf und erloschen wieder, dann wiederum rauschte das Meer, um ein sinkendes Schiff aufzunehmen.

Des Bürgermeisters Kogge segelte auf das vorderste Dänenschiff los und hatte dies bald mit seinem eisernen Sporn niedergerannt, ohne daß eine Gegenwehr möglich war. Von den Schiffskastellen krachten die Kartaunen, von den Mastkörben herunter schossen die Haken und Arkebusen in die nächsten Feindesfahrzeuge hinein. Die Enterhaken und fünfarmigen Anker an leichten Ketten flogen nach ihnen aus und hielten die nächstfahrenden Schiffe gepackt, und wie ein wütender Bergstrom stürzten die Stralsunder über die Schiffsbrüstungen, schlugen und stießen auf die überraschten Dänen ein. Ehe die nachfolgenden Dänenschiffe begriffen hatten, was vorn geschah, war nahezu ein Dutzend der Dänenfahrzeuge zum Sinken gebracht, überrannt oder durch Feuer zerstört. Dann erkannten sie vor sich eine neue gewaltige Kogge als Verderbenbringerin; diese bot nun das neue Ziel des Kampfes. Doch jetzt kamen die fünf anderen Hansen heran, fielen den Angreifern in die Flanke, und das Getöse der Waffen, das Donnern der Bombarden überhallten den Kriegsruf: „Dudesche Hanse!“[13] Immer dichter wurde das Gedränge, und im Handgemenge entstand unter den eng zusammengedrängten Schiffen der Dänen eine große Wirrnis. Sie konnten die Zahl der Gegner nicht bemessen, und während die Dänen noch abschätzten, wurden sie vom Enterhaken leicht gefaßt und von den hochbordigen Hansenschiffen, die sie weit überragten, festgehalten. Die Holzleiber der Schiffe krachten, und durch die zerstörten Planken stürzten wild jauchzend die Hansen hinein. Schonungslos schleuderten die mutigen Stralsunder brennende Pechkränze auf die ineinandergetürmte Masse, und hellauf leuchteten die lodernden Flammen, die den Dänenschiffen den sicheren Untergang brachten. „Das war eine Mandel," schrie irgend jemand, „lat uns dat Schock voll machen, dor krupen noch veel to veel Garper up't Water rüm!"[14] Wilde Scherze wurden laut im Kampfe zwischen den hansischen Kaufleuten und den Dänen. Manch einer der bewaffneten Stadtbürger mußte sein Leben lassen. Unter den todesmutigen Scharen der Bürger räumten in der Schlacht Spieß und Kugeln auf, aber für jeden Stralsunder fielen mindestens zehn Dänen, versanken im nassen Wellengrabe oder deckten als Leichen die Trümmer ihrer Schiffe, die durch das Spiel der Wellen auf die Sandbänke der Insel Strela geworfen wurden. Schon nach der ersten verlustreichen Stunde des Kampfes erkannten die Dänen, daß nur die Flucht ihnen Rettung bringen konnte, denn auf zu engem Raum hatten die nordischen Schiffe den Kampf zu führen; die Fahrzeuge, die nicht enteilen konnten, blieben dem sicheren Untergange geweiht.

Klaus von der Lippe schlägt die dänische Flotte.
Von Professor Hans Petersen.

In diesem Getümmel schuf sich Jörg von der Lippe mit seiner Kogge freie Bahn. In geringer Entfernung entdeckte er eine feindliche Kogge, die der seinen an Größe gleichkam. An ihrem Hauptmaste flatterte ein mächtiges Wappen der drei skandinavischen Reiche, und in der Mitte spreizte der pommersche Greif seine Fänge. Es war das Admiralsschiff der Dänen. Im Augenblicke der Annäherung erkannten die Stralsunder auch auf dem Vorderkastell den Befehlshaber; in blinkender Panzerrüstung stand er hochaufgerichtet da, und ein auf der Rückseite schwer befederter Helm deckte den Kopf. Tollkühn ließ er den Kampf mit dem Schiff der Hansen aufnehmen. Die Schiffswände knatterten und krachten aneinander, es rasselten die Ketten der bereitgehaltenen Enterhaken und Wurfanker, dazu erschollen als Musik die gegenseitigen Schlachtrufe „Dudesche Hanse!“ und von der Seite der Dänen „Tüdske Garper!“ Unentwegt tobte der Kampf; als Jörg von der Lippe sich zum Schwunge auf das feindliche Schiff bereit machte, traf ihn ein Bolzen am Schulterblatt. Von der Wucht des Anschlages taumelte er für einen Augenblick, wie gelähmt fiel sein Arm schlaff herunter. Bestürzt hielten seine Leute im Kampfe inne, auf dem Schiff des Feindes ertönte darob großes Freudengeschrei. Nur kurze Zeit währte die Ohnmacht des jungen Schiffsmeisters, und schon rief seine hellschmetternde Stimme: „Los auf den Feind!“ Zu rasch erkannte der feindliche Führer das Schwierige seiner Lage und die Gefahr, der er sich ausgesetzt hatte. Er benutzte den Augenblick der Verwirrung, ließ die feindlichen Enterhaken kappen und seine Kogge mit Klüverstangen abdrängen; die Flucht allein bot ihm Rettung. Mit ihm entkamen nur noch Reste der stolzen dänischen Flotte, die Stralsund den sicheren Untergang bereiten sollte. Dies war Stralsunds Ehrentag, einen schöneren und größeren hatte die Stadt nie gesehen. Die Insel Strela verlor ihren Namen und hieß von nun an Dänholm.

Hauptmann Paul Beneke, ein Danziger Seeheld aus der Zeit der Hanse.

1. Vorgeschichte.

Nachdem die gewaltigen Störenfriede Störtebeker und Gödeke Michaels von der See vertrieben waren und ihre Räubereien mit dem Leben gebüßt hatten, tauchten nach einem halben Jahrhundert abermals Piraten im Gebiete der Nordsee auf, die den Handelsschiffen der Osterlinge nachstellten, weil England es verlangte.

Ansicht aus dem Hafen von Danzig.
Nach einem alten Kupferstich.

Danzig, das bei diesen Räubereien verschiedene Handelsschiffe einbüßte, war keineswegs gewillt, stillschweigend die Gewalttaten hinzunehmen, sondern rüstete eine gewaltige Fredekogge[15], ‚Mariendrache' genannt, aus. Kurt Bokelmann, Danzigs tüchtiger Schiffshauptmann, erhielt die Führung des Kriegsschiffes. Lange Zeit suchte er in den Nordseegewässern vergebens; endlich, am Ausgange des Jahres 1442, traf er die Seeräuber in den Gewässern Helgolands. Die Natur bewies ihm ihre Gunst. Bokelmann hatte den Wind für sich, so daß seine Gegner, die Seeräuber, nicht anders als in die offene See enteilen konnten; auch wußten sie, was ihnen bevorstand, fielen sie in die Hände des Danziger Schiffshauptmanns; deshalb rüsteten sie sich auf einen Nahkampf, weil sie den Danzigern für einen solchen Nahkampf zwei starke, wohlbestückte Schiffe entgegenstellen konnten. Doch Bokelmann vermied den Nahkampf und hielt sich in einer größeren Entfernung, da seine Kanonen trotzdem ihr Ziel sicher trafen. Bokelmanns Geschützmeister, Martin Stolle, hatte den klugen Einfall, die Geschosse glühend zu machen, um sie in diesem Zustande gegen den Feind zu schleudern. Der Plan gelang vorzüglich. Bokelmanns Mißtrauen, das er dieser neuen Art des Kampfes anfangs entgegensetzte, war bald überwunden.

In den Lauf der Kartaunen kam zunächst Pulver, dann eine tüchtige Schicht Leinwand und darauf die glühende Kugel. Großes Entsetzen erregten bei den Seeräubern die feurigen Eisenkugeln vom Danziger ‚Mariendrachen', die ihre Schiffe trafen. Noch verzagten sie nicht und antworteten tapfer, ohne das Ziel zu erreichen, und ihre Geschosse fielen ins Wasser. Nach und nach entstand große Verwirrung auf den beiden Räuberschiffen, und die aufsteigenden Rauchwolken verkündeten, daß der Plan des Danziger

Geschützmeisters Stolle seine Wirkung tat. Immer höher stiegen die Rauchwolken, immer schwächer wurde das Feuer der Räuberschiffe, bis es endlich ganz aufhörte, da zur Rettung der Schiffe alle Mannschaften beim Löschen sich betätigten; nur noch die Flucht blieb als Ausweg der Rettung übrig. Darauf wartete Bokelmanns Schar. Der ‚Mariendrache' fuhr näher an die Kaperschiffe heran und feuerte unentwegt Ladung auf Ladung in die dem Untergang geweihten Seeräuberschiffe. Gierig züngelten die Flammen an den geteerten Tauen zu den Masten empor. Die Segel verbrannten, und der Wind trieb mit Hast die feurige Lohe über das Schiff. Rahen und Masten standen in hellen Flammen, gleich feurigen Fackeln leuchteten die Piratenschiffe. Bokelmanns tapfere Schar blieb noch immer am Werke und vermehrte durch fortdauerndes Geschützfeuer die Verwirrung auf den Piratenschiffen.

Zwei Wege gab's nur noch: entweder sicheren Untergang mit den brennenden Schiffen oder die Flucht ans Land in den Booten. Die Kaperer wählten das letztere und versuchten, in kleinen Booten das nahe Helgoland zu erreichen. Aber auch dies Wagnis gelang ihnen nicht. Die Geschosse des hinterdreinfahrenden ‚Mariendrachen' erreichten die Fliehenden und bereiteten ihnen den Untergang, den Tod in den Wellen der Nordsee.

* *
*

Nach dem Treffen bei Helgoland segelte der ‚Mariendrache' heim, um dem Rate der Stadt Danzig Kunde zu bringen von dem Erfolg der Ausfahrt. In einer dunklen, stürmischen Herbstnacht übersegelte das Danziger Kriegsschiff ein Fahrzeug. Nichts war zu sehen. Kein Licht leuchtete in der Dunkelheit auf, und nur die Todesschreie der verunglückten Schiffer kündeten den Danzigern, daß ein Unglück geschehen sei. Bokelmann ließ die Boote herab, um den Überlebenden Rettung zu bringen. Aber auf der weiten Wasserwüste war alles totenstill, Wellenberg und Wellental. Wrackstücke schwammen auf dem Wasser. In einem Körbchen zwischen zwei Segelstangen befestigt, so daß das Wasser nicht hineinschlug, lag ein Säugling. Seine Mutter war versunken im Wellengrab; dem Kinde wurde die Rettung. Bokelmann nahm den Säugling, dessen Herkunft und Name nie ermittelt wurde, mit nach Danzig. Dort ließ der Danziger Schiffsmann den Findling mit seinem Sohn Eler bei dem Ratsherrn Beneke erziehen. Hier fand das Kind eine zweite Heimat, und der Kaufmann adoptierte den Knaben, den man nach dem Auffindungstag auf den Namen Paul taufte.

••••

2. Die Seeschlacht bei Bornholm 1455.

Ein Jahrzehnt war nach diesen Ereignissen im Strom der Zeiten verschwunden. Aus dem kleinen Paul Beneke war ein stattlicher Junge geworden, der mitsamt seinem Pflegebruder Eler Bokelmann auf dem ‚Mariendrachen' in Dienst stand. Die See, die Abenteuer zur See, Krieg und Kriegsgeschrei erfüllten die Seele dieser beiden jungen Menschen.

Die erste Gelegenheit, im tatenfrohen Jugendmute an einem Kampf teilzunehmen, sollte sehr bald kommen.

Im Jahre 1455 gingen die Dänen ein Bündnis mit den deutschen Ordensrittern ein und fügten der Seehandelsflotte der Stadt Danzig allerlei Schaden zu. Trotz der Schläge, die ihnen die Hansen in früheren Jahren erteilt hatten, fuhren die Dänen mit sechzehn Fahrzeugen unter ihrem Admiral Hans von Zinnenberg hinaus auf die Ostsee, um den preußischen Ordensrittern, ihren Bundesgenossen, Lebensmittel und Munition zuzuführen. Dem Rat der Stadt Danzig blieb dieses Vorgehen nicht verborgen. Er rüstete schnellstens die Fredekogge, den so oft bewährten ‚Mariendrachen', aus und gab Kurt Bokelmann den Oberbefehl über das Schiff und die beiden Auslieger, die unter Merten Bardewig und Simon Lüblaw standen. Die Fredekogge hatte eine Besatzung von etwa 250 Mann, die beiden kleineren Schiffe führten je 80 bis 100 Mann. Ein einkommender Bergenfahrer brachte Bokelmann die Nachricht, daß die Dänenflotte wegen widrigen Windes unter der Insel Bornholm vor Anker läge. „Jetzt ist jeder Augenblick teuer!" sagte Bokelmann. „Der Wind kann täglich umspringen, und nur allzurasch können sie uns entkommen. Darum auf, die Segel gesetzt, was die Masten nur zu halten vermögen; heran an den Feind! Das soll unsere Parole sein."

Auf den drei Schiffen trafen die Besatzungen die letzten Vorkehrungen, alles Segelzeug wurde gesetzt, und hinaus ging's in die See; die Schiffe flogen nur so durch die Wellen, die Masten bogen sich unter der Wucht der Segel, die dem kleinen Geschwader eine große Geschwindigkeit gaben. Für alle Fälle lagen Reservesegel und Rahen bereit, damit kein Aufenthalt eintrat.

Am zweiten Tage kam Bornholm in Sicht und mit ihm das dänische Geschwader, das sich zur Abfahrt rüstete, da der Wind nach Süden umsprang. Bokelmanns Augen leuchteten, und froher Kampfesmut beseelte Danzigs Schiffsleute. Zur rechten Zeit trafen sie noch ein, um den Gegner an der Abfahrt zu hindern. War es nicht ein gar zu kühnes Unternehmen der Danziger mit ihren drei Schiffen, die sechzehn Fahrzeuge starke Flotte der Dänen anzugreifen? Nur zu! In langer Kiellinie fuhren die Dänen von dannen; die schnellen Schiffe voraus, in der zweiten Abteilung sechs schwerbeladene Schiffe, denen die Mitfahrt Mühe machte, da ihre Segelkraft nicht an die der größeren Schiffe heranreichte.

Bokelmann nutzte den günstigen Augenblick aus und fuhr mit seinen Schiffen in die Lücke der Dänen. Die vollen Breitseiten des ‚Mariendrachen' räumten auf den Decken, im Segel- und Mastenwerk der dänischen Fahrzeuge gewaltig auf. Große Verluste erlitten auch die Mannschaftsbestände der Dänen unter dem wohlgezielten und wenig behinderten Feuer der Danziger. Als ihre Kugelgrüße dem dänischen Nachtrupp durch die Segel fuhren, erkannte der Admiral seinen Fehler und schwenkte jetzt mit dem Hauptteil seiner Flotte ein, um die Danziger zu umklammern und von zwei Seiten anzugreifen und unter Feuer zu nehmen. Gefährliche Augenblicke kamen jetzt für die Danziger.

Bokelmann erkannte die Gefahr, die seinen Schiffen drohte, und wandte sie durch ein geschicktes Segelmanöver ab. Dadurch gewann er den Dänen die Luvseite ab, so daß er seinen Gegner besser mit seinen Geschützen unter Feuer nehmen konnte. Gründlich besorgten dies die Osterlinge. Zwei Dänenschiffe mußten aus dem Kampf ausscheiden, die Kettenkugeln von Bokelmanns Fahrzeugen hatten zu arg gewüstet, die Stümpfe der Masten, die Reste der Rahen und der Segel, die über die Bordwände hingen, bewiesen die Treffsicherheit der kühnen Hanseaten.

Sieg Bokelmanns über sechzehn dänische Schiffe bei Bornholm.
Von Professor Hans Petersen.

Noch aber standen vierzehn Dänenschiffe gegen die drei Danziger, denen der Mut nicht entfiel. Abermals wendeten die Danziger und fuhren auf den Feind; diesmal bohrten ihre verderbenbringenden Geschosse eine Dänenkogge in den Grund, und eine andere geriet durch die geschleuderten glühenden Kugeln in Brand. Solche besorgniserregenden Verluste machten die Dänen kampfunlustig. Ihr Admiral Hans von Zinnenberg versuchte im Dunkel der hereinbrechenden Nacht mit dem Rest seiner Flotte zu entkommen. Kurt Bokelmann gab acht und ließ seinen Gegner nicht entweichen. Der ‚Mariendrache' folgte dem dänischen Admiralsschiff, auch die beiden Danziger Auslieger nahmen sich je ein Schiff aufs Korn, hinter denen sie herjagten.

Mit Tagesanbruch begann ein neuer Kampf. Ein Verzweiflungskampf der Dänen, die voller Todesmut sich den Danziger Donnerbüchsen, die eine gar gewichtige Sprache redeten, entgegenstellten. Simon Lüblaw und Merten Bardewig zwangen ihre feindlichen Gegner bald nieder und veranlaßten sie zum Streichen der Flagge. Ernster und schwerer war der Kampf der beiden Admiralschiffe. Hans von Zinnenberg kämpfte wie ein Löwe. Seine Geschütze richteten auf dem ‚Mariendrachen' allerlei Unheil an. Ein Teil des mittleren Mastes wurde zerschossen und kam von oben herunter, damit Unordnung in das Segelwerk des Hansen bringend. Bokelmanns Schiff wurde in seinen Bewegungen gehemmt und mußte, sollte es nicht in die Gewalt der Feinde fallen, einen Gewaltstreich wagen; mitten im Kampfe fuhr der ‚Mariendrache' urplötzlich auf das dänische Admiralschiff los, um dieses unter Anwendung seines eisenbeschlagenen Buges in Grund zu bohren. Nur durch den festen Bau des Schiffes konnte der ‚Mariendrache' den Anprall aushalten. Mit voller Kraft fuhr er dem dänischen Gegner in den Bug, und eine weite, große Öffnung klaffte in der Bordwand des Dänen, mächtig strömten die Wasserwogen in das so schwer beschädigte Schiff, doch der Dänenadmiral verlor den Kopf nicht.

Auf seinem Schiffe drohte ihm und seiner Mannschaft der sichere Untergang, weil unaufhaltsam das Wasser in den Schiffsraum hineinstürzte, darum konnte er nur gewinnen, wenn er hinüberstürzte auf die Danziger Kogge. „Folgt mir!" lautete im Augenblick des Anpralles sein Befehl. Damit stürzte er mit einem Teil seiner Schar auf den ‚Mariendrachen' hinüber. Glücklicherweise brach jetzt der Bugspriet des Danziger Admiralschiffes ab, und damit kam es frei, und niemand von der Besatzung des Dänenschiffes konnte dem Admiral noch folgen.

Während sein Schiff versank, stand er allein mit dreißig Mann im Kampfe gegen Bokelmanns tapfere Schar. Die Enterung war nicht geglückt, aber Zinnenberg und seine Schar verkauften ihr Leben so teuer wie möglich.

Mutig stürmte er den Seinen voran. Im Handgemenge bedrohte sein kühnes Schwert Kurt Bokelmann, dem im Augenblick der höchsten Gefahr Paul Beneke beisprang, der durch einen glücklichen Schwertstreich Hans von Zinnenberg kampfunfähig machte. Nach diesem kühnen Anschlag, der den Admiral in die Hände der Osterlinge lieferte, ergab sich auch die übrige kleine Kämpferschar. Während des Nahkampfes auf dem Verdeck des ‚Mariendrachen' ging das dänische Admiralschiff im Meere völlig unter.

Paul Benekes Sieg über die englische Flotte.
Von Professor Hans Petersen.

Danzig im siebzehnten Jahrhundert.

Die herumschwimmenden letzten Überlebenden, die auf den Wellen mit dem Tode rangen, wurden von den Danziger Booten aufgenommen und gerettet. Der Erfolg der Hansen war ein großer. Dreihundert Dänen büßten in der Schlacht und durch den Untergang des Schiffes ihr Leben ein, die Hansen hingegen verzeichneten nur zwölf Tote und vierzig Verwundete. Unter den Toten der Hanseaten war aber einer, der für hundert zählte, Simon Lüblaw, der tapfere Schiffsführer des Ausliegers. Sein Tod dämpfte die Siegesfreude der Hansen.

Nachdem auf den Schiffen notdürftig die äußere Ordnung wiederhergestellt war, eilten sie den übrigen entflohenen Dänenschiffen nach; auch hierbei blieb ihnen der Erfolg treu; noch vier Fahrzeuge konnten sie beim Entern nehmen. Die Beschädigungen der Danziger Schiffe wurden schnellstens ausgebessert, und schon am dritten Tage nach der Schlacht fuhr Bokelmann unter großem Jubel mit seinen sechs Prisen in den Danziger Hafen ein.

Glockengeläute begrüßte die heimkehrenden Sieger, die Kanonen auf den Wällen donnerten einen Willkommengruß, und in öffentlicher Sitzung erhielt Kurt Bokelmann eine goldene Ehrenkette, und Paul Beneke, der mutvoll seinem Admiral durch Tapferkeit das Leben gerettet, ehrte eine öffentliche Anerkennung durch den Mund des Bürgermeisters Niederhoff.

••••

3. Der Tag von Anholt.

Man schrieb das Jahr 1466. Kurt Bokelmanns Sohn Eler und sein Pflegebruder Paul Beneke führten als Schiffshauptleute den neuen ‚Mariendrachen' der Danziger, denn der alte war bei einem Sturm schwer beschädigt worden und daher abgewrackt. Die Fredekogge hatte eine Reihe von Handelsschiffen nach Holland geleitet und lag nun mit den Schiffen im Hafen von Zween. Dort traf die Kunde ein, daß Dänemark den versprochenen Frieden nicht gehalten habe, eine heimkehrende Flotte der Danziger sei überfallen, dazu sei das Begleitschiff ‚Pomuchel' unter Merten Bardewig in Grund gebohrt worden. Ein neuer schwerer Schlag für die Osterlinge! Erfreulicherweise bewahrheitete sich das Gerücht nicht ganz, denn nach einiger Zeit lief ein schwerbeschädigtes Schiff in den Hafen ein, und zur Freude der beiden Brüder war es die Barse[16] ‚Pomuchel'.

Am Bord des Schiffes erfuhren die beiden tapferen Seeleute von Merten Bardewig, daß die Dänen in der Tat mit drei Kriegsschiffen bei Anholt über die Flotte der Danziger hergefallen waren; der sich entspinnende Kampf war für Merten Bardewig nicht ruhmlos verlaufen, denn der eine Gegner wurde so arg zerschossen, daß er nur einem Wrack glich, und sicher wäre es den beiden anderen nicht besser ergangen, wenn nicht eine dänische Kettenkugel den großen Mast des ‚Pomuchel' zerstört hätte. Nun konnte die Lösung nur die sein: entweder die Flucht oder ein ruhmvoller Untergang.

Der tapfere Bardewig wählte die Flucht, um sein Schiff der Vaterstadt zu erhalten. Ruhig ließen die Dänen das Schiff entkommen und machten sich über die Kauffahrteiflotte her, denn um diese Beute war es ihnen zu tun. Vier Danziger Schiffe brachten die Dänen auf und schleppten sie als hochwillkommene Prise nach dem Hafen Anholt. Bardewig fuhr auf kürzestem Wege nach Holland, um den ‚Mariendrachen' zu suchen. Gemeinsam konnten die beiden Schiffe den Racheplan ausführen, der schon im Kopf des findigen Alten fertig war.

In emsiger Tätigkeit gaben die Schiffsleute beiden Kriegsschiffen ein anderes Aussehen. Sorgfältig wurden die Kanonenpforten versteckt, Segel und Bordwände verändert, daß die Schiffe in ihrem Äußern harmlosen Kauffahrern glichen. Nach drei Tagen schneller Fahrt erreichten sie die Enge Lässö und bemerkten dort eine feindliche dänische Barse. Die Hansen segelten ruhig weiter; als sie merkten, daß die Dänen sie erkannten, ergriffen sie scheinbar die Flucht, um so dem Feinde eine Falle zu legen. Der Plan gelang vortrefflich. Schnell kappte der Däne die Ankertaue und segelte hinter den vermeintlichen Danziger Kauffahrern einher. Der Plan der Danziger war, weit genug von der Küste entfernt den Kampf mit dem Dänen zu wagen. Damit die dänische Barse schneller herankam, mäßigten die Danziger ihre Fahrt durch Tonnen, die an langen Tauen ausgelegt wurden und als Schleppzug dem Schiff nachliefen. Hätten sie Segel beigesetzt, wäre ja der Plan zuschanden geworden.

Endlich kam der Däne in Schußweite. Ein Kanonenschuß brachte den beiden Schiffen die Aufforderung, beizudrehen; schnell kamen die Danziger diesem Befehle nach, nahmen die Segel fort und fuhren dabei auseinander, so daß zwischen ihnen eine Entfernung von mehreren hundert Schritt lag. In den Raum fuhr das Dänenschiff hinein. Der hochwillkommene Augenblick, den Überfall von Anholt zu rächen, war jetzt da. Auf den hansischen Schiffen öffneten sich die Kanonenpforten, das Kriegszeichen der Osterlinge, der Besen, ging hoch. Die Schiffsleute stürzten aus dem Innern der Schiffe hervor.

Und ehe der Feind Zeit zur Überlegung hatte, faßten ihn schon die Enterhaken der Danziger, und mit dem Schlachtruf „Hie gut Danzig allewege!" stürmten die Hansen auf das Dänenschiff. Der Widerstand seiner Mannschaft wurde in kurzer Zeit niedergekämpft, die Gefangenen kamen auf die beiden deutschen Schiffe, wo man sie einsperrte. Vom feindlichen Kapitän ließ sich Merten Bardewig die verabredeten Erkennungszeichen und den Aufenthalt der beiden anderen Barsen bekannt geben. Durch ein geschicktes Verhör stellte der Danziger Schiffsführer fest, daß die Danziger Prisen bei Anholt lägen.

Hundertfünfzig deutsche Seeleute besetzten unter Führung von Paul Beneke das eroberte dänische Schiff. Ihm wurde die schwierige Aufgabe gestellt, die feindlichen Schiffe zu erobern und die Danziger Kauffahrer fortzuführen. Paul Beneke ging frisch ans Werk, das er ruhmvoll fertigbrachte. Sein Fahrzeug trennte sich von seinen Gefährten und traf am Abend vor Anholt ein. Die Dänen im Hafen ahnten nichts Böses: unangefochten konnte Benekes Schiff Anker werfen, da ja die Erkennungszeichen durchaus richtig gegeben wurden.

Mit Beginn der Nacht gab es bei den Hansen emsige Tätigkeit; die Boote ließ man geräuschlos zu Wasser, und ebenso leise bewegten sie sich auf das erste feindliche Schiff zu. Hier herrschte tiefe Ruhe. Die Wache schlief, und schnellfüßig kletterten die Hansen an den Strickleitern empor. Ehe noch die emporgeschreckte Wache einen Laut von sich gab, lag sie geknebelt und festgebunden da. In aller Eile fügten die Zimmerleute feste grobe Planken über die Luken und verrammelten die Kajütentüren. Mochten nun die Dänen auch toben, ihr Schreien blieb ungehört. Eine kleine Wache der Hansen führte die Aufsicht über die eroberte Barse. Die anderen eilten, um die zweite dänische Barse durch die gleiche List in Besitz zu bekommen. Ganz so leicht sollte es diesmal nicht gelingen. Der aufmerksame Schiffsposten gab Warnungszeichen, aber sie halfen nicht viel. Ehe noch die schlaftrunkenen Dänen tüchtigen Widerstand leisteten, waren die Danziger schon oben und räumten unter den Feinden mit der blanken Waffe auf. Jegliches Schießen hatte Beneke seinen Leuten verboten, um durch das Feuer die Uferbewohner nicht aufzuschrecken. Der Rest der Dänen, der im Kampf nicht fiel, verbarg sich im Innern des Schiffes und kam, wie seine Genossen, in eine unfreiwillige Haft. Auch das dritte Stück der Arbeit sollte den Danzigern gut gelingen. Die am Lande aufgestellte feindliche Geschützreihe kam sehr leicht in den Besitz der Hansen, da auch hier die Wächter sorglos schliefen und sich auf die Kriegsschiffe verlassen hatten, die die Einfahrt zum Hafen schützten. Einige Hammerschläge und einige kräftige Nägel genügten: das Werk war vollbracht. Jetzt eilten die Boote der Hansen in den Hafen hinein und schafften die Danziger Kauffahrer schnell heraus. Alles verlief so gut, daß noch sechs dänische Kauffahrer mit hinausgenommen wurden, ohne daß deren Besatzungen nur das geringste davon merkten.

Als der Morgen graute, erstaunten die Dänen nicht wenig, die Handelsschiffe draußen vor dem Hafen liegen zu sehen. Zornig ruderte der Hafenmeister hinaus, um nach den Ursachen zu forschen; nur zu bald gaben ihm die ihn umringenden Hansen die nötige Antwort, er war ihr Gefangener. Beneke entließ ihn mit dem Auftrage, dem Bürgermeister mitzuteilen, die gefangenen

Hansen freizugeben, dazu binnen drei Stunden über 100000 Mark als Entschädigung zu zahlen. Unterblieb bis zum Ablauf dieser Frist die Zahlung, so würde die Stadt in Grund und Boden geschossen.

Bei dieser Kunde erhob sich in der Stadt ein wüstes Geschrei, man glaubte, den gestellten Ansprüchen nicht nachkommen zu müssen, aber die drohenden Kanonenpforten unterstützten nachdrücklichst die Forderung. Noch ehe die Frist verstrich, war Beneke im Besitze der verlangten Summe und segelte dann mit der Flotte hinaus, seinen Gefährten entgegen.

‚Mariendrache' und ‚Pomuchel' erschienen frühzeitig genug vor dem Hafen, um den Sieger mit seiner reichen Beute noch auslaufen zu sehen. Draußen auf der See setzten die Hansen die gefangenen Dänen auf die schlechteste Prise über, die sie dann ihrem Schicksal überließen.

Nach dreitägiger Fahrt erreichte die Flotte jubelnd die Heimatstadt, in der Trübsal und Trauer herrschten, da man einen dänischen Überfall befürchtete. Zu Ehren der Schiffshauptleute und der siegreichen Kriegsfahrzeuge gab der Rat ein großes Fest. Wieder läuteten die Glocken, und wieder ertönten Böllerschüsse, und wieder wurden schmückende Ehrenketten den Siegern überreicht, dazu ward Paul Beneke feierlichst zum Schiffshauptmann von Danzig ernannt. Unter den erbeuteten Dänenschiffen suchte er sich die ‚Anholt' aus, die dann lange Zeit unter seiner Führung im Dienste der Stadt Danzig stand.

••••

4. Überlistet.

(Danzig im Kampf mit England.)

Unter den Hansen wußte man, daß König Eduard IV. von England auf einen günstigen Augenblick wartete, den Hansen eine vernichtende Niederlage zu bereiten, damit die Handelsvorteile, die ihnen gewährt waren, hinfällig wurden. Ein Hansetag, der ausgeschrieben war, ließ leider die gewohnte Einmütigkeit und Tatkraft der hansischen Glieder nicht mehr erkennen, zu sehr machten sich schon die Einzelwege der Städte breit.

So war Köln nicht bereit, wegen seiner Handelsbeziehungen mit England den Forderungen des Hansebundes zu folgen. Danzig rüstete daher auf eigene Faust, um dem Unheil, das sich drohend zusammenzog, rechtzeitig begegnen zu können. Bardewig erhielt den Auftrag, vier Auslieger fertigzustellen und mit ihnen die Fahrt an die flandrische Küste zu unternehmen.

Im Jahre 1468 zogen Kaufleute von Lynn nach Island, erschlugen dort den dänischen Vogt, verheerten die Insel und beraubten auch die Steuerkasse. König Christian I. von Dänemark, darüber erbost, setzte auf seine

Kriegsfahrzeuge angeworbene hansische Kapitäne, denen er mehr zutraute als seinen eigenen Schiffshauptleuten, und die Erfolge, die sie erzielten, sollten ihm recht geben. Allerlei englische Fahrzeuge wurden aufgebracht, und damit war für England der lange gesuchte Grund für eine Auseinandersetzung mit der Hanse gegeben. Den hansischen Kaufleuten auf dem Stahlhof zu London maß man die Schuld bei, Anstifter dieses Unternehmens zu sein. Nicht nur wurde der Stahlhof geschlossen, die dort beschäftigten deutschen Kaufleute ins Gefängnis geworfen, ein Teil sogar ermordet, sondern auch noch die Forderung erhoben, 20000 Pfund Sterling Schadenersatz zu leisten für die von den Dänen erbeuteten Kauffahrteifahrzeuge.

Gleichzeitig rüstete der kampffrohe König Eduard IV. vierzehn Kriegskoggen aus, die dazu bestimmt waren, die hansischen Seestreitkräfte zu vernichten.

Paul Beneke und Eler Bokelmann erhielten vom Kontor zu Bergen sehr bald Nachricht von diesen Vorgängen, dazu die Warnung, den schützenden Hafen von Zween nicht zu verlassen, weil fünf Schiffe der Engländer ihnen auflauerten. Es befand sich unter den englischen Schiffen auch der gefürchtete ‚St. John'. So wohlgemeint die Warnungen auch waren, Beneke beachtete sie nicht, sondern faßte den Entschluß, die Engländer anzugreifen. Unter französischer Flagge verließen sie den Hafen von Zween und ankerten am nächsten Morgen beim Städtchen Deal an der englischen Küste in der Nähe von Dover. Eine große Menschenmenge war am Ufer versammelt, um den Lord-Mayor von London, Thomas Cook, zu empfangen, der mit zwei französischen Schiffen zurückgeleitet werden sollte.

Der Bürgermeister begab sich an Bord zur Begrüßung des hohen Herrn. Wie erschrak er, als er sich in der Gewalt der Osterlinge sah! Man zwang ihn im Namen des Lord-Mayors, eine briefliche Nachricht an Männer in bevorzugter Stellung zu geben und sie zu bitten, ihm an Bord des Schiffes ihre Aufwartung zu machen, da er gleich die Themse hinaufsegeln wolle. Bald erschienen die Herren, und auch ihnen erblühte das Los der Gefangennahme. Beneke kam damit in den Besitz von dreißig Geiseln; damit nicht genug, faßte er auch den kühnen Entschluß, den Lord-Mayor selbst gefangenzunehmen. Bevor jedoch seine Schiffe zu dem Zweck die Anker lichteten, stieg die Danziger Flagge am Maste empor. Ein großer Schrecken bemächtigte sich der Anwohner. Beneke stand davon ab, die Stadt in Grund und Boden zu schießen, aber in anderer Art traf er die Engländer empfindlich: die Boote wurden zu Wasser gelassen und eine Reihe englischer Handelsschiffe, die im Hafen lagen, angezündet. Das war die hansische Antwort auf die Kriegserklärung Eduards. —

Nun fuhr Beneke hinaus, um den Lord-Mayor zu suchen; nach wenigen Stunden traf er die ‚Madeleine', ein Schiff unter französischer Flagge, das den Lord-Mayor hinüberfuhr. Dem hohen Herrn nützte das Schelten gar nichts, er mußte mit seinen Schätzen auf die ‚Anholt' hinüber, und dort traf er gute Gesellschaft.

Nachdem dieser Streich gelungen, fuhr Paul Beneke zurück nach Zween. Da er schon in der Ferne die die Hafeneinfahrt abschließenden englischen Schiffe erblickte, hielt er sich in genügender Entfernung und wartete bis zum Dunkelwerden. Dann fuhr er vorsichtig in den Hafen hinein, ohne daß seine Feinde es merkten. —

Gegen Mitternacht kam ein Fischerboot mit zwei halberfrorenen Männern bei dem ‚St. John' an. Die beiden Fischer gaben an, verirrt zu sein. Sie baten den wachthabenden Steuermann um Brot, Wasser und Holz. Bereitwillig gab der mitleidige Engländer ihnen alles. Dann sah er, wie die beiden sich auf einer Unterlage von Backsteinen Feuer anmachten und den Topf aufsetzten. Die vermeintlichen Fischer waren Paul Beneke und Eler Bokelmann, und was sie im Topfe kochten, war Blei. Sobald sie merkten, daß niemand auf sie achtgab, fuhren sie mit dem Boot nach dem Spiegel des englischen Schiffes und gossen das flüssige Metall in die Ösen (Fingerlinge), in denen sich das Ruder bewegt.

„So, die werden an unserer Suppe genug zu kauen haben," murmelte der eine und lachte halblaut. „Möge sie ihnen bekommen!"

Einige Zeit lauschten sie noch, ruderten dann wieder längsseit, riefen dem Schiffsoffizier herzlichen Dank zu für die gewährte Erlaubnis und verschwanden in der Dunkelheit. —

Beim Anbruch des Tages bedeckte ein dichter Nebel die Gewässer, ein guter Bundesgenosse der Hansen, die sich zum Schlagen rüsteten. Gedeckt durch die Nebel, fuhr Beneke dicht an den Feind hinan, und sowie sich der Dunst verzog, stürzte er auf die überraschten Engländer los. Gleich das erste feindliche Schiff wurde durch zwei erfolgreiche Breitseiten vollständig kampfunfähig. Noch ehe die Schiffsleute ihre Hände rührten, waren ihre Kanonen zerstört. Aber jetzt setzten die übrigen englischen Schiffe Segel und der ‚St. John' kappte seine Ankertaue, um sich auf den Hansen zu stürzen. Doch vergebens! Das Schiff gehorchte dem Steuer nicht mehr, es trieb wie ein Wrack mit dem Winde in die See. Da faßte die kleinen Schiffe die Besorgnis, sie ließen ihre Gefährten ohne Kampf im Stich und flüchteten. Paul Beneke hielt auf den ‚St. John' zu.

„Ergebt euch!" rief er hinüber. „Euer Ruder sitzt fest von der Suppe, die ich euch über Nacht in die Fingerlinge goß!" Die überlisteten Engländer mußten die Flagge streichen und den ‚St. John' überliefern. Was half aller Zorn. Sie waren von dem Danziger Schiffsführer überlistet worden. — Ohne Verlust kehrte der ‚Mariendrache' nach Zween zurück, und der Ruhm des Paul Beneke erfüllte das Land. Gern ließen sich die Schiffskinder[17] für seine Schiffe anwerben.

••••

5. Die Gefangennahme von König Eduard IV.

In Danzig hatte der Erfolg Paul Benekes und Eler Bokelmanns große Freude ausgelöst, der Rat beschloß, ihnen noch acht Schiffe unter Merten Bardewig nachzusenden, denn es blieb nicht ausgeschlossen, daß die Engländer von neuem den Kampf gegen die Hansen, insbesondere gegen die Osterlinge, wieder aufnehmen würden. Die Londoner Kaufleute wollten den Handel der Fremden auf jeden Fall aus dem Lande verdrängen, und Eduard IV. mußte sich ihnen fügen, damit sein Thron nicht ins Wanken geriet.

In aller Heimlichkeit hatten die englischen Kaufleute eine Reihe Kaperschiffe ausgerüstet zu dem bestimmten Zwecke, den Feind zu Boden zu werfen. Aber ehe es so weit kam, begann ein Aufstand gegen Eduard, und die Kaufleute ließen ihn während seiner Kämpfe mit den Adeligen im Stiche. Der verlassene Monarch rettete sich mit sechshundert Freunden auf vier Schiffe, um in Flandern bei Karl dem Kühnen eine sichere Unterkunft zu finden.

Paul Beneke, der mit einem Teil seines Geschwaders an der englischen Küste kreuzte, erfuhr diese Nachricht durch einen englischen Kaperkapitän, dessen Schiff er bei Norfolk genommen hatte. Sein Plan, den König gefangenzunehmen und nur freizugeben, wenn er die Bedingungen anerkannte, sollte glänzend durchgeführt werden.

Beneke mußte sich beeilen, denn die englischen Schiffe hatten einen bedeutenden Vorsprung. Durch allerlei glückliche Umstände erreichten die Danziger Schiffe die Engländer. Als Eduard IV. sah, daß seine Schiffe verfolgt wurden, versuchte er zu entfliehen. Beneke eilte mit dem schnellsten der Danziger Schiffe, dem ‚St. John', nach, eine aufregende Jagd begann, Schüsse wurden nicht gewechselt. Im Angesichte der flandrischen Küste nahte dem englischen König das Verhängnis. Der Wind nahm sichtlich ab; während die Danziger weiter draußen noch hinreichenden Wind fanden, um heranzukommen, zwang die Windstille die Engländer, zu warten.

Als die Danziger herankamen, nahmen sie den König und seine Getreuen gefangen. Inzwischen fuhr vom Lande her unter burgundischer Flagge ein Boot heran, das den Grafen von Vere an Bord hatte, der auftragsgemäß als Küstenadmiral den entflohenen König begrüßen sollte. Sein Erstaunen wuchs, als er die Gefangennahme erfuhr. Durch Reden und Drohungen ließ sich Beneke nicht einschüchtern; er blieb dabei, der König sei auf der See gefangengenommen und die Hoheitsgrenze Flanderns nicht verletzt. Dann lud er den Grafen ein, mit Eduard IV. an Bord des ‚St. John' zu kommen und dort mit ihm als Vertreter der Hanse zu verhandeln, gemeinsam wollten sie nach einem Auswege suchen. Der Graf tat's. Der flandrische Admiral kam mit dem bedrängten Könige auf Benekes Schiff; dieser empfing sie höflich und schloß mit ihnen nach langen Verhandlungen folgenden Vergleich: „Als Vertreter der Hanse führt der Schiffshauptmann Paul Beneke König Eduard IV. mit vierzehn Schiffen in sein Reich zurück, sobald die nötige Kriegsmacht beisammen ist. Zwei Wochen nach der Landung bleibt die Flotte im Dienste des Königs, Eduard IV., schützt hingegen die Vorrechte der Hansen und duldet keinen Übergriff der englischen Kaufleute und wehrt außerdem dem drohenden Kaperkrieg."

Die Anwesenden unterschrieben diese gemeinsame Vereinbarung, dann erhielt der König seine Freiheit und wurde unter königlichen Ehren ans Land geleitet.

••••

6. Der Kampf an der Maasmündung.

Während der Zeit, da Beneke Eduard IV. auf der Flucht nach der flandrischen Küste verfolgte, versuchte Merten Bardewig mit seiner Flotte von vier Fahrzeugen den Franzosen zu schaden, denn auch der französische König Ludwig XI. kämpfte gegen die Hansen, weil sie seinem Feind, Karl dem Kühnen von Burgund, halfen. Das Beginnen Bardewigs war nicht ohne Erfolg. Vier Schiffe nahm er den Franzosen. Da es ihm aber an Munition mangelte, ging er in Calais ans Land, ohne erst nach Holland zurückzukehren. Es war dies ein gewagtes Unternehmen. Aber dem alten kampferprobten Bardewig erschien nichts unmöglich. Er wurde jedoch von den Franzosen erkannt und in einem Auflauf auf offener Straße erschlagen.

Bei den Hansen entstand darob große Trauer, bei den Franzosen Zuversicht. In aller Eile rüsteten sie siebzehn Schiffe aus und schickten sie zum Kampf gegen die Hansen. Einer so großen Übermacht erlagen die Danziger, sie verloren drei Schiffe, und nur eins konnte sich retten und die Trauernachricht nach der flandrischen Küste bringen, wo Eler Bokelmann mit seinem Schiffe kreuzte. Keinen Augenblick zögerte er, den Tod von Merten Bardewig zu rächen.

Zwei Tage darnach traf Paul Beneke in Zween ein und erfuhr hier, daß sein Pflegebruder Eler Bokelmann mit fünf Schiffen die starke französische Flotte angreifen wollte. Sofort setzten Benekes Schiffe wieder Segel und eilten Eler Bokelmann nach, um ihn vom Kampf abzuhalten oder ihm doch eine wirksame Unterstützung zu bringen. Als der neue Morgen graute, kündete weithin hallender Kanonendonner, daß Eler Bokelmann doch das kühne Wagnis, die Franzosen vor der Maas anzugreifen, begonnen. Der hinzueilende Beneke erkannte nur zu bald, daß die Danziger sich in einer sehr schlimmen Lage befanden. Wohl hatten sie tapfer gefochten, fünf feindliche Schiffe kampfunfähig gemacht, aber auch von Bokelmanns Schiffen lagen zwei am Grunde des Meeres. Das gewaltige Übergewicht von zwölf Franzosen gegen drei Hanseaten ließ keinen Zweifel über den endgültigen Ausgang der Seeschlacht. Beneke konnte, da der Wind abflaute, nicht so schnell eingreifen. —

Sein Freund und Kampfgenosse schlug sich mit dem französischen Admiralschiffe ‚Columba' herum. Wüst sah es auf dem Danziger ‚Mariendrachen' aus; an der Art des Kampfes sah man deutlich, daß die Kampfkraft des Danziger Admiralschiffes zu Ende war. Doch auch die ‚Columba' wich zurück, und an die Stelle dieses furchtbar zugerichteten Schiffes traten drei andere französische Schiffe, um von neuem den Kampf mit dem ‚Mariendrachen' zu wagen. Jetzt nahm der Wind wieder zu, und nun eilte Beneke auf dem schnellsegelnden ‚St. John' an den Kampfplatz.

Sieg der Hanse über die französische Flotte vor der Maasmündung.
Von Professor Hans Petersen.

Dicht rauschte das mächtige Schiff mit den geschwellten Segeln an die ‚Columba' heran, so daß sich die Rahenspitzen berührten. Eine mächtige Breitseite donnerte vom ‚St. John' hinüber und fegte vom Verdeck des feindlichen Admiralschiffes alles herunter. Für einen Augenblick stutzten auch die drei anderen Angreifer, sie ließen vom ‚Mariendrachen' ab, und schon glaubte Beneke seinen Pflegebruder gerächt, da erscholl der Schreckensruf: „Feuer!“ Auf dem ‚Mariendrachen‘ züngelten Flammen empor, die Rauchwolken wurden dichter und größer. Bald glichen Masten und Segel einem glühenden Feuermeer, dessen Flammen gierig gen Himmel leckten. Freund und Feind stellten über dem schaurigen Anblick das Feuern ein und folgten gespannt dem Schauspiel. Auf einmal ein gewaltiger, mächtiger Donnerschlag! Die Pulverkammer des ‚Mariendrachen‘ war vom Feuer verzehrt, und die herumfliegenden Trümmer kündeten, daß das stolze Schiff samt dem Rest seiner kampffähigen Mannschaft in die Luft geflogen sei.

Für eine Zeitlang herrschte Todesstille, die Kanonen schwiegen bei Freund und Feind; die Wellen schlossen sich über den zuckenden Leibern der Gefallenen. Als dann der Wind stärker rauschte und die Rauchwolken, die sich über den Kampfplatz gelagert hatten, allmählich verschwanden, da erhob sich lauter Jubel bei den Franzosen, und siegesfreudig begannen sie von neuem zu kämpfen. Ihr starker Gegner ruhte zertrümmert am Grunde des Meeres, siegeszuversichtlich stürzten sie sich in den Kampf, dessen endlicher Sieg ihnen ja werden mußte. Beneke packte sein alter furchtloser Kampfesmut. Hatte er den Bruder nicht retten können, so sollte doch dessen Tod gerächt werden, und mächtig erscholl wieder der Kampfesruf der Danziger „Hie Danzig!“ über den Kampfplatz. Das dem ‚St. John‘ am nächsten liegende feindliche Schiff erhielt eine so kräftige Breitseite, daß es sank. Diesen Augenblick benutzten die beiden letzten Schiffe Eler Bokelmanns, um an den ‚St. John‘ heranzukommen, und vereint fielen die drei Danziger über einige abseits fahrende französische Schiffe her, die sie nach kurzer Gegenwehr bezwangen und kampfunfähig machten. Nur noch sieben feindliche Schiffe standen den Resten der Danziger Flotte gegenüber, die durch die fünf Schiffe vom Geschwader Benekes eine tüchtige Verstärkung erhielten. Jetzt war die Siegeszuversicht der Franzosen dahin, sie suchten ihr Heil in der Flucht. Während die einzelnen Hansenschiffe die flüchtenden feindlichen Fahrzeuge verfolgten, eilte der ‚St. John‘ der ‚Columba‘ nach und erreichte das feindliche Schiff. Als die Schiffe aneinanderprallten, sausten die Enterhaken herunter, rasch stürzte Beneke mit seiner todesmutigen Schar auf das Verdeck der ‚Columba‘.

Ein wütender Nahkampf entstand hier. Der feindliche Anführer fiel unter Benekes Streichen, aber auch Beneke erhielt einen Stich mit einem Enterhaken und fiel nieder. Schon begannen die Danziger zu weichen, da ihr Hauptmann niedersank; aber erneut stürmten sie vor, und der flüchtende Rest der Franzosen floh unter das Verdeck und bat um Gnade.

Von den siebzehn stolzen Schiffen entkamen drei, die andern fielen in die Hände der Deutschen oder lagen zerschossen am Grunde des Meeres. Ein rechter Siegesjubel kam nicht auf, denn auch die Verluste der Hansen waren große. Der eine Führer war tot, der andere lag todeswund in seiner Kabine. Lange schwebte der tödlich getroffene Beneke in Gefahr, aber er genas; den Vertrag mit Eduard IV. hieß der Hansebund gut, und im März 1471 führte der wiedergenesene Beneke Eduard nach England und half dem König vierzehn Tage lang gegen seine unbotmäßigen Untertanen.

••••

7. Das erfolgreiche Ende.

Lange Zeit konnte Paul Beneke sich der Ruhejahre nicht erfreuen. Schon im Jahre 1473 mußte er wieder hinaus, um den Verhandlungen mit England, die sich bedenklich in die Länge zogen, größeren Nachdruck zu geben.

Danziger Kriegsschiff ‚Peter von Danzig'.

Eduard IV. konnte seinem Versprechen nicht nachkommen, da die englischen Kaufleute ihm nicht folgten; sie zum Gehorsam zu zwingen, besaß der König nicht die Macht. Dadurch erlitten die hansischen Handelsbeziehungen großen Schaden, die zahllosen Kapereien brachten ungeheure Verluste. Diesen unglückseligen Zuständen sollte jetzt endgültig ein Ende bereitet werden, und der für den Seekrieg ausersehene erprobte Führer Paul Beneke ging mit einem seetüchtigen Schiff, ‚Peter von Danzig', hinaus auf den Kaperfang. Das Glück war ihm auch diesmal hold. Durch

Zufall erhielt er die Nachricht, daß englische Kaufleute zwei Schiffe in Holland befrachtet hätten. Um sie vor den hansischen Kriegsfahrzeugen zu schützen, wurden sie zum Scheine an einen der Räte Karls des Kühnen von Burgund verkauft, mit Italienern bemannt, und außerdem segelten sie unter burgundischer Flagge. So hatten sich die Engländer gesichert und glaubten ungehindert mit ihren Fahrzeugen das Ziel zu erreichen.

Beneke ließ die Frachtschiffe bis an die englische Hoheitsgrenze heranfahren; dort konnte er sie nach dem üblichen Kriegsrechte angreifen, weil sie dem Feinde Waren zubrachten.

Die Mannschaft des ‚Peter von Danzig' war unter dem Vorgänger Bernd Pawest sehr verwahrlost; es wurde Beneke schwer, strenge Ordnung und Zucht unter diesen ‚Schiffskindern' zu halten. In dem Augenblicke, da der entscheidende Angriff auf die feindlichen Schiffe bevorstand, ließen sie ihren Hauptmann fast im Stich. Darüber erzählt der alte Lübecker Lesemeister Reimar Kock in seiner Chronik:

„Paul Beneke näherte sich den beiden Galeeren, bot ihnen seinen Gruß und fragte, woher sie kämen und wohin sie willens wären. Aber der Hauptmann der großen Galeere gab ihm eine spöttische Antwort, was er darnach zu fragen hätte, ob ihm nicht das Wappen sowohl in der Flagge wie auf der Galeere bekannt sei. — Denn der hochfahrende Lombarde ließ sich bedünken, der Deutsche mit seinem kleinen Schiffe müsse dem Welschen wohl weichen. Aber er fand einen rechtschaffenen deutschen Mann vor sich. Deshalb sprach Paul zu dem Lombarden, er solle die Flagge streichen und die Güter herausgeben, die den Engelschen gehörten; wenn er es aber nicht mit Gutem wolle, solle er schon das Streichen lernen. Aber diese Worte achtete der Welsche für Torheit, er ließ vielmehr statt der Antwort eine Büchsenladung auf den Deutschen abknallen. Alsbald aber war Paul Beneke und sein Volk fertig, setzte bei und scharmutzierte eine Zeitlang mit dem Welschen. Weil aber das Schiffsvolk sah, daß die Welschen an Geschütz und Mannschaft überlegen waren, wurde es zaghaftig und fing an zu weichen. Da hub Paul Beneke zornig und traurig zugleich an: „Ach, Gesellen, was macht ihr da? Was soll daraus werden, und wie wollen wir das verantworten? Wollte ich doch, ich hätte diesen Tag nie erlebt, da ich mit eigenen Augen sehen muß, wie so mancher deutsche Kriegsmann und Seemann vor den Welschen verzagt und die Flucht nimmt! Wäre es nicht ehrenvoller, daß wir alle vor unseren Feinden um unseres Vaterlandes Freiheit stürben, als daß wir unser Leben lang die Schande tragen, daß die Kinder mit Fingern auf uns weisen und uns nachschreien: Das sind sie, die sich von den Welschen jagen lassen?! —

„Das wird den Engelschen Mut machen, und sie werden alle Zeit gewinnen und wir davon laufen. Wie manchen deutschen frommen und braven

Seemann und Kaufmann werden wir um Leib und Gut bringen! Ach, wären wir nur nicht losgegangen, es wäre ja besser, daß uns die Welschen ihr Leben lang nicht mit Augen gesehen!

„Habe ich euch nicht vorher gesagt: ‚Gesellen, das wäre wohl eine gute Beute, aber sie wird Arbeit kosten! Wolltet ihr alle, wie ich, mit Ehren drauf und dran, so sollte sie uns nicht entgehen, aber unerschrockene Herzen und Fäuste gehören dazu. Die Galeere ist groß und wie ein scheußliches Biest anzusehen, dessen ihr nicht gewohnt seid, dazu viel größer als unser Schiff und mit vielem Volk und Geschütz ausgerüstet, jedoch es sind Welsche und keine Deutsche. Wollen wir nach unserer Väter Art mit Herzen und Fäusten Deutsche sein, so soll die Beute uns nicht entgehen und uns unser Leben lang gut tun.‘

„Da riefet ihr alle, ich solle euch nicht anders befinden, als wie es deutschen Männern wohl anstünde. O großer Gott, nun muß ich mit eigenen Ohren anhören, daß uns die Welschen nachrufen, so müsse man deutsche Hunde jagen. Sollte ein ehrlicher Deutscher nicht eher sterben, als das anhören?“ —

Mit solchen und ähnlichen Worten machte Paul Beneke seinem Volk das Blut wieder warm, daß es sprach: „Lieber Herr Hauptmann, hier ist noch nicht Großes versehen. Denn wenn wir eine Wendung machen, kann es uns viel, den Feinden keinen Nutzen bringen. Laßt uns jetzt nur alles auf das beste einrichten. Wir sind doch Deutsche und wollen uns auch als Deutsche finden lassen. Aber führe uns nochmals gegen den Feind. Die Welschen sollen Hunde finden, die nicht laufen, sondern weidlich beißen können.“

Als nun Paul Beneke merkte, daß der Kriegsleute Blut wieder warm und hitzig geworden, wollte er sie nicht höher erbittern, sondern gab dem Steuermann gute Worte, daß er das Schiff an die große Galeere steuere.

Da entfiel den Welschen der Mut, da begannen die Hansen sich als Deutsche zu erweisen. Wie Löwen saßen sie dem Feinde im Nacken und packten ihn, und ehe er sich's versah, fielen die Enterhaken, und sie waren in der Galeere und begunnten zu würgen, was ihnen in den Weg kam.

Da hätte man Wunder sehen mögen, wie der Hauptmann von der Galeere, der vorher alle Deutschen allein fressen wollte, und die anderen Welschen auf die Knie fielen, sich vor die Brust schlugen und die Deutschen wie die Götter anflehten.

Und hier ließ Paul Beneke sich abermals wie ein Deutscher hören und sehen, denn, wiewohl die Welschen mit ihrem Hohn an den Deutschen kein Gutes verdient, konnte das edle deutsche Blut nicht anders, als Barmherzigkeit erweisen über die, welche, überwunden, sich demütigten und Gnade begehrten.

„Wollte Gott, daß solcher deutschen Hauptleuten viele wären!“ so schließt der ehrsame Lesemeister seinen schlichten Bericht.

Im Verlaufe des Kampfes floh das kleinere Schiff; die Danziger waren auch mit dem einen als Beute zufrieden, barg das Schiffsinnere doch Waren im Werte von über 1 Million Mark, und den Hauptvorteil dieses erfolgreichen Sieges bildete der Friede vom 28. Februar 1474. England fügte sich der Hanse und erkaufte den Friedensschluß gegen eine Zahlung von zehntausend Pfund Sterling.

* *
*

Paul Beneke trat nach dieser Tat nicht mehr hervor, bis zu seinem Tode herrschte Friede. Leider starb der Danziger Seeheld schon im Jahre 1480 an einer Seuche, die damals Danzig heimsuchte.

Ditmar Koels Einzug in Hamburg.

Ditmar Koel nimmt den Seeräuber Kniphoff gefangen (1525).

Christian II., König von Dänemark, war ein Wüterich auf dem Throne. Das Verhängnis ereilte ihn durch seinen Oheim, Herzog Friedrich I. von Holstein, der ihn mit Hilfe der Hansen vom Throne verdrängte und zur Flucht in das Ausland zwang.

Der vertriebene König Christian II. eilte an den Hof der Königin Margarete von Holland, um von hier aus die Wiedereroberung seines Thrones zu betreiben. Weder Karl V., noch England, noch Brandenburg wollten ihm hierbei helfen. Und so blieb er auf sich allein angewiesen. Im Jahre 1525 ließ er in Flandern vier Fahrzeuge ausrüsten und setzte ihnen die Aufgabe, eine Stadt im Dänenlande zu erobern, damit diese dem vertriebenen Fürsten bei seinen weiteren Kriegsunternehmungen als Stützpunkt dienen könne, gleichzeitig sollten die Schiffe auch den verhaßten Hansen Schaden zufügen, so viel sie nur konnten. Für das Unternehmen fand der König in den Niederlanden tüchtige Mithilfe; öffentlich sprach man allerdings nur von einem ehrlichen Kriegszuge und nicht von der beabsichtigten Piraterei. Der Anführer der Schiffe war Klaus Kniphoff. Er stammte aus einem vornehmen Dänenhause; eine stattliche Gestalt und ein gewandter, starker Körper waren ihm zu eigen, seinen aufgeweckten hellen Geist trieb der große Ehrgeiz, den Hansestädten Schaden zuzufügen und Norwegen zu erobern.

Am 16. Februar 1525 erhielt Kniphoff einen förmlichen Kaperbrief, und außerdem ernannte ihn der König im September des Jahres zum Obersten zur See. Auf seinen Kriegszügen beachtete der Schiffsführer den Unterschied zwischen ehrlicher Fehde und der Seeräuberei nicht hinreichend, dazu vergaß er, den Hansestädten einen Fehdebrief zu schicken. Gerade das Fehlen des Briefes sollte ihm später noch zum großen Verhängnis werden.

Viel Volk strömte Kniphoff zu, als er die Werbetrommel rühren ließ. Allerlei seekundiges Schiffsvolk und viele Landsknechte, wohl über tausend Mann, kamen zu ihm, selbst Adelige fehlten in diesem bunten Kreise nicht. Simon Gans von Putlitz, Jürgen von Sydow, Benedikt von Ahlefeld, ein verkommener holsteinischer Ritter, der sein Vermögen verpraßt hatte, waren die Raubgenossen Kniphoffs. Sie alle erhofften eine reiche Kriegsbeute. Das größte unter den Schiffen Kniphoffs war ein stattlicher Viermaster, die ‚Galion', der sich drei kleinere Schiffe, der ‚Bartrum', der ‚fliegende Geist' und der ‚weiße Schwan', zugesellten.

In den Fastentagen des Jahres 1525 begann der Raubzug. Bei der Insel Vlieland gesellte sich ein übel berüchtigter Freibeuter Klaus Rode zu dem Geschwader. Nun konnte die Jagd auf die hansischen Schiffe beginnen. Besonders die Hamburger Kauffahrer hatten sie sich zum Ziel ihrer Räubereien gesetzt. Manches stattliche Schiff, reich beladen mit den

Schätzen des Nordens oder des Südens, fiel in die Hände der Seeräuber, die in den niederländischen Seestädten ungehindert die geraubten Güter verkauften. Soviel die Hansestädte auch dagegen schrieben, sie erreichten anfangs nichts, später nur, daß den Piraten in Holland kein Schutzaufenthalt mehr gewährt wurde. Ein sicheres Feld seiner Tätigkeit fand der Seeräuberhauptmann Kniphoff mit seiner Schar in dem Fahrwasser zwischen Jütland und Norwegen und in der Nordsee. Der erzielte reiche Erfolg brachte Kniphoff auf den Gedanken, den Stützpunkt der Hansen im Norden, Bergen, die reichste Stadt Norwegens, anzugreifen.

Nachdem er an verschiedenen Stellen der norwegischen Küste gelandet war und dort Güter der hansischen Kaufleute geraubt, auch Hab und Gut den Bürgern und Bauern abgenommen hatte, sollte der kühne Plan, die Stadt Bergen zu erobern, durchgeführt werden. Die dort lagernden Schätze sollten mithelfen, seine Herrschaft über ganz Norwegen auszubreiten. Jedoch das Schicksal hatte es anders bestimmt; die Bürger Bergens, dazu die hansischen Kaufleute in ihren Niederlassungen, bereiteten den Seeräubern einen guten Empfang. Diese wirksame unvorhergesehene Begrüßung hatte den Erfolg, daß Kniphoff mit seinen Schiffen schleunigst dem Meere wieder zustrebte, da ihm hier eine sichere und reiche Beute wurde.

Inzwischen hatte der Hamburger Rat vier Schiffe ausgerüstet, denen er auftrug, einen Tanz mit den Seeräubern zu wagen. Es waren zweimastige Kauffahrteischiffe, die man durch Geschütze zu Kriegsschiffen ausstattete. Die Mastkörbe wurden so verstärkt, daß mehrere Schützen sich darin aufstellen konnten; am Hinterdeck standen Kanonen, die man durch kastellartige Aufbauten schützte. Als die Werbetrommel des Rates sich rührte, meldeten sich Söldner, Schiffsmannschaften und Geschützmeister in großer Zahl. Simon Parseval bekam die Führung der Flotte, ihm zur Seite standen als Schiffsführer Ditmar Koel, Klaus Hasse und Dirk von Minden, unter diesen standen die vier Hauptleute, die das Kriegsvolk anführten.

Ein trefflicher Wind kam den Schiffen bei der Ausfahrt in den Pfingsttagen des Jahres 1525 sehr zustatten. In rascher Fahrt erreichten sie Helgoland, wo sie vorläufig Aufenthalt nahmen, um sichere Kunde über den Aufenthalt der Seeräuber zu erhalten. Doch von diesen war nichts zu erspähen. Die Kreuzfahrt durch die Nordsee verlief ergebnislos, im Spätsommer des Jahres kehrten die Schiffe ohne irgend einen Erfolg heim. Bald nach der Rückkehr kam die Nachricht, daß Klaus Kniphoff in der Oster-Ems sich aufhielte, sofort beschloß der Rat eine neue Ausfahrt des Geschwaders.

Schwere Herbststürme drohten, doch mutig verfolgte die am 3. Oktober wieder ausfahrende Hamburger Flotte das Ziel, die Seeräuber zu fangen. Zwei kleinere Schiffe verstärkten die Zahl der Kriegsfahrzeuge. Die sichere Kunde, daß das Wattenmeer östlich vom Dollartbusen der Aufenthaltsort der Seeräuber sei, wurde bestätigt. Kniphoff hielt sich hier auf, um seine Mannschaft zu verstärken und seine Schiffsvorräte zu ergänzen. Seinem alten Plane, Bergen zu erobern, blieb er treu. Das Mißgeschick der Strandung der ‚Galion' war nicht von langer Dauer, da die Wogen der Nordsee das Schiff bald wieder flottmachten. Eilig und ungehindert konnten die Vorbereitungen zur großen Raubfahrt nach Norwegen fortgesetzt werden. In diese Eile griffen die Hamburger störend ein.

Großer Jubel herrschte auf den Schiffen des Admirals Parseval über die Auffindung der Seeräuberschiffe, dicht fuhren die Schiffe Hamburgs an die Piratenflotte heran, um ihr den Weg zu versperren. Unter freudigem Geschrei stieg die Hamburger Flagge am Maste empor, und der erste donnernde Gruß aus ehernem Munde bot den Seeräubern Willkommen.

Der Herbstabend kam und mit ihm die Nebel, die einer Fortsetzung des Kampfes hinderlich waren. Noch in den Abendstunden hielt Parseval mit seinen Schiffsführern und seinen Hauptleuten Kriegsrat, um mit ihnen den Verlauf des Angriffs zu besprechen.

Jeder der Schiffsführer begehrte die Ehre, die ‚Galion' anzugreifen und zu entern. Das Los entschied. Ditmar Koel war der Glückliche, dem diese Aufgabe zufiel. Dirk von Minden sollte den ‚Bartrum', Klaus Hasse den ‚fliegenden Geist' angreifen. Der Admiral und die beiden kleinen Bojer[18] wollten Ditmar Koel bei der Lösung seiner Aufgabe helfen. Auch in der Abendstunde waren die Freibeuter nicht müßig. Wohl führte Klaus Rode wilde Reden, in denen er die Hamburger Krämerseelen und Apfelschützen schalt. Großsprecherisch prahlte er, die Nußschalen der Hanseaten in den Grund zu bohren.

Ganz anders verhielt sich Kniphoff. Mit Vorsicht und Sachkenntnis waltete er seines Führeramtes. Seine hochbordigen Schiffe, die über die seiner Gegner hinwegragten, sollten die größeren Fahrzeuge der Hamburger unter Feuer nehmen und sich nicht um die kleinen Bojer bekümmern, und gerade diese Anordnung sollte sein Verderben werden.

Die letzte Nacht kam. Durch die Dunkelheit der Herbstnacht glänzten nur die Steuerlichter der feindlichen Schiffe, in fröhlicher Ausgelassenheit gedachten die Kriegs- und Söldnerscharen des kommenden Tages und des Sieges. Klaus Kniphoff wollte der Schlaf nicht kommen. Seiner inneren Unruhe glaubte er dadurch am besten zu begegnen, daß er noch in der Nacht durch einen zuverlässigen Schiffsschreiber seine Besatzung durch Werbung unter den Küstenbewohnern um sechzig Mann verstärkte. Die Geworbenen ahnten nicht, daß sie den glänzenden Versprechungen zuliebe ihr Leben verspielt und ihre Freiheit verwirkt hatten.

Ein schöner Herbstmorgen brach an. Als die Sonne aus dem Meeresnebel hervorstieg, trafen die Gegner die letzten Vorbereitungen. Ein guter Trunk sollte den Kampfesmut und die Stimmung unter den Mannschaften heben. Den Gebräuchen der Zeit folgend, ließen die Hauptleute der Hansen ihren Scharen Warmbier mit Schießpulver reichen, und wie ein alter Chronist meldet, seien die Hamburger Kriegsleute in Wut geraten. Noch einmal versammelten die Schiffshauptleute ihre Mannschaften um sich, um sie durch die Ansprachen anzufeuern, allezeit im Kampfe ihre Pflicht zu tun. Sie sagten: „Ihr Hamburger, gute Gesellen, heut nehmt euch zusammen und habt der Feinde acht. Wenn ihr euch von ihnen bezwingen lasset, so wisset ihr, daß es euch Leib und Leben kostet; das vergeßt nicht, und schaffet, daß ihr es euren starken Vorfahren gleichtut, die alle Freibeuter aus der See holten, gedenket des tapferen Simon von Utrecht und seiner Mannen, wie sie einst den Störtebeker bezwangen, und zeiget euch wert, ihre Nachkommen zu sein, auf daß die ehrenreiche Stadt Hamburg bei ihrem alten Ruhm und Preis bleibe! Daran gedenket ihr alle!"

Der Kampf begann. Die kleinen Bojer der Hamburger segelten dicht an die ‚Galion' Kniphoffs heran. Mächtig ragten die drohenden Geschütze über die kleinen Schiffe hinweg, und wacker hielten sich die beiden. Tüchtig spickten sie den feindlichen Schiffsleib mit verderbenbringenden Eisenkugeln. Bald blitzte es vom Bord des Hamburger Admiralschiffes auf, die Schlangen und Kartaunen begannen ein ernstes Wörtlein mitzusprechen. Um sich vor Verlusten tunlichst zu schützen, hatte Admiral Parseval die Mannschaft unter Deck gesandt. Diese Schutzmaßnahme sollte ihnen noch von Vorteil werden. Klaus Hasse eilte an den ‚fliegenden Geist', dem es zunächst im Nahkampf zu Leibe ging. Am Bord des Piratenschiffes, das von den Hamburgern geentert war, begann ein grausamer Nahkampf. Der Tod hielt reiche Beute, und die Hamburger bewiesen ihre Überlegenheit und ihren Mut. Die überbleibenden Schiffsleute trieben sie unter Deck, sperrten sie ein und gaben ihnen dort unten gern ein Freiquartier. Nicht ganz so glücklich war Dirk von Minden; sein Schiff geriet in eine Untiefe, so blieb dem Schiffsführer nichts weiter übrig, als seine Boote zu bemannen und seinen kämpfenden Kameraden zu Hilfe zu eilen.

Während der Zeit hatten die kleinen Bojer dem Kampf mit der ‚Galion' — dem Hauptschiff der Seeräuber — standgehalten und dem feindlichen Schiffskörper manche Wunde beigebracht. Endlich hielt Ditmar Koel den letzten Kampf für aussichtsreich. Sichern Auges erspähte er die Gunst des Angriffs, mit Umsicht und Ruhe erteilte er seine Befehle. Die Schützen mußten die Büchsen laden, die Kartaunen erhielten ihre verderbenbringenden Geschosse, und dann ging's zum Angriff über.

In rascher Fahrt durchschnitt Ditmar Koels Schiff die Wogen, um das feindliche Schiff zu entern. Die aufschäumenden Bugwellen bereiteten den

Freibeutern viele Freude, denn der Untergang des Hamburger schien ihnen sicher. Kaum war Ditmar Koel mit seinem Schiff heran, so ertönte eine Breitseite, deren Wirkung Entsetzen unter den Piraten verbreitete. Ein dichtes Knäuel Toter und Verwundeter lag auf dem Verdeck des Schiffes. Und noch ehe die Seeräuber Zeit fanden, die Eisengrüße der Hamburger zu erwidern, enterten diese unter Ditmar Koels Anführung auf die feindlichen Schiffe.

An Bord der ‚Galion' erhob sich ein furchtbares Getümmel. Der entscheidende Nahkampf begann, und auch dabei bewies Ditmar Koel seine Umsicht. Sowie seine Leute an Bord des Seeräuberschiffes standen, eilte ein Teil unters Verdeck, um die Mannschaften an den Geschützen unschädlich zu machen. Mit verhaltenem Grimme tobte der Kampf hin und her. Kampfgeschrei und Schlachtrufe ertönten. Blitzende Enterbeile verrichteten ihr schauriges Werk. Mutig kämpften die Seeräuber; todesmutig stellten sie sich den Hamburgern entgegen, angefeuert durch den Gedanken: lieber den Tod als eine schmachvolle Gefangenschaft. Aber trotz des Mutes der Verzweiflung blieb der Sieg den Hamburgern.

Ihre Schwerter, ihre sausenden Äxte, die schwirrenden Bolzen ihrer Armbrüste, die Feuergarben ihrer Büchsen und Kartaunen verrichteten ein blutig Werk. Über die Gefallenen hinweg wogte der Kampf. Die Schmerzensschreie der Verwundeten wurden übertönt durch das Kampfgetöse. Aber was half den Seeräubern alle Verzweiflung? Es war ein vergebliches Ringen. Zu fest hatte sich der Kreis der Enterer gefügt; sie konnten nicht bezwungen werden. Weiter raste der Kampf und forderte immer neue Opfer. Allüberall, in Ecken und Winkeln, in den Mastkörben und im Tauwerk suchten die Hamburger Bootsleute nach ihren Feinden; und mancher von diesen konnte an seinem Leibe die Kraft und die Schärfe ihres Kampfwerkzeuges spüren. Klaus Rode, der Schwätzer, fiel der Streitaxt der Hamburger zum Opfer. Klaus Kniphoff begab sich in ihre Gefangenschaft.

Endlich gebot die allgemeine Erschöpfung dem Kampfe Einhalt, die ‚Galion' verblieb den Hamburgern, und weithin schallte das jubelnde Viktoria der Sieger. Auch die andern waren nicht müßig geblieben. Das Piratenschiff ‚Bartrum' saß in einer Untiefe fest, und so viel sich die Besatzung abmühte, das Fahrzeug wurde trotz der Erleichterung nicht wieder flott. Der Hamburger Schiffsführer Dirk von Minden beobachtete seine sichere Beute, und als auch ihm der Augenblick günstig schien, eilten seine Leute in den Booten an das Piratenschiff heran. So viel auch dessen Besatzung Steine und Kugeln vom Bord des Schiffes herabschleuderte, es sollte ihnen nicht gelingen, sich der Angreifer zu erwehren. Hamburgs Bootsmannschaften eroberten die ‚Bartrum' und bald darauf auch das letzte Schiff, den ‚weißen Schwan', und damit war die Piratenflotte zerstört, die Feinde der Hanse waren in den Händen ihrer Gegner.

Der Herbsttag ging zur Rüste. Von sieben bis vier Uhr währte der Kampf; die Opfer des erbitterten Streites wurden ins Meer gesenkt, sie trieben dahin — Seemannslos. Die Reinigung der Schiffe ging schnell vonstatten, dergleichen die Bestattung der Toten.

Am nächsten Morgen trat Admiral Parseval mit seinen Schiffen die Heimfahrt an. Es war ein stattlicher Zug, als der siegreiche Anführer mit vier erbeuteten Schiffen in die Elbe einfuhr. Der Dank der freien Stadt Hamburg blieb nicht aus.

Im Auftrag des Rats begrüßten zwei Ratsmänner, Dietrich Lange und Otto Bremer, samt dem Stadtpfeifer die heimkehrenden Sieger. Ein Faß feinen Weines brachten sie als Willkommengruß der Heimatstadt den Heimkehrenden entgegen. Bei Blankenese fand die Begrüßung statt. Auf dem Schiff des Admirals Parseval trafen sich die Schiffsführer und die Hauptleute, und in ihrem Kreise begann ein festliches Gelage; der Becher kreiste, auch Kniphoff, Hans von Putlitz und Sydow nahmen daran teil und schmausten mit. Als die Flotte in Hamburg einlief, hatte Hamburgs Bürgerschaft es sich nicht nehmen lassen, in den Waffen ihrer Zeit zu erscheinen; geschmückt mit Harnisch und Eisenhaube, bewaffnet mit Spießen und Schwertern und Hellebarden, so wurden die Tapferen begrüßt. Als der Gefangene Kniphoff und seine Gesellen ausgeschifft wurden, läuteten von den Kirchtürmen die Glocken, die Geschütze auf den Wällen ertönten, und unter dem Jubel der ganzen Stadt setzte sich der Zug in Bewegung. Die Stadtmusik, Trommler, Pfeifer und Pauker, marschierte voran, ihr folgten die Ratsmänner; dazwischen sah man den siegreichen Admiral und seinen Schiffshauptmann Ditmar Koel; dann folgten die andern Sieger nebst den Landsknechten; dann das Seeräuberkleeblatt Klaus Kniphoff, Hans Putlitz und Jürgen von Sydow. Ihre Freiheit war dahin, in Ketten aneinandergeschlossen marschierten sie vorbei. Den Beschluß bildeten die übrigen Gefangenen und eine Abteilung Hamburger Landsknechte. Am Rathause wurden die Sieger durch den Bürgermeister und die Ratsleute begrüßt. Noch einmal sagte man ihnen namens der Stadt Dank. Die Gefangenen brachte man nach dem Wilseder Turm am Tor; auf den höchsten Boden kam Klaus Kniphoff, denn er war das Haupt der Freibeuter; ein Stockwerk tiefer nahmen die beiden Edelleute und unten die gewöhnlichen Gefangenen Aufenthalt. Dem Gebrauche der Zeit gemäß wurden die erbeuteten Fahnen im Dome an einem Pfeiler in der Nähe der Kanzel als Andenken an den Sieg aufgehängt, im Zeughaus erhielten die eroberten Geschütze ihren Platz. Die Beute ward unter die Kriegs- und Bootsleute zu gleichen Teilen verteilt.

Schon bald, am 25. Oktober 1525, trat das Gericht zusammen unter dem Vorsitze der Richterherren Jörgen Plate und Albert Westede. Kniphoffs Schuldkonto war recht groß; die Wegnahme von 172 hansischen Schiffen, Piraterei und Blutvergießen warf ihm die gegen ihn gerichtete Anklage vor. Seine Verteidigung führte er selbst in geschickter Art, jedoch seine Klugheit half ihm nichts. Was er für sich und seine Leute verlangte, anständige Kriegsgefangenschaft bis zur Auslösung, wurde ihm versagt. Er wurde des Seeraubes für schuldig erklärt und erhielt damit die Strafe der Seeräuber, die Enthauptung, mit ihm noch sechzehn seiner Genossen. Der Rat der Stadt Hamburg bestätigte das Urteil, und trotzdem der Stiefvater Kniphoffs, der Bürgermeister von Malmö, ein namhaftes Lösegeld bot, mußte Kniphoff mit sechzehn seiner Genossen den Todesweg antreten.

„Am Montag den 30. Oktober wurde Kniphoff," so erzählt's Otto Beneke in seinen Hamburger Sagen, „hinausgeführt, er ganz allein, denn dies hatte er sich als eine Gnade erbeten, damit es ihm nicht das Herz breche, wenn er die Verwünschungen seiner Genossen vernehmen müsse. Es war frühmorgens, da der Fron ihn abholte. Kniphoff war bereit, er streckte ihm die Hände entgegen. Unverzagt und frisch schritt er zwischen den Bütteln und Kriegsknechten durch die Straßen, und in seinem Angesicht sah man kein Zeichen von Todesfurcht und Bangen. Und wer ihn dahingehen sah, den jammerte es, und manch mitleidig Herz, absonderlich bei den Frauen, konnte sich der Tränen nicht erwehren über das schreckliche Ende des jungen, schönen Hauptmanns. Auf St. Katharinenkirchhof stand schon Pater Stephan, der erteilte ihm hier vor allem Volk, das betend niederfiel, die Absolution und reichte ihm das Sakrament der Versöhnung. Und als Kniphoff sich vom Knien erhub und weiterschritt, sprach er allen vernehmbar: ‚Herr Jesu Christe, der du dein Blut auch für mich vergossen, erbarme dich meiner und sei mir gnädig!'

„Dann ging's zum Brooktor hinaus, und am Strande der Elbe, auf der Stelle, wo hundertunddreiundzwanzig Jahre früher Klaus Störtebeker und seine Gesellen denselben Tod erlitten, kniete Kniphoff nieder und empfing mit gefalteten Händen den Schwertstreich, der sein Haupt vom Rumpfe und seine Seele von der Erde schied.

„Eine Stunde später wurden sechzehn seiner Gefährten in derselben Weise hingerichtet. Und am 10. November empfingen noch sechsundvierzig ihr Urteil, das lautete auch auf den Hals; da wurden sie wild und zornig und schalten überlaut auf den Rat und die Bürgerschaft; es half ihnen aber nichts, denn am Montag nach Martini wurden sie enthauptet. Am 24. November wurden sechsundzwanzig, und am 4. Dezember noch zwanzig Gefangene vom Gericht freigesprochen, die hatten bewiesen, daß Kniphoff sie zum Dienste gezwungen. Am 13. Dezember aber wurden wieder acht Freibeuter, darunter der Edelmann Simon Gans, und im Januar 1526 noch ihrer vier zum Tode verurteilt und bald darauf hingerichtet.

„Endlich wurden noch zur ebengenannten Zeit die letzten drei von Kniphoffs Gesellen freigesprochen, also daß, ihn selbst eingeschlossen, im ganzen fünfundsiebzig enthauptet, die übrigen aber frei erkannt und losgelassen worden sind. Mit selbigem Richtschwerte aber, welches Kniphoff und seine Gesellen vom Leben zum Tode gebracht hat, ist kein Mensch mehr hingerichtet worden. Es ist ins Zeughaus gebracht und wurde dort bei den erbeuteten Seeräuberwaffen und Kanonen aufbewahrt."

Die Seeschlacht bei Gotland — eine letzte Ruhmestat.

Auch der Hansebund, der durch Jahrhunderte meergebietend dastand, hatte seine Schicksalsstunde. Als sich nach und nach die einzelnen Städte loslösten und eigene Wege verfolgten, konnte es nicht fehlen, daß die Feinde des Hansebundes die günstige Gelegenheit benutzten, um die einst so mächtigen Interessen des Bundes mehr und mehr zu zerstückeln. Mit dem Ansehen der Hanse ging es schnell abwärts. Der Boden, auf dem der Bund groß geworden war, geriet ins Wanken, weil es den Mitgliedern an Einigkeit wie Selbstvertrauen und an der notwendigen politischen Einsicht mangelte.

Trotzdem hat es auch in den Zeiten des Niederganges nicht an Ruhmestaten gefehlt. Eine solche Begebenheit aus den Kriegsjahren 1563 bis 1570 soll hier erzählt werden. Im Jahre 1563 kündete Lübeck dem König Erich von Schweden den Krieg an, doch der wies die Abgesandten höhnend an den Rat von Stockholm mit den Worten: „Könige müssen Königen, Bürger und Bauern ihresgleichen den Absagebrief senden!" Mit Lübeck verband sich in diesem Kampfe König Friedrich II. von Dänemark, der durch das Anwachsen der schwedischen Macht sich bedroht sah und sich deshalb mit seinem alten Widersacher Lübeck zur Verfechtung gemeinsamer Interessen verband. Die Fehde begann. Beide Partien kämpften mit wechselndem Erfolge. Bald triumphierten die Verbündeten, bald sahen sich die Schweden wieder obenauf. Am meisten lag jedoch der größere Vorteil bei den verbündeten Dänen und Lübeckern, da deren Schiffe beweglicher waren und seegewohnte und schlagfertige Mannschaften besaßen. Wie schon früher ausgeführt wurde, boten die Kriegsschiffe der damaligen Zeit einen eigentümlichen Anblick durch die kastellartigen, hohen Aufbauten auf dem Vorder- und Hinterteil des Schiffes, die mit Kanonen besetzt waren. Um solche großen Lasten tragen zu können, mußte der Schiffsrumpf überaus breit und massig sein, damit das Gleichgewicht auf der Fahrt nicht verloren ging. Selbstverständlich segelten solche Kriegsschiffe schwerfälliger und gehorchten dem Ruder nicht so leicht, sie waren mehr auf den Nahkampf eingerichtet und mit zahlreichen Seeleuten, den ‚Schiffskindern' besetzt, die in den engen Räumen unter Deck kein rosiges Dasein fristeten. Die scharfen Nocken[19] an den Rahen dienten dazu, bei der Vorüberfahrt am Gegner dessen Tauwerk zu zerschleißen und die Segel zu zerreißen, auch hielten sie beim Entern das feindliche Schiff mit fest.

Im Rathause zu Lübeck hängt in einem der schmucken Nebensäle ein Kolossalgemälde von Professor Hans Bohrdt, das eine der wichtigsten Episoden dieses Feldzuges verherrlicht. Es ist die Seeschlacht bei Gotland, die im zweiten Jahre des nordischen siebenjährigen Seekrieges, nachdem die Verbündeten sich bis dahin noch keines Vorteils rühmen konnten, den ersten größeren Erfolg brachte.

Am 31. Mai 1564 trafen sich die gegnerischen Kriegsfahrzeuge bei der Insel Gotland. Es war ein leuchtender Frühjahrstag; vom Winde bewegt, kräuselten sich leicht die Wellen. Langsam segelten die feindlichen Geschwader aufeinander los, und lange Zeit währte es, ehe sie zum Angriffe übergingen, denn beide Flotten kreuzten unter seegewohnten Führern. Jeder von ihnen suchte dem Gegner den Wind abzugewinnen, um sich mit dessen Hilfe rascher auf die feindlichen Schiffe stürzen zu können. Für die damalige Zeit galt dies Beginnen als ein besonderes Stück der Kriegsführung. Hatte eine der Parteien ihr Ziel erreicht, so durchfuhr sie die feindliche Linie und jagte dem Gegner durch ihre Breitseiten möglichst viel Kugeln in den Bug oder ins Heck hinein; so konnten die Geschosse auf ihrem verderbenbringenden Wege das Schiff der Länge nach durchschlagen und viele Gegner kampfunfähig machen. Waren die feindlichen Schiffe genügend zerschossen und durch die Schäden in den Bewegungen gehemmt, so segelte die angreifende Flotte noch dichter heran und enterte die Schiffe, um im Nahkampfe sich völlig in den Besitz der feindlichen Fahrzeuge zu setzen. Auch bei Gotland lauerten die Gegner lange Zeit einander auf, und es wäre nicht zum Gefecht gekommen, wenn nicht der Wind urplötzlich sich gedreht hätte und abgeflaut wäre. Den Verbündeten war der Augenblick günstig, und zuversichtlich nahmen sie unter den schwedischen Schiffen das riesige Fahrzeug, ‚Makeloes'[20] genannt, das unter der Führung des Admirals Bagge stand, aufs Korn. Es verteidigten siebenhundert Soldaten mit hundertvierzig Kanonen — für die damalige Zeit eine riesige Zahl — das Schiff. An diesen Riesen fuhren die beiden größten Lübecker Koggen unter Admiral Knevel und Schiffsmeister Henning Krage heran. Der Lübecker ‚Engel' hielt sich anfangs zurück, um nicht von den Breitseiten des Schweden getroffen zu werden. Krage jedoch fuhr mit seinem Schiff unter den Bug des schwedischen Riesenfahrzeuges, das seinen Gegner samt den Kastellen bedeutend überragte. Mutig schleuderten die Lübecker Geschützführer Geschoß auf Geschoß in den Rumpf des Schweden. Anfangs wehrten sich diese mit ihren Bugkanonen; sie verstummten jedoch bald, ebenso ließen auch die Breitseiten im Feuern ständig nach. Im Innern des

Schwedenschiffes sah es greulich aus, die meisten Kanonen waren zerstört, die Hälfte der Besatzung lag verwundet unter Deck, und dabei krachte es noch fortwährend, und noch immer sausten die Geschosse der Lübecker Schiffe durch das Deck.

Jetzt kam für Admiral Knevel die Zeit des Angriffs, seine Geschütze feuerten mehrere Breitseiten dem Schweden in die Rippen. Antwort vom Gegner erhielten sie nicht mehr; entweder lag die Besatzung vollständig verwundet am Boden, oder an Bord des feindlichen Admiralschiffes herrschte große Verwirrung. Der Augenblick zum Entern war günstig. Die Lübecker Schiffsführer lenkten ihre Schiffe dicht an den ‚Makeloes' heran, packten ihn von beiden Seiten mit Enterhaken, und mit dem Rufe „Hie gut Lübeck und die Hanse allewege!" stürzten sich von beiden Schiffen die Mannschaften an Bord des Schweden. Wie ein entfesselter Strom brauste es über den ‚Makeloes' dahin. Durch die Batteriepforten an Stricken und Leitern, durch die Luken und über die hohen Bordwände kamen die Lübecker. Der letzte, entscheidende und blutigste Teil des Kampfes begann; wer sich wehrte, wurde niedergemacht, Schonung gab's nicht. Einer aus der Schar der Enterer kletterte in die Masten und holte die schwedische Flagge herunter, an ihrer Stelle ging die lübeckische Flagge hoch, und hierüber herrschte ein Jubel ohnegleichen. Nun mußte sich der Rest der schwedischen Mannschaft ergeben.

Schnell begannen die Sieger die Spuren des Kampfes zu verwischen. Mitten in diesem Beginnen ertönte der Schreckensruf „Feuer im Schiff!" Die Lübecker Geschosse hatten gezündet, und in der Hitze des Nahkampfes nahm dieses an Umfang zu; niemand achtete darauf, und jetzt, da der Ruf erscholl, war es zur Rettung schon zu spät.

Zu mächtig loderten die Flammen aus dem Schiff, und ebenso schnell, wie sie aufenterten, mußten die stolzen Sieger sich in Sicherheit bringen. Kaum noch gelang es den Lübeckern, die Beute und die Gefangenen vom feindlichen Schiff abzubringen, als ein gewaltiger Donnerschlag die Luft erschütterte: das stolze schwedische Admiralschiff war nicht mehr. Wrackstücke schwammen auf den Wellen und gaben Kunde, daß das Fahrzeug in die Luft geflogen war. Der Rest der schwedischen Schiffe entfloh mit dem auffrischenden Winde, um nicht das Schicksal des Untergangs zu teilen. Den Admiral Bagge und andere vornehme schwedische Herren, sowie die eroberten Flaggen brachten die Sieger nach Lübeck als Erinnerungszeichen an die Seeschlacht bei Gotland.

Admiral Karpfanger, seine Taten und sein Tod.

Wer schon einmal in Hamburg gewesen ist, dem wird in der Nähe der Hamburger Seewarte eine Brücke aufgefallen sein, die die hochgelegenen Teile der Hamburger Neustadt mit St. Pauli verbindet. Die Pfeilervorlagen dieses Bauwerkes tragen je das Bildnis der bedeutenden Männer, die in der hansischen Zeit während der Seekriege eine Rolle spielten: Admiral Karpfanger † 1683, Ditmar Koel † 1563, Simon von Utrecht † 1437 und Kersten Miles † 1420.

Berend Karpfanger war ein Zeitgenosse des Großen Kurfürsten. Er wurde in der ersten Hälfte des 17. Jahrhunderts als Sohn eines Hamburger Reeders und Kaufmanns geboren. Seine Jugendtage sahen die Wirren des Dreißigjährigen Krieges, Handel und Schiffahrt lagen darnieder, und trotz alledem trieb es den jungen Karpfanger hinaus zur See. Der Vater willfahrte seinem Wunsche und schickte ihn nach Holland zu dem berühmten Admiral de Ruyter. Unter der Leitung dieses weitsichtigen und tüchtigen Mannes wurde Berend Karpfanger ein geschickter Orlogsmann, der, wo er auch stand, vollauf seinen Posten ausfüllte.

Als er ausgelernt hatte, kam Berend Karpfanger als erprobter Seemann in seine Heimat zurück und errang hier wegen seiner guten Zeugnisse die Stellung als Admiral des hamburgischen Staates. Seine Tüchtigkeit und Umsicht sollten der alten Hansestadt noch oft von Nutzen sein. Von seinen Taten soll nun erzählt werden.

In der Mitte des 17. Jahrhunderts brachte die sogenannte Türkengefahr den Kaufleuten und Seeleuten allerlei Verdruß. Mit unglaublicher Frechheit fielen die beutegierigen Korsaren, die in den Küstengebieten Nordafrikas ihre Schlupfwinkel hatten, die Handelsschiffe an; sogar eine aus mehreren Schiffen bestehende Handelsflotte der Hamburger raubten diese Piraten aus und führten die Besatzung nach mannhafter Gegenwehr in die Sklaverei. Um diesen Seeräubereien ein Ende zu bereiten, faßten Rat und Bürgerschaft Hamburgs den Beschluß, zwei mächtige Kriegsschiffe zu erbauen und auszurüsten, die den nach Spanien fahrenden Kauffahrteischiffen durch die Mitfahrt Schutz gewähren sollten.

Im Jahre 1668 lief das erste Schiff, ein riesiger Dreimaster, ‚Kaiser Leopold', im nächsten Jahre das zweite Schiff, ‚das Wappen von Hamburg', vom Stapel. Beide Kriegsschiffe führten je vierundfünfzig Kanonen, meist Achtzehnpfünder, an Bord, dazu standen einige Geschütze auf der Schanze. Das Galion und auch der hintere Teil des Schiffes waren mit Schnitzwerk und Figuren reich verziert. Auf dem Hinterteil befanden sich drei Signalscheiben und zwei große, kunstvoll eingefaßte Laternen. Von den drei

Masten trugen die beiden vorderen je drei Rahsegel, der Besanmast führte ein Rutensegel und ein Rahsegel. Die Besatzung der Schiffe, außer dem Kapitän und einer Anzahl Offiziere, bestand aus hundertfünfzig Matrosen und achtzig Soldaten; ferner gehörten zur Mannschaft ein Prediger, ein Profos und seine Leute, Wundärzte, Köche und Bedienungspersonal.

An Bord herrschte strenge Mannszucht, ein unbedingter Gehorsam galt als das oberste Gesetz. Unter Deck durfte ‚Tobak nicht getrunken' werden, dazu war Karten- und Würfelspiel verpönt. Wer durch Zänkerei, Trunk oder Fluchen auffiel, bekam Arrest, wer beim Wachtdienst einschlief, wurde ‚gekielholt' oder durch Spießrutenlaufen bestraft. Wer gar gewalttätig sein Messer gegen seinen Nächsten zückte, dem wurde die linke Hand mit diesem Messer an einen Mast geheftet.

Diese Kriegsschiffe schlossen sich der Hamburger Handelsflotte an bei ihren Fahrten nach den Häfen- und Handelsplätzen der nördlichen Meere, der Westsee und denen des Mittelmeeres. Im Jahre 1674 ernannte der Rat der Stadt Berend Jakobus Karpfanger zum Befehlshaber des ‚Kaiser Leopold', in ehrender Weise umgürtete ihn der erste Bürgermeister mit einem silbernen Degen, und bei der feierlichen Überreichung des Admiralstabes leistete Karpfanger den nachstehenden Eid, den er getreulich bis in den Tod gehalten hat: „Ich will bei der meiner Admiralschaft anvertrauten Flotte mannhaft stehen und eher Gut und Blut, Leib und Leben opfern, als sie oder mein Schiff verlassen." Ehrenvoll hat Karpfanger zehn Jahre seine Pflicht getan, und stolz konnte er darauf verweisen, daß während seiner Admiralschaft kein Schiff der Hamburger in die Hände der beutegierigen Korsaren fiel.

Besonderen Ruhm gewann der Admiral im Kampfe mit französischen Kaperschiffen vor der Elbmündung. Fünfzig Walfischfänger, die aus dem Nördlichen Eismeere kamen, hatte Karpfanger mit seiner Flotte sicher in die Elbe zu geleiten. Plötzlich wurden sie von fünf starken französischen Kaperschiffen angegriffen, die die Absicht hatten, einige der schwerbeladenen Handelsschiffe zu erbeuten. Diese Seeräuber trieben ihr Handwerk äußerst frech; weder Freund noch Feind blieb von ihnen ungeschoren, denn sie standen unter dem Schutze des ‚allerchristlichsten Königs', dem sie ein Zehntel aller Beute abliefern mußten. Jedoch diesmal sollte ihnen der Raub nicht glücken, Karpfanger hatte nicht vergebens in de Ruyters Schule die Regeln des Kämpfens erlernt. Die Walfischfänger erhielten den Befehl, sich zu sammeln und sich gut auf einem Haufen zu halten, das Schiff des Admirals machte schnellstens klar zu Gefecht; alle Segel waren gesetzt, und stolz wehte die Hamburger Flagge mit den drei weißen Türmen auf rotem Grunde am Maste, drohend blickten die geöffneten Geschützpforten die Seeräuberschiffe an. Karpfanger wagte mutig den ungleichen Kampf gegen die fünf Kaperschiffe; er verließ sich auf seine Leute und auf seine Kriegskunst. Jetzt standen die Hamburger dem ersten Kaperschiff gegenüber, dies begann zu feuern, und die Kugeln sausten durch das Tauwerk des Hamburger Orlogschiffes. Nur wenige Taue fielen ihnen zum Opfer, und dieser Schaden war sehr schnell geheilt.

Doch nun galt's den rechten Augenblick des Angriffs auszunutzen. Fest und bestimmt lautete die Mahnung Karpfangers „Gut zielen!" Ein mächtiges Erschüttern ging durch den Schiffsrumpf, sechsundzwanzig Geschütze feuerten ihren Eisenhagel auf den unvorsichtigen Franzosen. Eine Zeitlang lag der weiße Pulverdampf über den kämpfenden Schiffen; als er sich verzogen hatte, lagen die furchtbaren Wirkungen, die der erste Kugelregen anrichtete, offenbar. Zersplitterte Masten hingen über Bord, die Schanzkleidung war durchlöchert und die Boote durchschossen. In Strömen drang das Wasser durch die an der Wasserlinie gefährlichen Löcher in den Schiffsrumpf ein.

Dieser Gegner bedeutete für das Hamburger Kampfschiff nichts mehr. Nun fuhr der Admiral auf das zweite französische Schiff zu; es sollte seinen Untergang finden, ehe die Verstärkung herankam. Die Zeit war kostbar, denn schon eilten die anderen drei ihm zu Hilfe. ‚Kaiser Leopold' sandte eine Breitseite hinüber, doch dieser Eisenhagel riß wohl Lücken und Löcher, aber das Kaperschiff blieb lenkfähig und konnte noch rechtzeitig das Weite suchen.

Inzwischen steuerten die andern drei Kaper heran, und besonders der größte unter diesen eröffnete ein verheerendes Feuer auf Karpfangers ‚Leopold'. Die Schiffsleute mußten sich rühren, um die verhängnisvollen Löcher in der Wasserlinie zu stopfen; Verwundete lagen in den Deckskajüten, zerschossene Taue mußten zusammengespleißt werden. Karpfangers Langmut war zu Ende. „Jetzt zeigt, daß ihr Hanseaten seid!" lautete die begeisterte Aufforderung an das Schiffsvolk, und mit voller Wucht schoß das Hamburger Orlogschiff auf den größten der Kaper zu. Ein geschicktes Segelmanöver zeigte dem Franzmann die Breitseite des Hamburges, und wieder ertönte der Knall der Geschütze. Nur zu gut trafen die Kugeln der Hanseaten, der Rumpf des Kaperschiffes wurde durchlöchert, und langsam begann das getroffene Schiff zu sinken. Damit war die Macht der französischen Seeräuber gebrochen, sie suchten ihr Heil in der Flucht und ließen die beiden sinkenden Schiffe mitsamt ihren daraufbefindlichen Kameraden im Stich.

Kapitän Karpfangers Sieg über fünf französische Schiffe.
Von Professor Hans Petersen.

Auch Karpfanger hatte verschiedene Schäden auszubessern, und dadurch ging einige Zeit verloren, dann aber eilte er den eiligen Flüchtlingen nach. Ihr Vorsprung war jedoch zu groß, und so mußte er sie, nachdem noch die Buggeschütze ihnen einen Abschiedsgruß nachgefeuert hatten, flüchten lassen.

An der Spitze der Walfischfängerflotte fuhr Karpfanger in den Hamburger Hafen ein. Der Jubel und die Freude seiner Mitbürger begrüßten ihn, der Rat der Stadt verehrte ihm zum Zeichen der Dankbarkeit für diese Siegestat 300 Taler.

Noch eine andere Heldentat dieses wackeren Seemannes will ich erzählen. Man schrieb das Jahr 1681. Karpfanger segelte an der Spitze der Hamburger Baienflotte nach der spanischen Küste. Als die Schiffe in die Nähe der spanischen Küste kamen, hörten sie in der Ferne Kanonendonner. Afrikanische Seeräuber hatten die von Südamerika heimkehrende spanische Silberflotte angefallen und eines ihrer Schiffe als eine willkommene Prise genommen. Der heransegelnde Karpfanger erkannte schon aus der Ferne die Sachlage und gab Befehl, schnell alle Segel zu setzen, um den raschsegelnden Kaperschiffen ein Schnippchen zu schlagen.

In eilender Fahrt kam das Hamburger Schiff herangebraust; ein tüchtiger Eisenhagel überschüttete die Piraten. In der Bestürzung ließen sie die bereits gekaperte ‚Galion' fahren und fuhren mit ihren Schiffen etwas abseits. Nachdem sie sich geordnet hatten, versuchten sie von neuem mit vereinten Kräften auf den ‚Leopold' einzudringen, um die verlorene Beute wiederzugewinnen; ja, sie glaubten auch den Hamburger als sichere Beute zu erhaschen. Von zwei Seiten begannen sie den Kampf. Aber sie kannten nicht die Seefahrtskunst des umsichtigen Karpfanger; noch ehe die Piraten recht zum Feuern kamen, segelte Karpfanger an den einen heran und sandte ihm eine volle Breitseite als Willkommengruß in den Schiffsrumpf; die Wirkung war gut. Das Kriegsschiff legte sich auf die Seite und begann zu sinken. Jetzt hielten die beiden anderen Schiffe nicht mehr stand, sie erblickten vielmehr in einer schnellen Flucht ihr größtes Heil. Karpfanger befreite dann die gefangene Mannschaft der spanischen ‚Galion', und dabei fielen ihm sechzig Piraten in die Hände. Das eroberte Schiff lieferte er samt seinen Silberschätzen an den König von Spanien ab; die gefangenen Seeräuber tauschte er gegen gefangene Hamburger Seeleute aus. Karl II. von Spanien ehrte den tapferen Schiffshauptmann für diese ruhmvolle Tat durch die Verleihung einer goldnen Ehrenkette.

Im Sommer des Jahres 1683 stand Karpfanger als Admiral an der Spitze des zweiten Hamburger Kriegsschiffes ‚das Wappen von Hamburg', dessen Kapitän wegen Streitigkeiten mit der Admiralität vom Dienste entfernt worden war. Nach allerlei Widrigkeiten erreichte Karpfanger mit seinem Schiff und den mitsegelnden Handelsschiffen glücklich den spanischen Hafen Cadix. Hier ging er vor Anker, und hier sollte er auch sein Ende finden. Es war am 10. Oktober des Jahres 1683.

Karpfanger saß gegen Abend mit seinem Sohne, einem Neffen, mit Schiffsoffizieren und einigen befreundeten Männern aus Cadix in seiner Kajüte frohgemut an der Tafel, als sich plötzlich im Schiff ein großer Lärm erhob. Eiligen Laufes kam ein Schiffsjunge in die Kajüte gestürmt und berichtete, daß im Vorderteil des Schiffes ein mächtiges Feuer ausgebrochen sei. Alle waren bestürzt, und die Tafel wurde sogleich aufgehoben. Karpfanger eilte so schnell er konnte an Deck, um sich von der Größe des Schadens und der Gefahr zu überzeugen. Unter seiner Leitung ging die Besatzung dem Feuer tüchtig zu Leibe. Aber trotz der unendlichen Wassermengen, die durch Spritzen und Eimer in das Schiff hineingeschleudert wurden, konnte man an den Herd des Feuers nicht herankommen. Gerade in diesem tiefergelegenen Raum fand die zehrende Glut in dem großen Haufen der geteerten Taue immer neue und reichlichere Nahrung. Die Löschung des Brandes gelang nicht, soviel die Schiffsleute sich auch bemühten. Von seinem Herde aus verbreitete es sich mit rasender Schnelligkeit im Rumpfe des Schiffes.

Dichte Rauchwolken qualmten aus dem Schiff hervor, und binnen jeder Minute erwartete man das Hindurchschlagen der leckenden Flammen.

Notschüsse riefen Hilfe von der Stadt Cadix und von den in der Nähe ankernden Schiffen herbei, allein kein Schiff eilte zur Hilfe herbei, denn alle Seefahrer fürchteten die Nähe des dem Untergang geweihten Schiffes. Die Gefahr wuchs, Schrecken und Angst ergriffen die Schiffsmannschaft, und in Scharen stürzten die sonst so mutigen Matrosen in die Schaluppen, um abzurudern. Karpfanger gewahrte rechtzeitig diesen Vorgang. In ernsten Worten erinnerte er die Flüchtenden an ihren Eid, befahl ihnen, sofort zurückzukehren, da die Rettung des Schiffes doch noch möglich sei. Des Admirals Worte verfehlten den Eindruck nicht, noch einmal kehrte die Schiffsmannschaft an Bord zurück und begann von neuem die Löschungsarbeiten. Mutig gingen sie gegen die entfesselten Elemente vor. Immer von neuem drangen sie in den Qualm und in die Glut und achteten nicht die furchtbare Gefahr, in der sie sich befanden. Stundenlang hielten die wackeren Schiffsleute dem entfesselten Element stand. Jedoch menschlicher Heldenmut war vergebens. Die Kraft der Seeleute konnte gegen die Feuersgewalt nichts ausrichten, die schließlich durch den ganzen Schiffsraum ihre lodernde Glut wälzte. Nicht lange währte es mehr, dann fand das Feuer den Weg zur Pulverkammer, und damit schlug die Schicksalsstunde des ‚Wappen von Hamburg'.

Karpfangers Sohn fiel dem Vater zu Füßen und bat ihn, mit fortzufahren, da das Schiff nicht mehr zu retten sei; der aber blieb fest. „Hebe dich weg von mir, mein Sohn, ich weiß besser, was mir anvertraut ist. Der Pflicht und Ehre bleibe ich getreu!" Hierauf befahl er einigen Quartiermeistern, seinen Sohn und seinen Neffen in die große Schaluppe zu bringen.

Zu rechter Zeit kamen diese von Bord. Bald brannte das Feuer bei den Masten durch und leckte sich züngelnd an den Tauen in die Höhe. Im Augenblick glichen Masten und Rahen und Segel lodernden Flammenzeichen, die weithin leuchteten. Ein furchtbar prächtiges Schauspiel bot das Schiff, dessen Mannschaft nun nicht mehr an Bord blieb. Mit großem Geschrei und mit entsetzten Gesichtern eilten Matrosen und Soldaten über Bord in die Schaluppen und Boote hinein. Immer mehr drängten nach, stießen andere um, um für sich den Rettungsweg zu erkämpfen. Verzweiflung und Ungestüm ließen viele ins Meer fallen, und dort hielten sie sich, mit den Wellen ringend und nach Hilfe suchend, an den Rand der Boote und der Schaluppen. Wohl entgingen zahlreiche Seeleute dem Feuertode, aber die Wellen gruben ihnen ein sicheres Grab. Im Widerschein des feurig leuchtenden Schiffsrumpfes fuhren die Boote eiligst von dannen. Gegen Mitternacht lösten sich die Kanonen an Bord des Schiffes; es waren die Abschiedsgrüße, die über das Meer dahindonnerten. Eine Stunde nach Mitternacht hatte das Feuer die wohlverwahrte Pulver- und Kugelkammer erreicht. Ein furchtbarer Knall, und mit einer hochauflodernden Feuerflamme barst der Schiffsrumpf auseinander.

Man glaubte allgemein, Karpfanger habe als der Letzte das Schiff verlassen und sich gerettet. Es war nicht so. Am nächsten Morgen trieb die Leiche des verdienstvollen Mannes auf dem Wasser. Berend Karpfanger ging, getreu seinem Eide „Ich will bei der mir anvertrauten Flotte mannhaft stehen und eher Gut und Blut, Leib und Leben opfern, als sie oder mein Schiff verlassen!“ mit seinem Schiffe in die Tiefe, — ein Opfer seiner mannhaften Pflichttreue.

Unter besonderen Feierlichkeiten wurde der Leichnam in Cadix bestattet, und König Karl II. errichtete dem ruhmreichen Seehelden auf dem Grabe ein prächtiges Denkmal.

Unter dem Adler des Großen Kurfürsten.

Unter den Herrschergestalten der Hohenzollern war der Große Kurfürst dank seiner Umsicht und Tüchtigkeit, die gepaart waren mit Weitblick und Energie, der Anerkennung aller Zeiten sicher. Trotz der Ungunst der Verhältnisse in seinem Lande, trotz der Armut und Entvölkerung des von Freund und Feind verwüsteten Landes brachte er es in die Höhe, weil er Ackerbau und Handel stützte, weil er die Erfahrungen seiner Jugend zum Wohle seines Kurfürstentums und dessen Bewohnern anwandte.

Friedrich Wilhelm der Große Kurfürst.

Der Aufenthalt in den Niederlanden zeigte ihm, wie ein kleiner Staat durch Handel und Schiffahrt, die Quellen allgemeinen Wohlstandes, sich zu Macht und Reichtum emporringen kann. Dem klaren Verstande des Großen

Kurfürsten mußte auch die Nutzanwendung dieser Erfahrung gelingen, trotz des Neides und trotz der ungetreuen Bundesgenossen, die jene verheißungsvolle und machtvolle Entwicklung des Kurfürstentums Brandenburg mit scheelen Augen sahen.

„Der gewisseste Reichthumb und das Aufnehmen eines Landes kommen von dem Commercium her; Seefahrt und Handlung sind die fürnehmsten Säulen eines Estats, wodurch die Unterthanen, beides zu Wasser, als auch durch die Manufakturen zu Lande ihre Nahrung und Unterhalt erlangen"

schrieb der Große Kurfürst in einem Erlaß. Diese Worte waren seine Richtschnur bei der Verwaltung des Staates.

Schon während der letzten Kriegsjahre des Dreißigjährigen Krieges trug sich der Kurfürst mit dem Gedanken, eine brandenburgisch-ostindische Kompagnie zu gründen. Seine vielfachen Bemühungen um dies weitsichtige Unternehmen scheiterten an der Verschlechterung der politischen Lage, die ihm nicht die erhoffte Gebietserweiterung an der Ostsee brachte, und an der Kurzsichtigkeit der damaligen Handelskreise in den alten Seestädten Hamburg, Bremen, Lübeck, Königsberg, die sich nicht bereit finden konnten, durch Geldbeiträge das notwendige Gründungskapital zusammenzubringen.

Erst nach 1675, nach der Schlacht von Fehrbellin, konnte der Große Kurfürst den Gedanken der Seegeltung Brandenburgs wieder aufnehmen. Der siegreiche Verlauf des Krieges gegen Schweden ermutigte ihn trotz des Mangels einer eigenen Marine, den er bitter empfand, das alte Ziel, die Eroberung und Einverleibung Rügens und Pommerns, zu verwirklichen.

Benjamin Raule.
Nach seinem in Kiel befindlichen Standbild.

Benjamin Raule, ein kühner, unternehmungsfroher niederländischer Schiffsreeder, erbot sich damals, auf eigene Kosten eine Anzahl Kriegsschiffe gegen die schwedischen Handelsschiffe auszuschicken, wenn ihm der Kurfürst Schutz gewähre und ihm Kaperbriefe erteile. Dem Kurfürsten kam der Vorschlag Raules sehr gelegen, dieser hatte dann binnen kurzer Zeit die Ostsee vollständig von schwedischen Schiffen gesäubert, und keines wagte mehr die heimischen Häfen zu verlassen. Dadurch wurde den Schweden der empfindlichste Abbruch getan. Fast schien es, als ob sich alles gegen den Kurfürsten und seine Bestrebungen auf Seegeltung verschworen hätte. Raule ließ bei seinem Vorgehen nicht die nötige Vorsicht walten; so brachte er unter den zahlreichen Prisen auch holländische Güter auf, die unter schwedischer Flagge fuhren. Die Fortnahme dieser Schiffe verursachte in den Niederlanden nicht geringe Aufregung. Die Generalstaaten waren nur bereit, die Feindseligkeiten gegen Schweden mit fortzusetzen, wenn ihr eigener freier Handel zur See nicht gestört werde. Friedrich Wilhelm der Große Kurfürst mußte deshalb aus politischen Rücksichten, um nicht den Bundesgenossen zu verlieren, die eroberten Prisen herausgeben.

Nach der Schlacht bei Fehrbellin konnte Raule mit drei Fregatten, ‚Kurprinz', ‚Berlin' und ‚Potsdam', auslaufen. Zu diesen gehörten noch zwei kleinere Schiffe, ‚Bielefeld' und ‚Buller', und zu ihnen stießen noch drei Fregatten, die von der holländischen Admiralität gemietet waren. Kurbrandenburgs Flagge wehte am Mast dieser Schiffe, und wenn sie auch nur für drei Monate gemietet waren, entfaltete der rote Adler im weißen Feld nicht minder stolz seine Schwingen am Mast der Schiffe über den Wellen des Meeres, um zu zeigen, daß auch ihm ein Anteil am Meere gehöre.

Glückverheißend waren die Anfangserfolge jedoch noch nicht. Die schwedische Festung Karlsburg an der Weser eroberte die Flotte nicht. Vielmehr kehrten die Brandenburger unter Verlusten heim, und der hereinbrechende Winter machte den Feindseligkeiten ein vorläufiges Ende.

Seeschlacht bei Bornholm. Eroberung des ‚Leopard'.
Von Professor Hans Petersen.

Im Jahre 1676 erneuerte der Kurfürst seinen Vertrag mit Raule, dem er die Aufgabe stellte, die Küsten Mecklenburgs und Pommerns zu blockieren, auch sollte er mit Hilfe der verbündeten dänischen Flotte Schweden angreifen.

Kurbrandenburgs junge Kriegsflagge wehte in Ehren. Eine Reihe Schiffe, die Kriegskonterbande führten, brachte sie auf. Doch erhielt sie in der Seeschlacht bei Bornholm am 5. Juni 1676 die Feuertaufe, denn die Dänen unter Admiral Niels Juel schlugen die Schweden. Große Freude bereitete in Kurbrandenburg die Kunde, daß die Brandenburger Flotte unter Raule von den Schweden einen Brander von acht Geschützen und eine Fregatte von zweiundzwanzig Kanonen erobert hatte.

Neidvoll sahen die übrigen Seestaaten die Kriegserfolge der jungen Seemacht sich mehren. Dazu ergaben die erbeuteten Schiffe eine willkommene Verstärkung der heimischen Flotte, und die eroberten Prisen deckten die notwendigen Auslagen dieses Seezuges.

Kurfürstlich Brandenburgische Werft und Magazin in Emden.

Für das Jahr 1677 erneuerte der Kurfürst abermals seinen Vertrag mit Raule, der für die Summe von 27000 Talern und die Hälfte des Prisengewinnes auf vier Monate wiederum fünf Schiffe stellte, die sechsundsiebzig Geschütze und dreihundertfünfzig Mann Besatzung zählten. Ferner reihte Raule noch sechs Kaperschiffe mit sechsunddreißig Kanonen und einer Besatzung von hundertvierundachtzig Mann der Flotte ein, zu der außer den im Vorjahre eroberten beiden schwedischen Schiffen der Kurfürst noch vier eigene Schiffe mit siebenundfünfzig Kanonen und einer Schiffsbesatzung von über dreihundert Mann entsandte. Diese Flotte bildete eine nicht zu unterschätzende Macht.

Neben einer erfolgreichen Überwachung der pommerschen Küste führten die Schiffe größere Streifzüge durch das ganze Gebiet der Ostsee aus. Stettin wurde vom Meere abgeschnitten und die Schweden bei Rostock und bei Falsterboe von der Dänenflotte mächtig aufs Haupt geschlagen, so daß sie sich nicht länger auf der See hielt. Stettin fiel. Nun blieb als die letzte und schwerste Aufgabe, um einen vollen Erfolg zu erringen, die Vertreibung der Schweden von Rügen. Auch dies Werk gelang. Unter der tätigen Mitwirkung von Raule und der Dänen unter Führung des Admirals Niels Juel war im Herbst des Jahres 1678 die Aufgabe gelöst worden. Allein die Früchte des Feldzuges sollten dem energischen Kurfürsten nicht reifen. Trotz der

Besitzergreifung der Odermündung mußte Friedrich Wilhelm im Frieden zu St. Germain an Schweden die eroberten Gebiete zurückgeben, weil deutsche Fürsten, neidisch auf die Entwicklung des Kurfürstentums, dies zugaben. „Aus meinen Gebeinen wird ein Rächer erstehen," rief prophetischen Auges der Kurfürst, und er sollte recht behalten.

Trotz des Unglücks in politischer Beziehung verlor Friedrich Wilhelm den Gedanken an die Entwicklung der Seegeltung seines Landes nicht aus dem Auge. Zur Hebung der Schiffahrt schuf er ein Marinekollegium. Mit den acht gemieteten und vier eigenen größeren Fahrzeugen zählte die brandenburgische Marine nun zwölf Kriegsschiffe, die beständig seebereit lagen. Sie standen unter Raule, der die brandenburgischen Seekriegsartikel auch für seine Schiffe anerkannte und einführte. —

Im Seezuge gegen Spanien bewährte sich die Flotte zum ersten Mal. Im Jahre 1674 verpflichtete sich Spanien, dem Kurfürsten Unterhaltungsgelder für eine Truppenmacht zu zahlen, die er gegen Frankreich im Felde hielt. Da Spanien sich später weigerte, dem Vertrage nachzukommen, und alle Verhandlungen ohne Erfolg blieben, sandte der Kurfürst am 14. August 1680 von Pillau seine Flotte gegen Spanien aus.

Unter dem roten Adler im weißen Felde fuhren sieben Schiffe mit hundertundfünfundsechzig Geschützen und fünfhundertzwanzig Seeleuten aus, um die Schuld einzutreiben.

Wirklich fiel den Brandenburgern ein reichbeladenes Fahrzeug, der ‚Carolus II.', in die Hände, doch damit war des Kurfürsten Forderung nicht gedeckt. Deswegen sandte er im nächsten Jahre abermals ein Geschwader aus. Der Befehlshaber hieß Kapitän Aldersen. Zunächst segelte dieses Geschwader nach Westindien, um die spanische Silberflotte zu erwischen; leider entkam diese den Brandenburgern, aber einige wertvolle Prisen fielen Aldersen doch in die Hände. Jetzt fuhr er schnell nach der spanischen Küste, um die Silberflotte noch einzuholen.

Spanien hatte bereits von seinem Plane Kenntnis und sandte ihm vierzehn Kriegsschiffe entgegen. Am 30. September 1681 trafen sich beide Geschwader bei Kap St. Vincent. Aldersen hielt die Spanier irrtümlich für die Silberflotte und griff sie kühn an. Natürlich erkannte er bald seinen Irrtum, floh aber nicht, sondern kämpfte mit größter Tapferkeit zwei Stunden lang mit dem mächtigen Feinde. Dann brach er das Gefecht ab und zog sich in voller Ordnung zurück. Die Spanier aber wagten nicht zu folgen, sie hatten Furcht bekommen. Aldersens fünf Fahrzeuge waren wohl mächtig zerschossen, aber sie blieben doch alle kampffähig, die Spanier hingegen büßten zwei Schiffe ein.

Der einfache erste Bericht des Flottenführers an den Kurfürsten sei hier wiedergegeben:

„Ich berichte hiermit in aller Hast, daß wir vor drei Tagen ein scharfes Rencontre gehabt haben, als wir die spanische Armada, die aus Galicien[21] kam, angetroffen, und da wir meinten, daß es die Galionen wären, haben wir sie mit unseren vier Schiffen angegriffen. Die spanische Armada bestand aus 12 großen Kriegsschiffen und 2 Brandern, doch als ich ihre Übermacht gewahr wurde, suchte ich mich mit meinen vier Fregatten wegzumanövrieren, so daß wir nach einem zweistündigen Gefechte auseinanderkamen. Ich bin dann glücklich mit meinen Fregatten wieder in Lagos eingelaufen, um in wenigen Tagen wieder in See zu gehen. Ich habe in allem zehn Mann an Toten und dreißig Verwundete. Geschrieben auf dem Schiff ‚Friedrich Wilhelm' den 2. Oktober 1681.

gez. Thomas Aldersen."

Inzwischen langte die Silberflotte glücklich in Spanien an; wenn auch dadurch der Zweck der brandenburgischen Flottenfahrt nicht erreicht wurde, so mehrte doch das wiederholte Erscheinen gut ausgerüsteter brandenburgischer Kriegsschiffe im Atlantischen Ozean das Ansehen des Großen Kurfürsten. —

Nach dem Frieden von St. Germain trat Friedrich Wilhelm den von Raule unterbreiteten Vorschlägen der Gründung einer Afrikanischen Handelsgesellschaft näher.

Wiederum mußte der Fürst die Erfahrung machen, daß er bei den zaghaften Kaufleuten seines Landes keine Unterstützung seiner auf das Wohl des Handelsstandes und des Volkes bedachten Pläne fand. Einigen unternehmenden holländischen Kaufleuten, die seine Untertanen wurden und zwei Schiffe, den ‚Morian' und das ‚Wappen von Brandenburg', nach der Küste von Guinea entsandten, gestattete er die Führung der brandenburgischen Flagge, gab ihnen Geschütze mit kurfürstlichem Wappen und zwanzig brandenburgische Soldaten.

Diese beiden Fahrzeuge machten im Herbst des Jahres 1680 unter dem Befehle eines Kapitäns Blonck ihre Reise und gelangten am Ende des Jahres glücklich am Orte ihrer Bestimmung, bei Axim in der Nähe des Kaps der drei Spitzen, an der Guineaküste an.

Besitzergreifung der Guineaküste durch die Schiffe Morian und Kurprinz.
Von Professor Hans Petersen.

Der Handel ging gut, die Neger stellten sich freundlich, und Blonck schloß mit drei Häuptlingen einen Vertrag, der bestimmte, für die Zukunft nur mit brandenburgischen Schiffen zu handeln.

Im März des Jahres 1682 ging die Gründung der Gesellschaft vor sich. Wiederum schickte der Kurfürst zwei Schiffe ‚Morian' und ‚Kurprinz' unter den Kapitänen Voß und Blonck hinaus; die Leitung des Unternehmens lag in den Händen des Kammerherrn Major von der Gröben.

Der Gewandtheit des vielgereisten Herrn von der Gröben gelang es, trotz des Widerstandes der Holländer, die die ganze Goldküste beanspruchten, zum gewünschten Erfolg zu kommen. An den Küsten von Guinea und Angola schloß er Verträge mit Negerfürsten ab und machte Erwerbungen. Im Jahre 1683 erstand an dem Vorgebirge der drei Spitzen die Feste ‚Groß-Friedrichsburg'. Somit schien das Unternehmen zum Ärger der Holländer einen guten Fortgang zu nehmen, da stellten sich verschiedene Widerwärtigkeiten ein. Fast die ganze Besatzung des Forts erkrankte am Klimafieber, und zugleich kam die Nachricht, daß mehrere tausend Neger in feindseliger Absicht heranrückten. Aber Gröben verlor den Mut nicht. Es wurden schnell fünfzig Matrosen ausgeschifft, und mit dieser kleinen

Streitmacht, sowie mit zweihundert getreuen Schwarzen erwartete er den übermächtigen Feind in der halboffenen Festung.

Als die Negerbande den Berg hinanstürmte, ließ Gröben sie dicht herankommen, dann schoß er mit Granaten dazwischen. Das half! Voller Entsetzen stürzte die Masse davon; der Krieg war aus.

Die Entwicklung der Afrikanischen Gesellschaft ging nicht so vor sich, wie der Kurfürst es erhoffte; die ausgesandten Schiffe brachten nur wenige Erträge, und die Kolonien verlangten fortwährend Zuschüsse. Dazu waren einzelne der Verwalter Betrüger, die nur ihren Vorteil wahrnahmen. Und doch verfolgte Friedrich Wilhelm seinen Lieblingsplan weiter, bis ihm der Tod ein Halt gebot. —

Unter seinem Nachfolger verlor Brandenburg seine Kolonien, deren Untergang bedingt war durch den engherzigen Geist jener Zeit, die für große nationale Aufgaben, wie sie dem Großen Kurfürsten bei seinen Gründungen vorgeschwebt hatten, kein Verständnis mehr besaß; auch fehlte der Wille, sie durch eine leistungsfähige Flotte zu unterstützen.

Zweiter Teil.

Die Geschichte der deutschen Flotte — ein kurzer Überblick.

Als in den Tagen der Hanse Lübecks Flagge meergebietend drei Jahrhunderte in den nordischen Meeren wehte, da pulsierte in den hansischen Städten der Geist der Seefahrer. Aber mit dem Verschwinden der Hanse war auch der Gedanke an eine Flotte hinweggerauscht, bis der umsichtige und tatkräftige Große Kurfürst Friedrich Wilhelm in seinen Kriegen mit Schweden den Wert einer Flotte erkannte. Von seinen für das Kurfürstentum so nützlichen Bestrebungen, auch zur See Geltung zu bekommen, war in den vorhergehenden Abschnitten schon die Rede.

Die Nachfolger des Großen Kurfürsten verwendeten alle Mittel auf das Landheer, die kleine Flotte verfiel. Am 13. August 1720 wurde unter Friedrich Wilhelm I. eine Abtretungsurkunde der Forts von Groß-Friedrichsburg, Akkoda und Arguin unterzeichnet. 6000 Dukaten zahlten die Holländer als Kaufpreis.

Der kriegstüchtige Alte Fritz hat mehrfach bei seinen Kriegsoperationen den Mangel einer Flotte empfunden. Er half sich, so gut er konnte. Einmal stellte die Stettiner Kaufmannschaft einige bewaffnete Schiffe gegen die Schweden zur Verfügung. Es waren dies kleine Küstenschiffe, die, schnell mit Kanonen ausgerüstet, zu Kriegsfahrzeugen wurden, jedoch gegen die Schweden nichts ausrichteten. In der Zeit der kriegerischen Wirrnisse am Beginn des 19. Jahrhunderts fehlte jegliche Flottenrüstung in Deutschland; wohl versuchten einige Generale, nach der Schlacht bei Jena einige Schiffe zu einer kleinen Flotte zu vereinigen, auch arbeitete der nachmalige Kriegsminister von Rauch in der Zeit von Preußens Wiedergeburt eine umfangreiche Denkschrift aus, in der er die Notwendigkeit einer Flotte im Frischen Haff nachwies und neunzehn Fahrzeuge mit viertausend Mann Besatzung forderte. Leider stand dieser erste Flottenplan nur auf dem Papier, er blieb unausgeführt. Nach dem Friedensschluß im Jahre 1815 erhielt Preußen Schwedisch-Vorpommern und damit auch sechs kleine schwedische Kanonenschaluppen, welche die Anregung zum Bau einer kleinen Kriegsflotte gaben. Man blieb bescheiden. Major Longé arbeitete im Jahre 1820 einen neuen Flottengründungsplan aus, der achtzig Fahrzeuge mit viertausenddreihundert Mann Besatzung vorsah. Nur ein Kriegsfahrzeug wurde bewilligt. Im Jahre 1823 besaß Preußen acht Fahrzeuge, von denen fünf mit Geschützen versehen waren. Jedoch vermehrte sich der Widerstand gegen eine Flotte, und auch die im Jahre 1835 gepflogenen Unterhandlungen einer Küstenverteidigungskommission führten zu keinem Erfolg. Das Ministerium lehnte die Gelder rundweg ab, und jede Aussicht auf eine Rüstung zur See war erloschen. Kurzsichtig und kleinlich war die Zeit.

Die erste deutsche Flottille auf der Elbe, August 1848.

Das Jahr 1848 kam. „Schleswig-Holstein, meerumschlungen!“ brauste es durch die Lande, und in jenen Tagen, in denen das Volk um seine politische Freiheit rang, weitete sich auch der Gesichtskreis. Dänemarks kleine Flotte brachte den Deutschen das Gefühl ihrer Ohnmacht zur See bei. „Wir brauchen eine Flotte!“ war die Losung, und das Frankfurter Nationalparlament beschloß nahezu einstimmig, für die Schaffung einer Flotte 18 Millionen Mark zu bewilligen. Die Gelder sollten die einzelnen Bundesregierungen aufbringen. Auch diesmal blieb es bei dem Plane, wenn nicht das deutsche Volk eingriff. Die glühende Begeisterung des Volkes suchte zu erreichen, was den staatlichen Organen abging. Vereine und Komitees bildeten sich; bei festlichen Veranstaltungen wurde Geld gesammelt für den Bau einer Flotte. An verschiedenen Orten kam ein Anfang zustande. Am schnellsten war Hamburg bereit, denn sein Handel wurde durch die dänischen Übergriffe unmittelbar betroffen. Die Reeder des dortigen Flottenvereins sorgten für die Armierung der Schiffe. Godefroy und Sloman übergaben dem Senat drei große Segelschiffe, die zu Kriegsschiffen ausgerüstet wurden. So hat sich das deutsche Volk die Anfänge seiner Flotte selbst geschaffen. Prinz Adalbert von Preußen, der Vorsitzende der damaligen technischen Marinekommission, arbeitete eine Denkschrift aus, die zwanzig Linienschiffe, zehn Fregatten, dreißig Dampfer, vierzig Kanonenboote, achtzig Kanonenschaluppen und eine Besatzung von achtzehntausend Mann forderte. Der Hauptstützpunkt dieser Flottenmacht sollte Kiel werden. Wieder wurde der scharfumrissene Plan nicht ausgeführt. Nur 2 Millionen Gulden konnte der Bund flüssig machen; endlich trugen fünf Fahrzeuge die deutsche Flagge; daß es der kleinen Flotte an Mannschaften nicht fehlte, war eine Folge der Begeisterung der deutschen

Jugend. Kriegsmutig zeigte sich die junge deutsche Flotte. Als im Juli 1850 der Friede mit Dänemark kam, da versiegte auch die Flottenbegeisterung. Im Jahre 1852 wurde von der Bundesversammlung die Auflösung der Bundesflotte verfügt. Zwei Fahrzeuge erhielt Preußen als Ersatz für die geleisteten Beiträge, den Rest versteigerte der oldenburgische Staatsrat Hannibal Fischer öffentlich meistbietend. Preußens Finanzminister hatte es abgelehnt, die Gelder für den Ankauf dieser Schiffe flüssig zu machen, und so hatte damals die erste deutsche Flotte, mit Begeisterung ins Leben gerufen, ein unrühmliches Ende gefunden.

Gefecht zwischen deutschen und dänischen Schiffen bei Helgoland.
Von Professor Hans Petersen.

Prinz Adalbert von Preußen.

„Das Band ist zerschnitten, war schwarz, rot und gold!“ so klang es durch die Lande; wohl wurde an den Grenzen Deutschlands viel über diesen unrühmlichen Ausgang gelacht, aber der Flottengedanke blieb lebendig.

Mit der Auflösung der Bundesflotte hatte das preußische Marinewesen eine größere Selbständigkeit erlangt. Zu den vom Reiche erworbenen Schiffen kamen einige Neubauten. Im Jahre 1853 wurde eine eigene Admiralität mit dem Prinzen Adalbert von Preußen an der Spitze geschaffen. Die Entwicklung des Marinewesens war jetzt frei und erfolgreich von Stufe zu Stufe; allerdings ging der Fortschritt nur langsam. Im Jahre 1854 forderte Prinz Adalbert in einer Denkschrift dreiundsechzig Kriegsfahrzeuge, er erhielt sie aber nicht. Dafür aber ging man an den Bau von Werften; durch den Vertrag mit Oldenburg kam Preußen in den Besitz von Wilhelmshaven. Freudig hat Prinz Adalbert für den Marinegedanken gearbeitet, und vieles von dem, was er geschaffen hatte, dient noch heute als Grundlage. Preußen fiel nach der Auflösung der Bundesflotte die Aufgabe zu, die deutschen Interessen im Auslande zu vertreten. An der Stelle der schwarz-rot-goldenen Fahne flog die preußische Kriegsflagge über die Ozeane, überall mit Achtung begrüßt. Die Berichte der preußischen Vertreter im Auslande weisen darauf hin, daß die Sache der Landsleute durch die Zeigung der Flagge eine wirksame Unterstützung erfahren habe. In den nachfolgenden Kapiteln wird noch von namhaften Taten der jungen preußischen Kriegsmarine die Rede sein. Im Jahre 1864, am Beginne des Krieges mit Dänemark, zählte Preußens Kriegsflotte siebzig Fahrzeuge, die aber nur einen kleinen Tonnengehalt hatten und dazu schwach armiert waren. Im Seegefecht von Jasmund, im Treffen bei Helgoland, bei den Gefechten im Wattenmeer hat sich die preußische Marine mit Tapferkeit geschlagen, einen entscheidenden Einfluß auf den Gang der Kriegsereignisse jedoch noch nicht gehabt. Die Erfahrungen im dänischen Kriege haben Moltkes Anschauungen von der schwachen Flotte recht gegeben, und im Jahre 1865 forderte die preußische Regierung 105 Millionen Mark sofort, sowie 15 Millionen Mark jährlich, um eine Flotte von vierundvierzig leistungsfähigen Fahrzeugen zu besitzen. An Leuten, die der Regierung die Mittel vorenthalten wollten, fehlte es nicht. Jedoch Bismarck setzte ohne Einwilligung des Landtages den Ausbau fort. Im Kriege von 1866 bot sich für die Flotte keine Gelegenheit, sich hervorzutun.

Kampf brandenburgischer und spanischer Schiffe bei St. Vincent.
Von Professor Hans Petersen.

Nachdem der Norddeutsche Bund begründet war, ging die preußische Flotte an diesen über. Am 1. Oktober 1867 wurde auf den Schiffen die preußische Flagge niedergeholt und durch die schwarz-weiß-rote Flagge ersetzt. Der neue Reichstag zeigte ein größeres Verständnis für die Flotte und stimmte damit auch einem Projekte zu, das 30 Millionen Mark erforderte. Sechzehn Panzerschiffe, zweiundzwanzig Kanonenboote, dreißig Korvetten für das Ausland und eine Anzahl kleinerer Schiffe sollte die Flotte umfassen. Beim Ausbruch des Krieges mit Frankreich zählte sie fünf Panzerschiffe, neun Korvetten, zweiundzwanzig Kanonenboote und einige kleinere Schiffe. Im Kriege selbst konnten nur drei Schlachtschiffe verwendet werden. Die kleineren deutschen Fahrzeuge legten dennoch gegenüber dem übermächtigen französischen Gegner große Unerschrockenheit an den Tag. In bedeutende Entscheidungen aber brauchte die Flotte nicht einzugreifen.

Deutschlands beispiellose Entwicklung setzte ein. Wirtschaftlich dehnte und reckte sich das Land. Mit den Erfolgen der deutschen Industrie wuchs auch die Notwendigkeit des Ausbaues der deutschen Flotte. Die schwarz-weiß-rote Handelsflagge zeigte sich allüberall und mehr und mehr in den Welthäfen. Die Tätigkeit des Kaufmanns, die Rührigkeit der Industriellen bedingte, daß nicht nur ein starkes Heer, sondern auch eine ausreichende Flotte zur Wacht und zum Schutze der deutschen überseeischen Handelsinteressen bereit sei.

Die Lehre des Krieges von 1870 blieb nicht ungenutzt: man begriff, trotz der enormen Erfolge des Landheeres, welchen Einfluß die unbehinderte Freiheit des französischen Seeverkehrs auf die Entwicklung der Ereignisse ausgeübt hatte.

Als für den Prinzen Adalbert die Zeit der Erfüllung seiner langersehnten Wünsche nahte, da setzte am 6. Juni 1873 ein Lungenschlag seinem für die Marine so tätigen Leben ein plötzliches Ende. General von Stosch wurde zum Chef der Admiralität ernannt. Er stand bis zum 20. März 1884 an der Spitze der Marineverwaltung. Mit aufrichtiger Bewunderung haben seine Untergebenen zu ihm aufgeschaut, denn er war eine in sich gefestigte Persönlichkeit, die mit eisernem Fleiß und unbeugsamen Willen für die Entwicklung der Marine sich betätigte. Sein Name ist verknüpft mit dem ersten auch wirklich durchgeführten Flottengründungsplan vom 21. April 1873 und mit der am 1. Juli 1883 erschienenen Denkschrift über die Durchführung dieses Planes. Der erste systematische Ausbau der deutschen Flotte begann: sie sollte dem Schutze des Handels, der Verteidigung der Küste und der Entwicklung des Offensivvermögens dienen. In der späteren Behandlung legte General von Stosch den Schwerpunkt mehr auf die Küstenverteidigung, weil das angriffsweise Vorgehen sich auf kleinere Seemächte beschränke, die Entscheidung im Kriege immer beim Landheere liege, und eine gewonnene Seeschlacht höchstens den Ausgangspunkt für weitere Unternehmungen bilde. Diesen Voraussetzungen entsprach der Schiffbau der Periode Stosch.

Neben den Schiffen umfaßte der Plan die personelle Entwicklung, den Ausbau der Werften, Häfen und sonstigen Landanlagen.

Bei der kurzen Erörterung dieses Flottenplanes im Reichstag faßte dieser aus seiner Mitte eine Entschließung, daß die vorhandene Voraussicht des Baues einer größeren Anzahl von Kriegsschiffen die deutsche Schiffbauindustrie stärke, um Deutschlands Wehrmacht zur See vom Ausland unabhängig zu machen. Der Reichstag wünschte diese ‚eigentlich selbstverständliche' Entschließung, damit die deutschen Werften sich auf ihre Aufgabe vorbereiteten. Stosch erblickte in seinem Plan nur die allgemeinen Richtungslinien für seine Tätigkeit an der Spitze der Marineverwaltung. Von der Festlegung der technischen Einzelheiten sah er ausdrücklich ab.

Mit dem Schiffbau ging die Entwicklung der Werften Hand in Hand. Die kleineren Werke in Stralsund und Geestemünde wurden aufgegeben, der Ausbau von Wilhelmshaven kräftig gefördert, und schon unter Stosch wurde mit dem Bau einer zweiten Einfahrt daselbst der Anfang gemacht. Die Werft in Kiel wurde erweitert. Kasernen und Lazarette, Depots, sowie andere Bauten verschiedener Art schlossen sich an. Die Ausbildung der Offiziere wurde verbessert, den Mannschaften durch die Vierjährig-Freiwilligen aus der Landbevölkerung ein neuer Ersatz zugeführt, und für einen guten Unteroffiziersersatz durch Förderung des Schiffsjungeninstituts vorgesorgt. Noch einem anderen wichtigen Institut, der deutschen Seewarte in Hamburg, an deren Spitze der Chef der Admiralität in der Person Neumayers einen überaus verdienten Gelehrten stellte, hat Stosch während seiner ganzen Amtsführung eine weitgehende Förderung zuteil werden lassen. Als Stosch nach zehn Jahren aus seinem Amte schied, konnte er mit Befriedigung auf die getane Arbeit zurückblicken. Als Beweis dafür sei eine Stelle aus dem Hamburgischen Exporthandbuch hier wiedergegeben: „Als die deutsche Reichsflagge stolz an der Gaffel deutscher Kriegsschiffe wehte, die junge Reichsflotte mehr und mehr sich vergrößerte, da schlug man im Auslande den Deutschen gegenüber einen anderen Ton an, man hatte Respekt vor Deutschland bekommen." Die Marine war bereit für die militärischen Anforderungen, die im Kriegsfall nach den damaligen Voraussetzungen an sie herangetreten wären. Auch dem Verlangen des Reichstages war die Marineverwaltung gefolgt, denn abgesehen von dem Aviso ‚Zieten' waren alle Schiffe auf deutschen Werften gebaut worden. Auch das Panzerplattenmaterial bezog man von deutschen Werken, die Geschütze lieferte Krupp. Im Jahre 1883 kam zur geringen Freude des Seeoffizierkorps wieder ein General von der Armee, der General von Caprivi, der spätere Reichskanzler, als Nachfolger von Stosch an die Spitze der Marine. Bei Stoschs Eintritt konnte noch kein Seeoffizier auf den hohen Posten Anspruch machen; als Caprivi kam, durfte dieser Grundsatz nicht mehr gelten. Während der Amtsführung Caprivis wurde besonders der Bau der Torpedoboote bevorzugt. In die Ziele des Kriegsschiffsbaues kam dadurch eine tiefgreifende Unsicherheit hinein; selbst England sah damals für einige Zeit davon ab, große Schlachtschiffe auf Stapel zu legen.

Der Bau der Torpedoboote wurde kräftig gefördert. Nur einige Musterboote kamen aus England. Der deutsche Schiffbau bemächtigte sich bald dieser Spezialität, und seine guten Leistungen erwirkten, daß die fremden Marinen zahlreiche Bestellungen der Werft von Schichau in Elbing beziehungsweise dem Stettiner ‚Vulkan' zukommen ließen. Die Herstellung der Torpedos nahm Caprivi in eigene Verwaltung. Die Torpedowerkstatt in Friedrichsort, deren Entwicklung in dieser Zeit geschah, gelangte bald dahin, Torpedos in allen ihren Teilen zu erbauen und technisch immer weiter zu vervollkommnen, ohne dabei in irgendeiner Weise von der Privatindustrie abhängig zu sein. Die Küstenverteidigung durch Minen und Festungen wurde nicht vergessen. Das Kriegsministerium übergab die Befestigungen an der Elbe- und Wesermündung der Marine, die nun von der Mitwirkung der Armeebehörden nicht mehr abhängig war.

Linienschiffe wurden in der Zeit Caprivis nicht gebaut. An dem planmäßigen Ersatzbau von Kreuzern und Kanonenbooten wurde nichts geändert. Auch in anderer Richtung nahm die Marine unter Caprivi eine gute Entwicklung. Durch die Schaffung der Reservedivisionen wurde dafür gesorgt, daß auf einem ständig im Dienst gehaltenen Panzerschiff ein Stamm von Offizieren und Unteroffizieren derart in der Handhabung dieser schwierigen Kriegsmaschinen in Übung blieb, daß selbst auf unvorhergesehenen Befehl die Panzerdivision unbedenklich in See gehen konnte. Seemannschaft und kühne Entschlußfähigkeit lernten Offiziere und Mannschaften auf den Torpedobooten.

Admiral Friedrich von Hollmann.

Als Kaiser Wilhelm II., der schon als jugendlicher Prinz tiefes Verständnis und warmherziges Interesse der Marine entgegenbrachte, den Thron bestieg, war Caprivis Amtsführung zu Ende. Der neue, dem Seeoffizierkorps entnommene Chef der Admiralität holte eine lang versäumte Maßnahme, den Bau von Linienschiffen, nach.

Man macht oft Caprivi zum Vorwurf, daß er fünf Jahre lang keine Panzerschiffe baute. Ihren militärischen Wert schätzte er, wie die aus seiner Zeit herrührenden Denkschriften beweisen, vollkommen richtig ein. Dieser Vorwurf ist daher unbegründet. Die Flottenlisten der fremden Nationen England und Frankreich weisen in der Zeitperiode des Auftretens der Torpedowaffe fast gar keine Linienschiffbauten auf. Die anderen unter den heutigen Seemächten kamen für jene Zeit überhaupt noch nicht in Betracht. Der Bau der neuen Linienschiffe wurde energisch gefördert. Im Jahre 1893 und 1894 traten sie in das aktive Geschwader ein.

Eine andere bedeutungsvolle Maßnahme hob die geschaffene einheitliche Admiralität auf. Neben ein rein militärisch gegliedertes Oberkommando kam das Reichsmarineamt, dessen Chef als Vertreter des Reichskanzlers den Etat der Marine vor dem Reichstag und die Verwaltungsangelegenheiten als Chef der Verwaltung den militärischen Marinebehörden gegenüber vertreten mußte. Im Jahre 1890 kam an die Spitze dieser Behörde der Admiral Hollmann.

Der erste Gegenstand, der in seiner Amtstätigkeit in der Öffentlichkeit viel erörtert wurde und die Flotte vorübergehend in den Hintergrund treten ließ, war die Erwerbung und militärische Befestigung der Insel Helgoland und die Eröffnung des Kaiser-Wilhelm-Kanals.

Die bedeutsame Entwicklung unseres deutschen Vaterlandes nahm ihren Fortgang. Die starke Bevölkerungszunahme nötigte dazu, den Schwerpunkt deutschen Erwerbslebens von der Landwirtschaft in die Industrie zu verlegen. In immer erweitertem Maße steigerte sich die Einfuhr überseeischer Rohstoffe, die eine ungeahnte Ausdehnung unseres Seehandels bedingten. Wir wurden Mitbewerber, wo man uns bisher kaum beachtet hatte. Allgemeine Zustimmung fanden die Kaiserworte: „Unsere Zukunft liegt auf dem Wasser," und „Bitter not ist uns eine starke Flotte!"

Eine schwere Aufgabe, im deutschen Volke breiten Schichten diese Wahrheiten begreiflich zu machen! Wir waren berechtigt, auf dem Weltmarkt mit gleichen Ansprüchen wie die übrigen Völker aufzutreten, wir mußten mit ihnen Weltpolitik treiben.

Die Aufgabe wurde gelöst; heute erkennt das deutsche Volk, daß eine starke Flotte ihm Freiheit und eine ungehinderte Entfaltung im Welthandel gewährleistet. Seit 1897 ist Staatssekretär Tirpitz der umsichtige Leiter des Marineamtes. Seine Maßnahmen, einen einheitlichen militärischen Organisationsplan über Ausbau und Indiensthaltung zu schaffen, welche trotz Änderungen, die durch den Wandel der Zeit bedingt sind, ein festes Grundgepräge aufweisen, fanden die Zustimmung der gesetzgebenden Faktoren.

Ende März 1898 kam nach mühseligen Verhandlungen der Grundplan, das erste große Flottengesetz, zur Annahme. Die notwendigen erforderlichen Erweiterungen des Grundplanes brachten die Flottennovellen von 1900, 1906 und 1911.

Das deutsche Volk hat jetzt die Gewähr, daß seine Marine den Anforderungen, die an sie herantreten können, gewachsen ist. Ein großer Fehler wäre es, das Gesetz aufzuheben, das eine weitblickende Regierung schuf. Schwere Lasten brachten die Flottengesetze dem Volke, jedoch muß unsere Generation sie tragen, um der künftigen die Ellbogenfreiheit auf der See und damit im Welthandel und Weltverkehr zu sichern: „Deutschlands Zukunft liegt auf dem Wasser!" und Deutschlands Flagge soll in Ehren wehen!

Der Tag von Eckernförde.

(5. April 1849.)

Als die Schleswig-Holsteiner für ihre Freiheit im Kampfe gegen Dänemark standen, schickte ihnen der Deutsche Bund Truppenunterstützungen, die im Jahre 1849 unter dem Oberbefehl des Herzogs von Koburg-Gotha standen. —

Es war am Abend des 4. April. Der Tischler Kalissen hatte von einem schwankenden Gerüst oben an der Spitze des Gettorfer Kirchturms Ausschau gehalten und die Ankunft eines starken dänischen Geschwaders angezeigt, das einen Angriff auf Eckernförde zu planen schien. Sofort rüsteten die vorhandenen Streitkräfte sich zur Gegenwehr; die geringe Infanterie mußte den Strand besetzen, und die Küstenartillerie zwei kleine Schanzen, die schon im Jahre 1848 zum Schutz des Hafens errichtet worden waren. Die Nordbatterie führte sechs Geschütze und ihr gegenüber die Südbatterie nur vier eiserne Kanonen. Für beide standen zur Bedienung unter Hauptmann Jungmann vier Unteroffiziere und zweiundsiebzig Artilleristen, durchweg Rekruten, bereit. Eine nassauische Feldbatterie wurde aufgefahren, um einen etwa beabsichtigten Landungsversuch der Dänen mit zu verhindern. Daß diese kleine Schar vor den nahenden Kriegsschiffen mit ihrer viel größeren Geschützstärke nicht einen Augenblick zitterte, war das Verdienst des heldenmütigen Jungmann, der erst kurz vorher aus der Türkei, wo er die starke Artillerie am Bosporus befehligte, zurückgekehrt war.

Die Mannschaften der Nordschanze standen unter Hauptmann Jungmann, den Befehl in der Südschanze hatte bei dem Mangel an Offizieren ein junger Holsteiner, der Freiwillige, Unteroffizier von Preußer, inne.

In der Frühe des Gründonnerstags fuhr das dänische Geschwader, das während der Nacht draußen gekreuzt hatte, unter allen Segeln in den Eckernförder Hafen ein. Das stolze Linienschiff ‚Christian VIII.' führte zweiundneunzig Kanonen und stand unter dem Befehl von Kapitän Paludan, die Fregatte ‚Gefion' hatte vierundfünfzig Kanonen, die Dampfschiffe ‚Hekla' sieben und ‚Geyser' sechs Geschütze.

Die einlaufende Flotte wollte die beiden Strandbatterien zerstören, durch eine Truppenlandung sich der Stadt bemächtigen, alle gefundenen Vorräte vernichten und dann schleunigst den Rückzug antreten. Wohl stand der Wind dem Geschwader nicht günstig, trotzdem glaubten die Schiffsführer im Vertrauen auf ihre starke Geschützzahl von hundertneunundfünfzig Kanonen die kleinen Batterien am Strande zum Schweigen zu bringen. Gegen acht Uhr kamen die Dänen in den Schußbereich der Nordschanze. Sofort wurden sie von dort durch eine gutgezielte Ladung begrüßt, die das heransteuernde Linienschiff nur mit seinen Buggeschützen beantwortete.

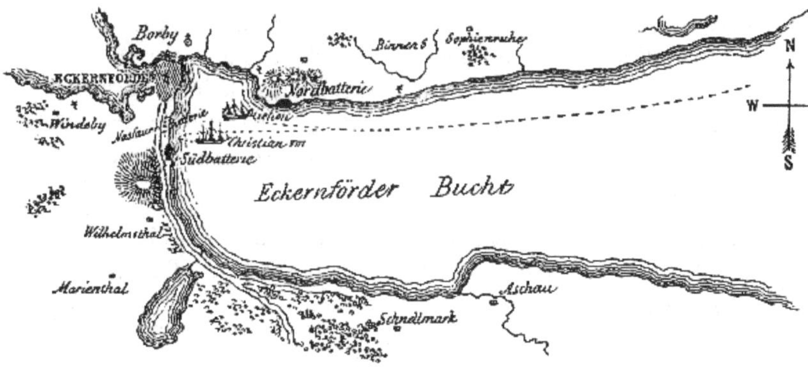

Situationsplan der Zerstörung der dänischen Schiffe ‚Christian VIII.' und ‚Gefion' bei Eckernförde.

Als beim Beginne des Geschützfeuers die ersten Kugeln in die kleine deutsche Batterie einschlugen, entfiel den noch nicht kampfgewohnter Soldaten der Mut. Plötzlich stand ihr Hauptmann Jungmann auf den Brustwehr und begrüßte die rings um ihn in die Erde einschlagenden Kugeln mit gezogenem Degen. Das wirkte Wunder. Jetzt erkannten die jungen Kämpfer, daß nicht alle Kugeln trafen, und mutig standen sie ihren Mann bei der Bedienung der Geschütze, obwohl die feindlichen Schiffe ein furchtbares Feuer eröffneten. Dreißig bis vierzig Kugeln sausten oft auf einmal heran, wenn das Linienschiff eine volle Breitseite abgab. So wurden in kurzer Zeit Tausende von Geschossen verschwendet, ohne großen Schaden anzurichten.

Der Hauptangriff des Linienschiffes galt zunächst der Nordschanze, während der Zeit beschoß die Fregatte die Südbatterie. Die dänischen Artilleristen zielten schlecht, die meisten Geschosse flogen hoch über die deutsche Batterien hinweg auf den Strand, oder sie zerstörten die Brustwehr und die etwas höher gelegenen Deckungsschanzen für die Infanterie.

Damit wuchs der Mut der Verteidiger mehr und mehr. Als in der Nordbatterie eine Bombe auf die Pulverkammer fiel, stürzte sich ein alter Feldwebel auf den gefährlichen Gast und machte ihn unschädlich. Wenige Augenblicke später warf eine große Vollkugel ein Geschütz um; nur wenige Minuten, und der Schaden war wiederhergestellt. Mit großer Ruhe ward gezielt und geschossen! Jede Kugel traf mit Sicherheit ihr Ziel. Eine spätere Untersuchung der ‚Gefion‘ ergab, daß nur sechs Geschosse fehlgingen, alle übrigen saßen sämtlich im Schiffsrumpf dicht über dem Wasserspiegel.

Auch das Segelwerk der Schiffe litt; als auf dem Linienschiff dichter Qualm aufstieg, gab er Kunde, daß eine deutsche Bombe gezündet hatte und das Feuer das Schiff bedrohte. Noch schlimmer stand es um die Fregatte. Sie war durch einen Schuß in das Steuer beinahe zu jedem Manöver unfähig. Durch Notzeichen rief sie die Dampfboote herbei, aber keines vermochte die Schußlinie der beiden Strandbatterien zu durchfahren. Schwer beschädigt mußten die beiden auf ihre eigene Rettung bedacht sein und die Kriegsschiffe ihrem Schicksal überlassen.

Nach den Berichten der Augenzeugen sahen viele Zuschauer von der Anhöhe am Hafen in fieberhafter Aufregung dem Kampf zu. Schwieg die Nordschanze eine Weile, dann bemächtigte sich Kummer und Verzweiflung der harrenden Menge; sowie sie aber die Kanonenschüsse der Dänen auch nur mit einem Schuß erwiderte, drückten die Zuschauer sich freudetrunken die Hände und riefen einander zu: „Sie hält sich, die Schanze hält sich! Gott schütze Schleswig-Holstein!“ Mehrere Stunden hielten die wackeren Batterien dem furchtbaren Angriff stand, aber sie wären schließlich doch unterlegen, wenn die Elemente sich nicht als gute Verbündete erwiesen hätten.

Eine schwache östliche Brise wurde allmählich immer stärker und trieb die Dänenflotte tief in den Hafen hinein, so daß sie auch von den Feldgeschützen der nassauischen Batterie mit Kartätschenfeuer bestrichen werden konnte; das hinderte die Mannschaften an einem Aufenthalt auf Deck und in den Wanten. Die Not der ‚Gefion‘ stieg aufs höchste, sie bat noch einmal dringend um Hilfe, der Dampfer ‚Geyser‘ eilte heran, schon lag das Bugsiertau an der Fregatte, da zerschnitt eine Kugel das Seil — das Schicksal der ‚Gefion‘ war besiegelt; sie war verloren. Dem Kapitän blieb nichts weiter übrig, als die Flagge zu streichen.

Das Linienschiff ‚Christian VIII.' litt nicht weniger unter dem Feuer der Strandbatterien, dazu brannte das Schiff, aber der Herd des Feuers war nicht zu entdecken. Immerzu schlugen glühende Kugeln krachend in den Rumpf des Schiffes ein. Sie mußten aufgesucht und über Bord geworfen werden, wenn nicht an hundert Stellen zugleich der Brand auflodern sollte. Nach siebenstündigem Kampf stieg in der Mittagsstunde am Mast die weiße Parlamentärflagge auf, das Feuer schwieg auf beiden Seiten, und ein dänisches Boot nahte mit einer Botschaft des Kapitäns Paludan.

Niederlage der dänischen Schiffe ‚Christian VIII.' und ‚Gefion' in der Eckernförder Bucht.

In einem Schreiben, das an die ‚Oberste Zivil- und Militärbehörde in Eckernförde' gerichtet war, verlangte der dänische Befehlshaber freien und unbehinderten Abzug der Schiffe; sollte das verweigert werden, so würde er die Stadt in Brand schießen.

Der Magistrat der Stadt überließ Hauptmann Jungmann die Entscheidung, der in Verbindung mit Hauptmann von Irminger, dem Kommandeur des dritten schleswig-holsteinischen Reservebataillons, und dem Etappenkommandeur Wigand das Schreiben folgendermaßen beantwortete:

„Wir sehen uns nicht veranlaßt, Ihre Schiffe zu schonen. Sollten Sie Ihre Drohung, eine offene Stadt zu beschießen, verwirklichen, so würde ein solcher Vandalismus der Fluch Dänemarks werden, dessen Vertreter Sie hier sind."

Diese Antwort war von der Bevölkerung in der ernsten Stunde mit Jubel aufgenommen worden. Zweifellos hätte jede feindliche Kugel ein Haus der nahen Stadt zerstört, aber trotzdem riefen die Bürger entschlossen: „Wir wären ehrlos und verdienten den Fluch ganz Deutschlands, wenn wir die Schiffe entkommen ließen; darum bestehen wir darauf, daß der Vorschlag der Dänen abgelehnt werde."

Gegen fünf Uhr nachmittags begann der Entscheidungskampf. Er sollte nicht lange dauern. Ein großartiges Schauspiel bot sich für die Zuschauer; sie beobachteten, wie fast jede Kugel der Batterien traf und nach jeder abgefeuerten Breitseite der Schiffe Dampf- und Staubwolken die ausdauernden Kanoniere einhüllten. Diese wurden mit Jubel begrüßt, wenn die Wolken sich verzogen hatten und die schwarz-rot-goldene Flagge, wohl vielfach durchlöchert, immer noch auf den Batterieständen wehte.

Die sonst so vortreffliche dänische Artillerie hat in dem Kampf bei Eckernförde sich schlecht bewährt. Wie später bekannt geworden ist, flüchteten die Kanoniere vor dem Feuer der Deutschen von den Kanonen, und an ihre Stellen traten Seekadetten. Aber auch deren Aufopferung konnte die stolzen Schiffe nicht retten.

Als die Abendsonne am Himmel verschwand, sank auf den Dänenschiffen der stolze Danebrog. Zwei schöne Fahrzeuge bildeten die Beute einer kleinen Schar umsichtig geleiteter, tapferer Kanoniere. Ein tausendfaches Hurra der Zuschauer begrüßte das Ende des Kampfes. Das Feuer schwieg, und dann war alles still. — —

Im Erfolg erst erwies sich die wahre Heldengröße der Sieger. Nirgends hörte man lauten, übermütigen Jubel, in tiefer Bewegung reichten die Braven sich still die Hände und blickten dankbar zum Himmel auf. Unteroffizier von Preußer bemerkte, daß die Dänen alle Boote herabließen und in eiliger Flucht von dem brennenden Schiffe zu entkommen suchten. Preußers Entschluß war rasch gefaßt. Mit einigen seiner Leute sprang er in ein Boot, ermahnte die Fischer, ihm mit ihren Kähnen zu folgen, und steuerte dem Kriegsschiff zu, aus dessen Luken schwarze Rauchwolken emporwirbelten. Nach wenigen Minuten war er an Bord des von Blut und Leichen bedeckten Schiffes. Mit übermenschlicher Anstrengung bemühte er sich um die Rettung der Verstümmelten und Entkräfteten. Unterdessen griff das Feuer rasend um sich, bedrohte die Pulverkammer und das Leben der heldenmütigen Retter.

Vergebens beschwor von Preußer seine Freunde, nach dem Land zurückzukehren, vergebens trieben die dänischen Matrosen zur Eile. Plötzlich ertönte eine furchtbare Explosion, ‚Christian VIII.' war in die Luft geflogen. Ein Augenzeuge schrieb darüber:

„Die Dunkelheit wich plötzlich größester Tageshelle. Eine Feuergarbe, groß und breit wie das Linienschiff, stieg empor. Der Hafen glich einem Feuermeer. Eine ungeheure schwarze Rauchwolke schwebte über dem Ganzen. Brennende Balken und Masten bildeten riesige Sterne darin, und die in der Luft platzenden Bomben durchzuckten wie Blitze, denen der Donner unmittelbar folgte, diese Wolkenmasse. Es war ein unbeschreiblich großartiger, furchtbar schöner Anblick." — Der heldenmütige Retter von Preußer fand mit zweiundneunzig Mann beim Untergang des Schiffes seinen Tod.

Das Preußendenkmal auf dem Friedhofe zu Gibraltar — ein Erinnerungszeichen an das Gefecht bei Tres Forcas.

Auf dem Friedhofe der Felsenfestung Gibraltar erhebt sich ein einfaches Denkmal, das an der Spitze als Zierat einen preußischen Adler trägt. Unter dem Gedenkstein schlummern ein Offizier und vier Mann der ehemaligen preußischen Marine; sie haben im Jahre 1856 unter Prinz Adalbert im Kampfe gegen die Riffpiraten den Heldentod gefunden.

Im August des Jahres 1856 ankerte Prinzadmiral Adalbert mit der Raddampfkorvette ‚Danzig' im Hafen zu Gibraltar, um dort Kohlen und Proviant einzunehmen. Die Weiterreise, an der afrikanischen Küste entlang gehend, verfolgte das Ziel, über die Kabylenstämme an der Küste Erkundigungen einzuziehen; insbesondere forschte man nach dem Stamme, der einige Jahre früher eine preußische Brigg ‚Flora' geplündert hatte.

In der Frühe des 7. August kam die ‚Danzig' in die Nähe von Tres Forcas. Um die Küste noch genauer zu erkunden, wurden die leichten vier Schiffsboote bemannt und auch mit Seesoldaten besetzt. Gegen die Bevölkerung sollte keine feindliche Haltung eingenommen werden. Doch es kam anders. Während die Boote an der steilen Küste entlang fuhren, sammelten sich auf den Anhöhen bewaffnete Araber. Als die Landungsabteilung um eine schroffe Felswand herum in eine kleine Bucht einbog, fielen von den Höhen Schüsse, deren Kugeln dicht neben den Booten ins Wasser schlugen. Die preußische Flagge stieg am Mast empor, und mehrere Musketensalven antworteten den Angreifern. Auch die ‚Danzig' ging näher an die Küste und warf einige Granaten nach den Anhöhen, sodann zogen sich die Boote nach dem Schiffe zurück. An Bord wurde Generalmarsch geschlagen und das Schiff klar zum Gefecht gemacht. Der Prinzadmiral hielt mit seinen Offizieren Kriegsrat. Der Angriff auf die preußische Flagge mußte gerächt werden. Alle Boote wurden voll bemannt und mit dem nötigen Schießbedarf ausgerüstet; der Prinz übernahm selbst die Führung. Um die frechen Kabylen zu strafen, verfolgte er die Absicht, mit den Mannschaften zu landen und die Riffbewohner anzugreifen. Das Kriegsschiff begleitete seine Boote an die Küste und säuberte auch durch einige Kartätschenschüsse die vorderen Hügel vom Feinde. An einem Sandstrande sollte gelandet werden. Aber ehe noch die Boote anlegten, füllten sich die Höhen ringsum wieder mit bewaffneten Kabylen, die die Preußen mit heftigem Gewehrfeuer empfingen. Diese sprangen rasch auf den Strand; in Schützenlinien ging's mit Hurra den steilen Abhang empor.

Prinz Adalbert bei Tres Forcas.
Von Professor Hans Petersen.

Dieser unerwartete Vorgang überraschte die Eingeborenen und trieb sie zurück, aber bald sammelten sie sich wieder, dazu verstärkte neuer Zuzug, herbeigerufen durch das Gewehrfeuer, ihre Reihen. Auf dem Rücken des Küstenabhanges empfing die mutigen Seeleute ein heftiges Feuer. Auf Anhöhen zur Linken hinter hohen Felsen saßen die Araber in einer vorzüglich gedeckten Stellung, heftiger Kugelregen bestrich die Linien der Preußen. Niedriges Gestrüpp, Baumwurzeln und Steingeröll hinderten ihren Vormarsch. Wohl hatte der rechte Flügel im Vordringen einen Vorsprung, der ihn bereits bis in die Nähe der Steinhäuser der Riffbewohner führte, aber der linke Flügel blieb auf seinem schwierigen Wege weit zurück, so daß sich die Schützenlinie der Angreifer an den Bergabhängen schräg emporzog.

Dadurch wurde die Kraft der kleinen Schar erheblich geschwächt, während die Zahl der Feinde stetig zunahm. „Vorwärts! Vorwärts!“ hieß die Parole; der Prinzadmiral ließ sich beim Angriff nicht aufhalten; an der Spitze der Seinigen stürmte er voran. Sein Adjutant, Leutnant Niesemann, erhielt einen tödlichen Schuß in die Brust, aber unaufhaltsam drangen die Angreifer vor. Die Ruhe und Besonnenheit der Matrosen und Seesoldaten brachten auch den Riffpiraten große Verluste. Jedoch die Gefahr wuchs. Von drei Seiten erhielt die kleine Landungsabteilung Feuer. Den linken Flügel überraschten die Kabylen mit einem Steinhagel. Immer ernster gestaltete sich die Lage, auch im Rücken der Preußen zeigten sich Feinde, die Miene machten, die Landungsboote fortzunehmen, um so eine Rückkehr der Preußen nach dem Schiff zu vereiteln. Trotz aller Tapferkeit der Seeleute mußte der Rückzug angetreten werden. Über fünfhundert Feinde umringten die todesmutigen Streiter, in deren Reihen der Tod beim Rückzugsgefechte sich reiche Beute holte. Der Prinz erhielt einen Schuß durchs Bein. Zwölf Mann wurden schwer und sechs Mann leicht verwundet, sechs Matrosen von der Besatzung der ‚Danzig‘ fanden den Heldentod. Trotz der Ermüdung und der Erschöpfung durch die brennende Hitze gelang es, die Verwundeten und drei Tote wieder mit an Bord zu nehmen. Über vier Stunden dauerte das Gefecht. Die ‚Danzig‘ fuhr nach Gibraltar zurück; dort gab man die Verwundeten am Land in Pflege und bestattete die Toten. —

Die Anerkennung der Heldentat blieb nicht aus. Ein französischer Admiral, der den Gefechtsort besichtigte, soll erklärt haben: „Ich würde dort eine Landung für unmöglich gehalten haben, wenn ich nicht bestimmt wüßte, daß die Preußen dort gelandet sind!“ Das Selbstbewußtsein der jungen preußischen Marine wuchs nach jener Tat, und mit einer gewissen Verlegenheit betrachteten die Diplomaten der alten Seemächte diesen Vorgang. Im In- und Auslande versagte man der Tapferkeit der kleinen Schar und der Kaltblütigkeit und der Umsicht des wackeren Führers die Anerkennung nicht. Prinz Friedrich Karl schrieb damals dem Prinzen Adalbert: „Der Schmerz der leichten Wunde vergeht bald, die Ehre derselben und der Ruhm der kühnen Tat bleiben ewig!“

Die bedeutendsten Ereignisse zur See im Kriege 1864.

1. Das Seegefecht bei Jasmund.

Der Krieg mit Dänemark tobte; als die preußischen und österreichischen Truppen vorrückten und die Preußen schon vor den Düppeler Schanzen standen, wurden die Dänen besorgt um ihre Rückzugslinie, die sie durch die preußischen Kanonenboote bedroht sahen. Um sicher zu gehen, schickte Dänemark eine Gruppe seiner Flotte aus, die preußischen Schiffe, die in

Swinemünde lagen, zu blockieren, denn daß es Preußens kleine Seemacht wagen würde, die dänische Flotte zur See anzugreifen, glaubte in Dänemark niemand. Jedoch konnten die Dänen es bald merken, daß die kleine preußische Flotte auf dem Posten war; wo sich ihr Gelegenheit bot, erprobte sie ihre Kräfte. Man schrieb den 17. März 1864. Im Hafen von Swinemünde hielten sich zwei Kriegsschiffe, die ‚Arkona' und die ‚Nymphe', auf, die ausgerüstet und zur Abfahrt bereit waren. Die letzte rastlose Tätigkeit vor der Abfahrt machte sich bemerkbar, die Ankertaue wurden eingeholt, aus den Schornsteinen wirbelte der Rauch auf. Unter den Mannschaften der beiden preußischen Schiffe herrschte Siegeszuversicht; sie wollten hinaus, um den dänischen Gegner zu suchen und anzugreifen, um auch in einer Seeschlacht Lorbeeren zu holen.

Kapitän Jachmann, der Führer des kleinen preußischen Geschwaders, hatte den Feind festgestellt und wollte ihm einen Besuch abstatten; es sollte ein Ehrentag der preußischen Marine werden. Selbstverständlich blieben die notwendigen Vorbereitungen den Einwohnern des Städtchens nicht unbekannt, und gar bald sammelten sich zahlreiche Leute, die dem Beginnen auf den Schiffen zusahen. Die schwatzende Menge erörterte das waghalsige Unternehmen, den seetüchtigen Gegner anzugreifen, und manche ängstlichen Stimmen wurden über das Vorgehen laut.

Schon aber flog auf der 'Arkona' das Signal zur Abfahrt in die Höhe, die blaue Antwortflagge stieg auf der 'Nymphe' empor, die letzten Haltetaue wurden eingeholt, die Schiffsmaschinen setzten sich in Tätigkeit, die Schiffsschrauben wirbelten das Wasser auf, und von den guten Wünschen der zurückbleibenden Zuschauer begleitet fuhr die kleine Flotte unter der preußischen Kriegsflagge stolz in die offene See hinaus. Es war ein schöner, klarer Märzmorgen, keine Wolke stand am Himmel. Das Ziel der kleinen Flotte bildete die Höhe von Jasmund. Kapitän Kuhn hatte die Dänenflotte bereits durch eine Beobachtungsfahrt mit der 'Loreley' festgestellt. Sechs dänische Schiffe, darunter fünf größere Fahrzeuge, lagen vor Jasmund vereinigt vor Anker.

Das Seegefecht bei Jasmund.
Von Professor Hans Petersen.

„Meteor“ und „Bouvet“ vor der Reede von Havanna.
Von Professor Hans Petersen.

Trotz der großen Übermacht gedachte Kapitän Jachmann seine drei Schiffe, ‚Arkona‘, ‚Nymphe‘ und ‚Loreley‘, an den Feind zu bringen. Mit der ‚Loreley‘, die mit zwei Geschützen besetzt war, zählte die kleine Flotte insgesamt nur zweiundvierzig Kanonen. Zwischen Thiessow und der Küste von Jasmund nahmen die kleinen Kanonenboote Aufstellung. Ihre Aufgabe sollte sein, dem Feinde Verderben zu bringen, wenn er in die Nähe des Landes kam. Gerade auf die Mitwirkung der Kanonenboote gründete Jachmann seinen Angriffsplan; denn mußten die größeren Schiffe die Rückfahrt antreten, verfolgt vom Feinde, so konnten die Kanonenboote mit ihren guten gezogenen Geschützen erfolgreich eingreifen. Das Mittagsmahl ging rasch vorüber, alle standen zu sehr unter dem Ernst des Augenblicks. Nach der Mittagspause wurde unter Volldampf die offene See erreicht, aber soviel die Matrosen auch spähten und die Fernrohre den Horizont absuchten, vom Feinde war nichts zu entdecken. Endlich, gegen 1½ Uhr, kam die Dänenflotte in Sicht; sie hielt sich zwei Meilen vom Lande unweit von Stubbenkammer. Eilig kletterten die preußischen Matrosen an den Strickleitern empor, um den Feind zu erspähen, der mit einer stattlichen Zahl von sechs Schiffen fast unbeweglich am Platze blieb. Sie hielten das Erscheinen der Preußen für eine Erkundigungsfahrt; erst als sie einsahen, daß die preußischen Schiffe einen Angriff planten, bildeten die Dänen mit ihren Schiffen eine doppelte Kiellinie. Vom Führerschiff kam der Befehl, den Feind in offener Ordnung anzugreifen. ‚Arkona, fuhr auf dem rechten Flügel, ‚Nymphe, auf dem linken und die ‚Loreley, in der Mitte. Näher und näher kamen die schweren Schiffsrümpfe des Gegners, der sich in seiner Ruhe nicht stören ließ. Als der Generalmarsch auf den preußischen Schiffen ertönte, eilte jeder, so schnell er konnte, an seinen Posten; die Geschütze wurden ordnungsmäßig besetzt, dazu die Reihen zur Beförderung der Geschosse gebildet. Auf den Verdecken wurde in reichlicher Menge Sand gestreut, auch die Spritzen und Pumpen mußten für den Notfall klar sein, und bald wich das Durcheinander einer zielbewußten Ordnung. Ein jeder stand an seinem Platze und erwartete den Beginn des Kampfes. Jetzt bemerkten auch die Dänen, daß es Ernst wurde, und trafen ihre Vorkehrungen. Als das kleine preußische Geschwader auf etwa fünftausend Schritt an den Feind heran war, sandte ihm die ‚Arkona' den ersten Gruß aus dem Buggeschütz, doch die zu große Entfernung ließ das Geschoß das Ziel nicht erreichen; einige Male berührte es den Wasserspiegel und versank dann in die Tiefe. Die Entfernung verringerte sich. Als der Pulverdampf sich verzogen hatte, blitzte es von neuem auf der ‚Arkona' auf. Diesmal tat die Kugel ihre Arbeit. Ein mächtiges Loch im Rumpf des dänischen Schiffes ‚Själland' zeigte die Wirkung der Dreißigpfündergranate und belebte die Siegeszuversicht der preußischen Schiffe. Jetzt kam aber auch Leben in den Feind. Die mächtigen Breitseiten der dänischen Führerschiffe ‚Själland' und ‚Skjold' überschütteten namentlich das preußische Flaggschiff ‚Arkona' unter ohrenbetäubendem Lärm mit ihrem Geschoßhagel.

Das Seegefecht bei Jasmund. Angriff.

S. M. S. ‚Nymphe'.

Kapitän Jachmann hatte rechtzeitig durch eine geschickte Wendung die Breitseite der ‚Arkona' den Dänen zugewandt und brachte damit seine Breitseitgeschütze zur Wirkung. Der erste Geschoßhagel der Dänen richtete nur geringen Schaden an. Außer einzelnen Löchern im Bug wurden nur Taue in der Takelage zerschossen. Inzwischen kamen ‚Nymphe' und ‚Loreley' näher an die Dänen heran und unterstützten die ‚Arkona' nach besten Kräften. Aber im Getriebe des Kampfes näherten sich die Schiffe, namentlich die ‚Nymphe', bedenklich dem Feinde, der sich jedoch vorwiegend mit der ‚Arkona' befaßte. Das Glück war ihm nicht hold. Wohl sauste Geschoßhagel auf Geschoßhagel über die ‚Arkona' dahin, die meisten Geschosse blieben aber wirkungslos, weil sie zu hoch flogen und jenseits des Schiffes ins Wasser fielen.

Das Seegefecht bei Jasmund. Rückzug.

Auf den preußischen Schiffen herrschte trotz des starken Kampfgetöses keine Überstürzung. Mit Ruhe beobachtete man die Wirkung der eigenen Geschosse. Bald aber sollte es anders kommen. Eine dänische Granate fuhr krachend durch ein Beiboot der ‚Arkona', platzte über der Kommandobrücke und verbreitete um sich Tod und Verderben. Tödlich traf sie den Steuermann, der verwundete erste Offizier fiel von der Kommandobrücke, einzelne Granatsplitter schlugen dann durchs Deck, töteten in der Batterie einen Matrosen und verwundeten zwei andere sehr schwer. Es war der erste blutige Gruß, der dem Arzte im Schiffslazarett Arbeit brachte. Die Fröhlichkeit und der Humor verschwanden im Angesichte des Todes, aber ruhig und sicher blieb jeder auf seinem Posten. Der dänische Führer erkannte, daß er so nicht zum Ziel kam; noch feuerten alle Geschütze der ‚Arkona' unentwegt weiter, dazu erwiesen sich ‚Nymphe' und ‚Loreley' als nicht zu verachtende Gegner. Plötzlich wandte sich der Feind gegen die ‚Nymphe'. Als die erste Breitseite des dänischen Schiffes gegen die ‚Nymphe' herandonnerte, glaubte die Besatzung, ihr letztes Stündlein sei gekommen, denn die meisten Geschosse erreichten ihr Ziel. Entweder trafen sie den Rumpf, oder durchlöcherten den Schornstein, oder zerschlugen die Takelage. Fünf Mann erhielten leichte Verletzungen. Der größte Schaden aber war die Zerfetzung des Schornsteins; die Feuerung fing an zu versagen, der Dampfdruck ließ nach, und damit büßte das Schiff in seiner Geschwindigkeit und seiner Lenkfähigkeit ein. Den Dänen entging der errungene Vorteil nicht. Die Salven krachten von neuem. Auf der ‚Nymphe' ward das Boot am Hinterdeck zertrümmert, in der Takelage zerplatzten die Geschosse und setzten Segel in Brand, dreimal trafen die feindlichen Kugeln die Kommandobrücke, die Verwirrung wurde ständig größer. Der Führer des mutigen Schiffes, Kapitänleutnant Werner, wußte sich zu helfen. In aller Eile dichteten die Matrosen durch Kupferplatten die Löcher am Schornstein, die durch Teer und Pech zu größerer Glut angefachten Kesselfeuer erhöhten die Dampfkraft, und damit wuchs die Möglichkeit, das verwundete Schiff aus dem Bereiche der feindlichen Schiffsgeschütze zu bringen. Endlich konnte die Besatzung aufatmen. ‚Arkona' und ‚Loreley' fügten während dieser aufregenden Kampfesszene dem Dänenschiffe beträchtlichen Schaden zu, und die ‚Nymphe', nachdem sie leidlich wieder im Stand war, fuhr von neuem in die Kampfeslinie hinein, und durch gutgezielte Schüsse aus dem Buggeschütz brachte sie dem ‚Själland' schwere Beschädigungen bei. Eine Granate durchschlug den ganzen Rumpf; nur noch eine letzte Salve aus der Breitseite des Schiffes, dann schwiegen die Geschütze der Dänen. Auf Seite der Dänen übernahm ‚Skjold' die Führung. Langsam vergrößerte sich die Entfernung, und das Gefecht zog sich mehr und mehr in die Nähe des Landes. Ein Eingreifen der preußischen Kanonenboote erfolgte nicht, da die Dänen sich in zu großer Entfernung hielten.

In der späten Nachmittagsstunde fiel der letzte Schuß im nahezu dreistündigen Kampf. Es war ein Ehrentag für die junge preußische Flotte, die das erste Blatt ihrer Geschichte beschrieb. Brausender Jubel umfing die heimkehrenden Schiffe, denn das eine war erreicht: die feindliche Flotte hielt sich von nun ab in respektvoller Entfernung. Am 20. März fand das Begräbnis der fünf Gefallenen unter allgemeiner Teilnahme statt. Ein Denkmal erhebt sich über den Gebeinen der Tapferen, die in dem ersten Seekampf für die Ehre der preußischen Flagge fielen.

2. Das Seegefecht bei Helgoland.

Mit dem Beginn des Dänischen Krieges im Jahre 1864 fuhren einige Schiffe der preußischen Flotte im Mittelmeer. Sobald sie die Nachricht des Ausbruches der Feindseligkeiten ereilte, segelten sie auftragsgemäß nach den heimischen Häfen zurück, um an den Seekämpfen mitzuwirken. In die Ostsee kamen sie nicht mehr hinein, da der Sund durch die Dänen gesperrt war. Das österreichische Geschwader unter dem Oberbefehl Wilhelm von Tegetthoffs bestand aus den Schiffen ‚Schwarzenberg' und ‚Radetzky'; es sollte mit den sich anschließenden preußischen Schiffen Aviso ‚Adler' und den Kanonenbooten ‚Basilisk' und ‚Blitz' das dänische Geschwader von der Elbmündung vertreiben. Am 1. Mai kam die Kunde, daß die Dänen bei Helgoland seien, um die Elbmündung zu blockieren; sofort nach Einlauf der Nachricht eilte das Geschwader den Dänen entgegen. In der Mittagsstunde des 9. Mai trafen sich die feindlichen Flotten etwa zehn Meilen von Helgoland. Die dänische Flottenabteilung setzte sich zusammen aus drei Fregatten: ‚Niels-Juel', ‚Jylland' und ‚Heimdal', mit zusammen hundertvier Geschützen; die vereinigte preußische und österreichische Schiffsgruppe führte sechsundneunzig Kanonen an Bord; die Kampfverhältnisse lagen also ziemlich gleich.

Vizeadmiral W. von Tegetthoff.

In der Frühnachmittagsstunde des herrlichen Maitages begannen die Kanonen zu sprechen. Wie verlief nun das Seetreffen? Es war gegen ein Uhr, als das preußisch-österreichische Geschwader das letzte Feuerschiff auf der Elbmündung passierte; sobald sie die dänischen Schiffe, die unter Helgoland lagen, zu Gesicht bekam, fuhr die Flotte der Verbündeten in Schlachtordnung auf. Voran fuhren die österreichischen Schiffe ‚Schwarzenberg' und ‚Radetzky', alsdann kamen die drei Preußen, und in langer Reihe steuerten den Verbündeten die Dänen entgegen. Sowie die beiden Schlachtlinien sich begegneten, donnerte der erste Schuß vom ‚Schwarzenberg' den Dänen die Begrüßung. Diese erwiderten sofort das Feuer, und der sich jetzt lebhaft entspinnende Geschützkampf erfüllte die Luft mit einem starken Pulverqualm, der eine ganze Zeit den freien Ausblick hinderte. Nur das Platzen der Granaten erhellte von Zeit zu Zeit das Dunkel. In dem eine Stunde dauernden Kampf schlugen die heransausenden Granaten ihre Eisensplitter in das Holzwerk oder fielen ins Wasser, so daß es hoch aufspritzte, dann schwenkten die Dänen erst westlich, dann nördlich ab, während die verbündeten Österreicher und Preußen in südlicher Richtung fortdampften. Jetzt lagen sich die feindlichen Linien in umgekehrter Ordnung gegenüber. Von neuem begann der Kampf. Die beiden österreichischen Schiffe fuhren dichter an den Feind heran, um im Nahkampf ihm größeren Schaden zuzufügen, als plötzlich der Fockmast des

'Schwarzenberg' in Flammen aufloderte, die gierig um sich fraßen. Es dauerte nicht allzulange, da brannte die gesamte Takelung des Schiffes, denn das geteerte Tauwerk gab leichte Nahrung. Beißender Rauch lagerte sich über das Schiff, und eine sengende Glut umgab die Schiffsmannschaft. Wenngleich der Kommandant das Schiff so steuern ließ, daß der Rauch nach vorn getrieben wurde, befand sich das Schiff doch in einer schlimmen Lage. Das ganze Takelwerk erfüllte ein riesiges Feuermeer, und durch den dunklen Qualm konnte die Sonne nur mit Mühe einige Lichtstrahlen hindurchsenden. Unentwegt tobte das Geschützfeuer, ja, es wurde noch stärker, denn die Dänen nutzten den sich ihnen bietenden Vorteil tatkräftig aus, hingegen lähmte das schreckliche Schauspiel die Stoßkraft der Österreicher. Gegen vier Uhr, nach zweistündigem Gefechte, fiel der letzte Schuß. Tegetthoff gab den Befehl zur Rückfahrt. Rundumher herrschte Totenstille. Nur das Knistern auf dem 'Schwarzenberg' wollte nicht aufhören und die heimlich lodernde Glut nicht erlöschen. Plötzlich stürzte der ganze Vortopp zusammen und richtete unter der emsig arbeitenden Schiffsmannschaft ein großes Unglück an. Der Höhepunkt der Gefahr war damit überwunden; sowie die Flotte unter Helgoland vor Anker ging, kamen von allen Schiffen Boote herbei, um Ärzte und Hilfe nach dem 'Schwarzenberg' hinüberzubringen. Ein Offizier und dreißig Mann fielen auf dem Unglücksschiffe dem Feuer zum Opfer, und dreiundsiebzig Seeleute wurden verwundet. Bis zum späten Abend mußte der 'Schwarzenberg' mit seinem brennenden Maststumpf umherfahren, da das züngelnde Feuer in der Höhe nicht zu löschen war, dann endlich konnte der Mast gekappt werden.

Das Seegefecht bei Helgoland.
Von Professor Hans Petersen.

Am nächsten Morgen fuhr die Flotte wieder der Elbe zu. Das österreichische Schiff sah sehr schlimm aus, denn der Rumpf zählte nicht weniger als hundertneunzig Kugellöcher, und in seinem Äußern glich das stattliche Fahrzeug einer Ruine. Die preußischen Kanonenboote befanden sich in gutem Zustande, hatten über keinen Verlust zu klagen, und auch die preußischen gezogenen Geschütze hatten sich bewährt und den Dänen manchen Schaden zugefügt. Von den preußischen Kriegsbooten litt das Kanonenboot ‚Basilisk' besonders unter dem Feuer der Dänen, da die vordringenden dänischen Schiffe bei der Rückkehr des ‚Schwarzenberg' aus der Feuerlinie das Kanonenboot abschneiden wollten. Beim Rückzugsgefecht kam die führende dänische Fregatte ‚Niels Juel' dem kleinen preußischen Schiff auf etwa tausend Schritt nahe. Schon glaubten die Matrosen, daß das Kanonenboot verloren sei, jedoch unentwegt und sicher feuerten die Vierundzwanzigpfündergeschütze mit so vortrefflicher Wirksamkeit auf den Dänen ein, daß die feindliche Fregatte im Schlepptau eines anderen Schiffes entfloh: die preußischen Eisenpillen hatten das Ruder des ‚Niels Juel' zerschlagen.

Wenn auch England das Gefecht bei Helgoland als einen Sieg der Dänen feierte, gehört dennoch den Verbündeten der Ruhm des Erfolges. Augenzeugen berichteten, daß der ‚Niels Juel' bei seiner Ankunft in Kopenhagen einem Wrack geglichen hätte, so furchtbar zerschossen waren sein Rumpf und seine Takelage. Im Schiffsbug befand sich ein mannhohes Loch, zahlreiche Tote brachte man an Land, und von der Schiffsbesatzung blieben nicht zehn unverwundet. Eine Flaschenpost, die ein holsteinischer Matrose, der auf der Fregatte sich befand, dem Meere übergab und die in Cuxhaven an die Küste trieb, meldete: „Wir haben englische Matrosen an Bord, achtzig Tote, hundert Verwundete und Schaden an der Maschine."

3. Die Gefangennahme einer kleinen Dänenflotte im Wattenmeer.

An der Westseite Schleswig-Holsteins machte im Dänischen Kriege eine kleine Küstenflotte unter dem Kapitänleutnant Hammer viel von sich reden, weil sie die Herrschaft der Dänen auf den Inseln immer noch aufrechterhielt, obgleich das Festland von den Truppen der Verbündeten besetzt war.

Sylt, Föhr und Amrum hielten die dänischen Truppen besetzt, auch wurden die Inseln nach der Seeseite geschützt durch eine Flotte; die aus sechs Ruderkanonenbooten, zwei kleineren Dampfern und mehreren Zollkuttern bestand. Durch mancherlei Brandschatzungen und allerlei Gewalttaten erwarb Hammer sich einen zweifelhaften Ruhm. Kurz vor dem Waffenstillstande, der den Feindseligkeiten ein vorläufiges Ende bereiten sollte, erstrebten die Verbündeten die Besitzergreifung auch dieser Inseln. Die Vertreibung der Dänen konnten nur Schiffe mit geringem Tiefgange unter Unterstützung von Landtruppen bewerkstelligen. Um das Entweichen der Dänen zu verhindern, schlossen die österreichischen Kanonenboote ‚Wall' und ‚Seehund', sowie die preußischen Boote ‚Basilisk' und ‚Blitz' an der Nordspitze der Insel Sylt das Fahrwasser bis zur Reede von List ab. Unter großen Schwierigkeiten erreichten zwei Kompagnien Österreicher in kleinen Booten Sylt, das von den Dänen verlassen war. Hammer hatte seine kleine Kriegsflotte zwischen der Insel Föhr und dem Festlande zusammengezogen, weil das flache Wasser nördlich von Wyk auf Föhr dies Beginnen erlaubte und die tiefergehenden Schiffe der Verbündeten an jener Stelle keinen Angriff wagen konnten. Schon glaubte Hammer sich seines Erfolges sicher, denn sein Bestreben ging dahin, sich bis zum Beginn des Waffenstillstandes zu halten. Darum lehnte er auch die ersten Aufforderungen zur Übergabe kurzweg ab; den späteren Aufforderungen wollte er nachkommen, wenn ihm die Erlaubnis würde, seine Kanonenboote in die Luft zu sprengen; im übrigen forderte er für seine Besatzung freien Abzug auf zwei erbeuteten Dampfern. Die Verbündeten lehnten diese Forderungen ab und versuchten nun an die dänischen Fahrzeuge näher heranzukommen. ‚Basilisk' verlegte nach wie vor im Lister Tief den Dänen den Weg. Die drei übrigen Kanonenboote gingen an der Küste von Sylt entlang, um zwischen Amrum und Sylt das Fahrwasser aufzusuchen, durch das sie nach Wyk auf Föhr den Weg fanden. Ihre Bemühungen wurden von Erfolg gekrönt, bis auf eine Meile kamen sie an Wyk heran.

Von dänischer Seite überbrachte einer der kleinen Dampfer die Nachricht, daß der dänische Schiffsführer um Einstellung der Feindseligkeiten bäte, da die Nachricht von dem Waffenstillstande bei ihm schon eingelaufen sei. Den Verbündeten war von dem Abschlusse des Waffenstillstandes noch nichts bekannt, daher erhielt das preußische Kanonenboot ‚Blitz', das den geringsten Tiefgang besaß, mit Jägertruppen und Marinesoldaten besetzt, den Auftrag, sich während der Nachtzeit der Küste soweit zu nähern, daß den Truppen eine glückliche Landung möglich sei. Dies geschah. In der frühen Morgenstunde marschierte das Landungskorps in Wyk ein. Kapitänleutnant Hammer erhielt die Nachricht, daß die Feindseligkeiten am 18. Juli morgens um sechs Uhr eröffnet würden, wenn bis dahin eine Bestätigung des Waffenstillstandes nicht vorläge. Ein glücklicher Umstand brachte es mit sich, daß ein wegkundiger Lotse das Kanonenboot ‚Blitz' noch näher an den Feind heranbrachte. Von den Verbündeten wurden im Laufe des Tages einige Zollkutter, eine Brigg und ein Schoner genommen, die übrigen Schiffe des dänischen Führers zogen sich in nördlicher Richtung zurück. Am 19. erhielt Hammer eine erneute Aufforderung zur Übergabe. Auch diesmal lehnte er ab mit der Begründung, sich so lange zu halten, als es ihm die Vorräte an Lebensmitteln gestatteten. Die Verbündeten beschlossen nun, auf kleineren Schiffen, die mit Landungsgeschützen ausgerüstet wurden, einen direkten Angriff zu wagen; zur Ausführung kam der Plan nicht, da sich der Dänenführer dem preußischen Kanonenboot ‚Blitz' ergab. Das preußische Schiff hatte sich in der Nacht noch dichter an den Feind herangearbeitet und eine günstige Stelle inne, die es ihm ermöglichte, die leichten Schiffe der Dänen mit seinen gezogenen Geschützen in Grund zu schießen; dem beugte Hammer vor und ergab sich. Hundertfünfundachtzig Mann fielen in die Gefangenschaft der Sieger. Mit ihnen auch die Inseln; die letzten Teile Schleswig-Holsteins waren damit den Dänen durch diese letzte Waffentat der Verbündeten entrissen. Am 20. Juli trat der ersehnte Waffenstillstand in Kraft.

Die deutsche Kriegsflotte im Seekriege 1870/71.

1. Allgemeiner Überblick.

Als im Freiheitskampfe der Schleswig-Holsteiner gegen Dänemark der kleine Staat mit seinen Seekräften die deutsche Küste blockieren konnte, da begann der Flottengedanke zuerst Raum einzunehmen im deutschen Gemüte. Allüberall wurde die Notwendigkeit einer deutschen Bundesflotte erkannt. Jedoch man kam über den Gründungsgedanken nicht hinaus. Die Zerrissenheit in den Anschauungen der einzelnen Bundesregierungen bedingte, daß die schnellerworbenen Kriegsschiffe wieder unter den Hammer kamen und verkauft wurden. Preußen allein nahm den Gedanken auf, eine Marine zu gründen, und hielt den Gedanken eines Ausbaus der Flotte aufrecht. Das Einigungswerk schritt rüstig vorwärts, und als der Schlußstein im Völkerringen von 1870/71 gelegt werden sollte, da hielten sich die Vaterlandsfreunde die Frage vor: „Ist unser Küstenschutz in diesen schweren Tagen zur Beschirmung unseres Seehandels so auf der Höhe, daß wir uns der berühmten französischen Flotte erwehren können?" Erfreulicherweise bewies die Marine ihre Tüchtigkeit. Preußens Minister hatten in den vorhergehenden Jahren wirksam gearbeitet. Die Ausstattung der Kriegsfahrzeuge mit Panzerplatten, mit schweren gezogenen Geschützen, die Ausbildung einer seetüchtigen geschulten Mannschaft war nicht vergessen worden. Leider wies der Küstenschutz in den Küstenbefestigungen und in den Kriegshäfen bei Beginn des Krieges einige Mängel auf; es fehlten noch moderne Befestigungsanlagen, die durch ihre Bewaffnung den fremden Panzerschiffen gewachsen blieben. Wohl gab es eine Reihe von Neuanlagen dieser Art, da sie sich jedoch noch im Ausbau befanden, konnten sie nicht in Betracht kommen. Brauchbare Seeminen und gute Torpedos besaßen wir noch nicht, Kiel und Wilhelmshaven machten beide einen unfertigen Eindruck. Und von den vielen der staatlichen

Werftgebäude, die sich heute in unseren Reichskriegshäfen finden, zeigten sich 1870/71 nur die Anfänge. Alle diese unliebsamen Erscheinungen bildeten nur eine Folge des Zeitmangels. Frankreichs Kriegsflotte bestand bei Beginn des Krieges 1870/71 aus vierunddreißig gepanzerten Fregatten und Korvetten, fünfundzwanzig schwimmenden Batterien, vierundzwanzig Schraubenlinienschiffen, hundertzweiunddreißig Fregatten, Korvetten oder Avisos mit Rädern oder Schrauben, achtundsiebzig Kanonenbooten und sechzig Transportschiffen. Ein Teil dieser gewaltigen Macht kam natürlich für einen Angriff auf die deutsche Küste in Frage; weil Frankreich lange Jahre sich auf diesen Krieg rüstete, galt es nicht als unwahrscheinlich, daß ein Angriff der Seestreitkräfte auf die deutsche Küste Erfolg verhieß. Preußens Flotte hatte somit einen sechsfach stärkeren Feind gegen sich. In Frankreich hatte man, wie spätere Veröffentlichungen beweisen, den Gedanken gefaßt, auch friedliche Hafenplätze zu nehmen, um Deutschlands Handelsbeziehungen wirksam zu schädigen. Das Privateigentum der Kaufleute sollte nicht geschont werden, um dadurch dem Wirtschaftsleben Deutschlands Schaden zuzufügen.

Die französischen Schiffsgeschütze zeigten sich denen der deutschen Schiffe bedeutend überlegen. Während der zweiten Hälfte des Krieges konnten sie im Entscheidungskampf um Paris ein bedeutungsvolles Wort noch mitsprechen.

Wo befanden sich nun die Seestreitkräfte der beiden Nationen beim Beginn des Krieges?

In den Frühjahrsmonaten des Jahres 1870 sollten die drei deutschen Panzerfregatten ‚König Wilhelm', ‚Kronprinz' und ‚Prinz Friedrich Karl' mit dem Panzerfahrzeuge ‚Prinz Adalbert' ein gemeinsames Geschwader bilden, das zur Einübung der Mannschaft, zur Erprobung der neuen Geschütze, sowie zu allerlei taktischen Manövern eine größere Übungsreise zu unternehmen hatte, die sich bis nach den Azoren ausdehnen sollte. Leider war der Beginn dieser Übungsfahrt nicht von Erfolg begleitet. Dem ‚Prinz Friedrich Karl' wurden infolge einer falschen Lotsenanweisung im Großen Belt mehrere Schraubenflügel abgerissen. Die im Hafen von Plymouth vorgenommene Ausbesserung durch Einsetzen der Ersatzflügel gab dem Schiffe nur wenige Knoten Fahrtgeschwindigkeit. Durch Platzen eines Dampfzylinders erlitt die Maschine des Panzers ‚König Wilhelm' einen größeren Schaden, so daß auch dessen Fahrtgeschwindigkeit sich auf zehn Knoten herabminderte. Und um das Unglück vollzumachen, verminderte sich auch die Leistungsfähigkeit der Fregatte ‚Kronprinz' durch einen Maschinenschaden; auch das letzte der Schiffe, das Panzerfahrzeug ‚Prinz Adalbert', zeigte gleichfalls keine besonderen Vorzüge.

In den heimischen Gewässern befanden sich für den Krieg nur wenige Schiffe in Dienst: vier Kanonenboote und einige Schulschiffe, die für einen Seekampf nicht in Frage kamen. Auf den auswärtigen Stationen fuhren im Hinblick auf die noch geringen deutschen Seestreitkräfte nur wenige Schiffe: ‚Herta' und ‚Medusa' in Ostindien, ‚Arkona' im Atlantischen Ozean und ‚Meteor' in Westindien.

Die Stellung der französischen Kriegsflotte zu Beginn des Feldzuges war eine weit günstigere, da Frankreich ohne vorangehende Rüstung in seinen Küstengewässern zwei Übungsgeschwader besaß. Eine Flottenabteilung, die sich aus sechs Panzerfahrzeugen und den dazu gehörigen Begleitschiffen zusammensetzte, stand unter dem Befehl des Vizeadmirals Fourichon und befand sich im Mittelmeere. Drei Panzerschiffe unterstanden dem Admiral Dieudonné; dieses Geschwader zeigte sich im Kanal, ferner konnte eine größere Anzahl von Kriegsschiffen innerhalb zweier Tage in den fünf Kriegshäfen des Landes in Dienst gestellt werden. Bei der Größe der französischen Kriegsflotte ist es selbstverständlich, daß auf den verschiedenen Stationen in der Levante, in Ostasien, im Indischen und Stillen Ozean, in Westindien, in Südamerika, sowie auch an der Westküste von Afrika einzelne Fahrzeuge wie ganze Flottenabteilungen die französische Flagge zeigten, und somit waren die Befürchtungen, daß die französische Flotte urplötzlich in die deutschen Seehäfen einfallen könnte, durchaus berechtigt.

Was tat die deutsche Flottenleitung? Sie nahm darauf Bedacht, das in der Nähe der französischen Küste schwimmende Panzergeschwader heimzubeordern. In den Tagen der Verwicklungen trug Prinzadmiral Adalbert, der Führer der deutschen Panzerflotte, den politischen Verhältnissen durchaus Rechnung. Als er am 10. Juli aus Plymouth fuhr, führte er die Segelorder nach den Azoren wohl weiter aus, aber das Panzerfahrzeug ‚Prinz Adalbert' schickte er nach Dartmouth, um von hier aus die Nachrichten der deutschen Botschaft in London in Empfang zu nehmen. Nicht lange sollten diese ausbleiben. Schon am 13. Juli stieß das Panzerfahrzeug an einem vorher verabredeten Sammelplatz im Ozean zum Geschwader. Die Mitteilungen lauteten sehr ernst und veranlaßten den Admiral, nach Plymouth zurückzukehren und nach einem Aufenthalte von nur wenigen Stunden die Heimfahrt anzutreten. Die gefechtsbereiten Schiffe kamen glücklich am Abend des 16. Juli bei Wilhelmshaven an. Am 17. Juli wurde das überflüssige Segelwerk an Land geschafft und die Schiffe vollständig gefechtsbereit gemacht, dazu mit scharfer Munition Schießübungen abgehalten. Die schnelle Rückkehr des deutschen Geschwaders blieb der französischen Heeresleitung unbekannt, wie aus den Berichten des französischen Admirals hervorging, der noch am 25. Juli nach den deutschen Schiffen suchte und erstaunt war, sie nicht zu finden.

An den Ufern der Elbe, der Weser und der Ems, wie auch an den Gestaden der Nord- und Ostseeküste wurden Befestigungen geschaffen und in aller Eile bei Kiel, Wilhelmshaven, Cuxhaven schnell Werke angelegt und mit Geschützen besetzt, und die Flußhäfen sämtlicher gefährdeten Fahrwasser wurden durch Sperren eingeengt. Zu dem Zwecke benutzte man Seeminen, Ketten, Taue, Balken. Zahlreiche Beobachtungsstationen an der ganzen Seeküste von Borkum bis Memel standen mit dem Telegraphennetze des Landes in Verbindung. Diese gewiß nicht kleine Aufgabe der Verteidigung kam rasch zur Ausführung und bot trotz der Schnelle eine sichere Vorkehrung gegen etwaige Angriffe des Feindes. Vizeadmiral Jachmann mußte bei der Mobilmachung eine Verteilung der Seestreitkräfte an der Seeküste vornehmen. Drei Panzerfregatten, sowie die königliche Jacht ‚Grille' und fünf Kanonenboote wurden auf die Außenjade gelegt, um dieses Fahrwasser und Wilhelmshaven zu schützen. Für die Weser, die damals noch keine hinreichende Wassertiefe besaß, um größere Seeschiffe passieren zu lassen, genügten als Schutz vier Kanonenboote. Das Elbwasser wurde geschützt durch Küstenbatterien, die sich noch im Ausbau befanden, und durch drei Kanonenboote. Zur Bewachung der Ems und zur Beunruhigung der feindlichen Verbindungslinien dienten zwei Fahrzeuge. Ungeschützt blieb die Mündung der Eider. In der Ostsee besaß Kiel zwei Avisos zur Auskundschaftung, und zur Verteidigung vier Kanonenboote, eine Hafensperre, sowie die Küstenbatterien. Bei Rügen und Stralsund lagen zwei Schiffe, die ‚Danzig' und die kleine ‚Nymphe'. Der sorgsam erwogene Verteidigungsplan konnte selbstverständlich sich nur auf eine Verteidigung beschränken. Denn die Stärke der französischen Kriegsflotte schloß ein Vorgehen der deutschen Flotte aus. Zur Verteidigung der Seeküste stellten die Landtruppen das Seebataillon, eine Seeartillerieabteilung und die vier mobilisierten Armeekorps der Küstenprovinzen. Vom 28. Juli an verblieben nur die 17. Division in Schleswig-Holstein, drei Landwehrdivisionen und etwa neunzigtausend Mann zur Verfügung des Generals Vogel von Falkenstein, der das Küstenkommando innehatte.

••••

2. Auf der Wacht an der Seeküste.

An der deutschen Seeküste.

Tausend fleißige Hände arbeiteten in den kritischen Tagen tagaus, tagein, um die Häfen und Strommündungen in einen wirksamen Verteidigungszustand zu setzen. Das deutsche Geschwader erwartete stündlich den Angriff der anrückenden französischen Flotte; dies geschah jedoch nicht. Die feindliche Flotte nahm ihren Weg um Skagen nach der Ostsee und versperrte damit diese Fahrstraße für deutsche Schiffe.

An der deutschen Nordseeküste ließ sich wochenlang kein feindliches Schiff sehen. Im Süden von Skagen liegt die Aalbeck-Bucht. Hier warf das französische Geschwader Anker, wartete eine Reihe von Tagen, und an dieser unerklärlichen Wartezeit zeigte sich, daß eine zielbewußte Kriegführung zur See von seiten der Franzosen ausbleiben würde. Viel eher kann von einer Ratlosigkeit gesprochen werden. In späterer Zeit kam die Kunde hiervon auch nach Deutschland.

S. M. S. ‚Arminius'.

Unter den deutschen Schiffen, die sich in der Ostsee befanden, hatten noch ‚Arminius' und ‚Elisabeth', sowie eine Anzahl Kanonenboote ihren Weg um Skagen zu nehmen. Es erschien fraglich, ob diese Schiffe noch vor der Ankunft der wiederholt gemeldeten französischen Flotte die Nordsee erreichten. Der Befehl zum Auslaufen war gegeben und wieder zurückgenommen worden; allein für den ‚Arminius' war es schon zu spät, dieser fuhr bereits in der See.

Am 28. Juli kam ihm die feindliche Flotte zu Gesicht. Es konnte durchaus als sicher gelten, daß die dänischen Lotsen die feindlichen Fahrzeuge auf das deutsche Schiff aufmerksam machten. Der Führer des ‚Arminius' schlug allen ein Schnippchen, indem er scheinbar den Rückzug einschlug, dann, als er aus der Gesichtsweite der feindlichen Flotte war, nach der schwedischen Küste hinübersteuerte und unter dem Schutze der Küste in weitem Bogen am 29. Juli um Kap Skagen fuhr. Der französische Admiral sandte dem deutschen Kriegsschiff drei Panzerfahrzeuge und einen Kreuzer nach, doch diese verloren die Spur des deutschen Schiffes. Der verdienstvolle Kapitän des ‚Arminius', Korvettenkapitän Livonius, entging durch seine geschickten Manöver der ernsten Gefahr und erreichte ohne Überfall die Nordsee.

Um der zweiten feindlichen Flotte nicht zu begegnen, die ja sicher unter dem Schutze von Helgoland die Blockade der deutschen Nordseeküste ausführen würde, fuhr das Schiff zur Nachtzeit in die Elbe ein. Einige Tage vor dieser Fahrt hatten auch einige Kanonenboote gleichfalls ihr Bestimmungsziel, die Jade, erreicht. Die größeren Kanonenboote, die noch im Ostseegebiete vorhanden waren, erreichten trotzdem ihren Bestimmungshafen an der Nordseeküste, indem man den Eiderkanal, dessen Schleusenanlagen durch rasch vorgenommene Arbeiten erweitert wurden, für diese Kriegsschiffe fahrbar machte. — —

Bis zum 17. August blieb das französische Geschwader völlig untätig; weder zerstörte es die errichteten Verteidigungswerke, noch wurden von ihm die Küsten beunruhigt, nur Kauffahrer jagte es und beeinträchtigte damit für kurze Zeit den Handel.

Ernsten Gefechten mit den Schiffen der deutschen Flotte ging der Admiral Villamuez-Bouët aus dem Wege. Nur einige Male kam es zu Zusammenstößen, die durchaus keinen ruhmvollen Ausgang für die Franzosen nahmen.

Am 17. August unternahm Korvettenkapitän von Waldersee eine Erkundigungsfahrt nach dem Sunde. Unweit der Insel Moen stieß sein Schiff, die ‚Grille', auf einen französischen Aviso, den sie einige Stunden feuernd verfolgte. Als säße der Böse hinter ihm, so eilte das fremde Fahrzeug davon, immer auf das Gjedser Reff los. Der Besatzung der ‚Grille' war so etwas noch nicht vorgekommen. Leider kam die ‚Grille' nicht in Schußweite, der Aviso hatte es gar zu eilig. Waren die Vorbereitungen zum Kampfe ganz umsonst gemacht worden? O nein. In der Ferne stieg Rauch auf. Dem Aviso kam Hilfe von dem Hauptteil der feindlichen Flotte.

Es war gegen elf Uhr. Fünf große feindliche Schiffe hatten die Not ihres Gefährten bemerkt und erwiderten seine Signale. Die ‚Grille' stoppte und beobachtete.

Jetzt kamen die Franzosen heran. Voran dampfte eine mächtige Panzerfregatte, dann folgte eine große Korvette. Unter diesem Schutze fühlte der Aviso Mut und griff an, um Lorbeeren zu ernten. Waldersee ließ sie genügend herankommen und schickte ihnen dann einen donnernden Gruß zu. Der Aviso, dem dieser Schuß galt, wendete wieder und floh hinter die Panzer. Nun begannen die Franzosen zu bombardieren. Leider fielen ihre Granaten zu kurz oder gingen über das deutsche Schiff hinweg. Die ‚Grille' blieb die Antwort nicht schuldig. Sie erhielt Verstärkung durch

Kanonenboote unter Führung des Kapitäns Rodenacker. Sie griffen, obwohl nur für den Küstendienst bestimmt, sogleich lebhaft in den Kampf ein. Nach einer Stunde hatten die Franzosen noch keinen Vorteil errungen. Sie riefen durch Signale die noch in Reserve liegenden Schiffe heran. Vier Panzer, eine Korvette und ein Aviso stürmten brausend heran.

Kommandant Waldersee zog sich langsam mit den Kanonenbooten in das flachere Wasser bei der Insel Rügen zurück. Um fünfeinhalb Uhr lagen die Deutschen wieder auf ihrem alten Ankerplatze. Die Erkundigungsfahrt verlief glänzend. —

Eine zweite schöne Ruhmestat der jungen Marine bildete die Nachtfahrt der ‚Nymphe', die sich nach dem Berichte des Kommandanten, Korvettenkapitän Weickhmann, folgendermaßen zutrug:

„Am 21. August mittags kam das Danziger Schiff ‚Präsident von Blumental' in den Hafen von Neufahrwasser mit der Nachricht, daß es am 20. ein französisches Geschwader bei Rixhoeft passiert hätte, ohne angehalten worden zu sein. Die Nachricht, daß drei Panzer und ein Aviso dort seien, war schon telegraphisch bei der hiesigen Kommandantur den Abend vorher eingegangen; am 22. morgens dieselbe Nachricht von Rixhoeft und von Hela.

Die Erstürmung des Lagers von Buschiri.

„Um elf Uhr wurde zuerst Rauch bei Hela gesehen; um zwei Uhr steuerten drei Panzer, ein großer (Vollschiff) und zwei etwas kleinere (Barken), sowie ein Aviso langsam zwischen Hela und der Westerplatte in die Putziger Bucht, wo sie gegen Abend sechs Uhr etwa fünfzehn Meilen von S. M. Schiff ‚Nymphe' ankerten und liegen blieben. Die Schiffe lagen in Querlinie von Westen nach Osten. Infolgedessen beschloß ich, während der Nacht eine Rekognoszierungsfahrt zu machen. Um elfeinhalb Uhr, nachdem die Hafensperre beseitigt, ging ich mit der ‚Nymphe' unter Dampf nach See, um zwölf Uhr aus dem Hafen, Kurs Nord zu Ost Volldampf voraus. Um ein Uhr fünfzehn Minuten kamen die feindlichen Schiffe genau in Querlinie und dicht nebeneinanderliegend in Sicht. Östlich von den Schiffen oder zwischen ihnen durch konnte ich nicht gehen, da der Mond inzwischen aufgegangen war, weshalb ich an der Landseite soweit ging, bis sich die drei ersten Schiffe (bei einer Entfernung von etwa dreitausend Fuß) zu decken anfingen, dann Ruder hart Backbord, bis die Schiffe querab waren und die ‚Nymphe' sich in etwa zweitausendfünfhundert Fuß Abstand befand. Darauf gab ich bei Ruder mitschiffs und halb Dampf voraus eine konzentrierte Breitseite auf den ersten Panzer ab, und es erschien infolgedessen auf allen Schiffen sofort Licht, das bis dahin nicht vorhanden gewesen war. Dann wurde mit Steuerbord-Ruder hinter den Schiffen gewendet und die andere Breitseite abgegeben, die sofort von verschiedenen Schiffen mit etwa vier Schuß beantwortet wurde. Als der Rauch verzogen, war deutlich zu sehen, daß alle Schiffe schon Kohlen aufschütteten, obgleich seit der ersten Breitseite kaum fünf bis sechs Minuten verflossen waren. Da hieraus zu ersehen, daß die französischen Schiffe zum Kampfe vollständig vorbereitet waren, so hielt ich sofort mit Volldampf nach dem Hafen zurück. In etwa sechs bis acht Minuten drehte der große Panzer nach uns zur Verfolgung um und feuerte in Zwischenräumen von drei bis fünf Minuten etwa noch sechs Schuß, sich an unserer Backbordseite anfangs scheinbar nähernd. Gleichzeitig fielen etwa vier Schüsse etwas an Steuerbord hinter dem Schiffe von den beiden andern Panzern, die auch sofort die Verfolgung angefangen hatten, der Dunkelheit halber aber nicht unterschieden werden konnten. Nachdem wir zwei Meilen gelaufen, sahen wir die Schiffe nicht mehr, kamen etwa um drei Uhr gegen den Hafen und gingen hinein."

Angriff der ‚Nymphe' auf das französische Blockadegeschwader.
Von Professor Hans Petersen.

Nicht lange darnach zog sich die französische Flotte an die heimische Küste zurück, die Schiffahrt in der Ost- und Nordsee war nicht mehr behindert.

••••

3. Die Kreuzfahrten der ‚Augusta'.

Nachdem die französische Flotte im Kriege 1870 das Ostseegebiet geräumt hatte, bestand die Möglichkeit, die schnellfahrenden deutschen Kreuzer in das Gebiet des Atlantischen Ozeans hinüberzuführen, um hier Kreuzfahrten zu unternehmen, die sich gegen die Zufuhr von allerlei Kriegsmaterial richteten. Gambetta hatte zur Wehrhaftmachung seines Volkes größere Lieferungsaufträge an das Ausland aufgegeben, und von amerikanischen und englischen Seeplätzen liefen dauernd Sendungen von Ausrüstungsgegenständen ein. Zahlreiche Dampfer brachten Geschütze und Gewehre nebst Munition. Gelang es Deutschland, diesen Handel zu unterbinden, so lag damit die Möglichkeit vor, das Ende des Krieges noch schneller herbeizuführen.

Admiral Jachmann setzte in richtiger Weise die Richtlinien hierfür fest, konnte sie aber nicht so schnell zur Durchführung bringen, da sich mancherlei Störungen in dem jungen Marinebetriebe zeigten. Für die

Kreuzfahrten im Atlantischen Ozean konnte nur ein schnellfahrender Kreuzer in Frage kommen, und die Oberleitung der Marine gab der Werft in Danzig den Befehl zur Ausrüstung der ‚Augusta', da sie sich für diese Zwecke besonders eignete. Am 26. Oktober konnte das Schiff in Dienst gestellt werden. Die Vorbereitungen, das Einfahren des Maschinenpersonals, die Ausrüstung erforderten einen vollen Monat, so daß das Kreuzerschiff erst Ende November nach Kiel in See ging.

Kommandant des Kreuzers war Korvettenkapitän Weickhmann, dem ein Offizierkorps von zwölf Köpfen zur Seite stand. Die Mannschaft umfaßte zweihundertein Mann, dazu trug das Schiff an Geschützen sechs gezogene Vierundzwanzigpfünder und vier Zwölfpfünder; die Kohlenbunker faßten vierhundert Tonnen. Die großen Kohlenvorräte erlaubten dem Schiff, vierzehn Tage mit voller Kraft fortzudampfen; da auch die Segelausrüstung des Schiffes vortrefflich war, ermöglichte sie eine noch größere Zeitdauer der Kreuzfahrt. Auf einen Nahkampf mit französischen Panzerschiffen sich einzulassen, schien nicht geboten. In der Mitte des Monats Dezember dampfte die ‚Augusta' um Skagen herum in die Nordsee. Es mußte scharf Obacht gegeben werden — bei dem herrschenden Unwetter keine leichte Aufgabe.

In einem schottischen Hafen fand während der Weihnachtstage Kohlenübernahme statt. Am zweiten Weihnachtstag ging die ‚Augusta' wiederum in See, um eine Kreuzfahrt an der französischen Küste zu unternehmen. Als erste Aufgabe hieß es, besonders vor Brest zu kreuzen. Während der Kreuzfahrt vor dem französischen Hafen mußte scharf Ausguck gehalten werden nach den von Amerika eintreffenden Dampfern. Das Wetter und die Kürze der Tage erschwerten das Beginnen außerordentlich. Das Wetter gestaltete sich immer schlechter, und die fortgesetzt wehenden stürmischen Nordwestwinde erschwerten die Untersuchung bedeutend. Bei den am zweiten Weihnachtstag untersuchten Schiffen zeigte sich alles in Ordnung. Am Ende des Monats Dezember herrschten leichtere Winde, trotzdem war aber die Wellenbewegung so stark, daß die Boote nur mit größter Vorsicht zu Wasser gelassen und wieder gehißt werden konnten. Bis zum 2. Januar hielt sich die Korvette in den Gewässern vor Brest auf, ohne daß ein verdächtiger Dampfer in ihren Gesichtskreis kam.

Die ‚Augusta' nimmt vor der Girondemündung zwei französische Schiffe und verbrennt einen französischen Regierungsdampfer. Von Professor Hans Petersen.

Der Führer der ‚Augusta' faßte den Entschluß, nach den südlichen französischen Gewässern vor die Gironde zu fahren, da dort sicherlich eher französische Handelsschiffe anzutreffen seien. In großer Fahrt eilte das deutsche Schiff seinem neuen Ziele zu, und schon in der Nacht zwischen dem 3. und 4. Januar lag die ‚Augusta' vor Bordeaux. Als eben das Dämmerlicht begann, wurde ein Segelschiff, eine Brigg ‚Sainte Marie', angehalten. Sie führte Mehl und Hartbrot nach Bordeaux, das für die neu zu bildende französische Südarmee bestimmt war. Wegen seiner Ladung wurde das Schiff als Prise erklärt. Der Kapitän und fünf Matrosen blieben an Bord, und als Befehlshaber erhielt es den Seekadetten Reimann, mit dem fünf deutsche Matrosen, die sich freiwillig meldeten, an Bord der ‚Sainte Marie' übergingen. Die Ausrüstung der Brigg wurde ergänzt, namentlich noch Süßwasser herübergebracht. Der junge Schiffsführer erhielt Befehl, um Schottland herum einen deutschen Hafen aufzusuchen. Als alles bereit war und die Brigg unter eigenem Segelbeistand dahinfuhr, bildeten drei Hurrarufe einen wirkungsvollen Abschiedsgruß. — Während dieser Zeit waren schon verschiedene Segelschiffe in die Gironde eingefahren. Wieder rauschte eine stolze Bark, 'Pierre Adolphe', heran. Der deutsche Kreuzer hielt auf sie zu und feuerte einen blinden Schuß ab zum Zeichen, daß sie die Segel einziehe und anhalte. Die Untersuchung ergab, daß die Ladung der Bark, Weizen und Proviant, für die Südarmee bestimmt war. Auch diese Prise sollte die Seereise nach Deutschland antreten. Kapitän, Lotse und neun Mann waren an Bord dieses Schiffes. Drei Matrosen kamen an Bord der ‚Augusta' herüber. Nachdem man auch diesem Schiff die Wasservorräte ergänzt hatte, schickte man es unter Führung des Seekadetten Dühring, dem sich fünf deutsche Matrosen anschlossen, nach einem deutschen Hafen. Die üblichen Abschiedsrufe boten auch diesem Schiff den letzten Gruß, ehe die Fahrt begann. Inzwischen ließ der Kapitän Weickhmann die ‚Augusta' klar zum Gefecht machen, denn es war nicht unwahrscheinlich, daß französische Kreuzer ausliefen, um auf das deutsche Schiff Jagd zu machen, das nun schon während acht Stunden seine Tätigkeit ausübte. In der späten Nachmittagsstunde kam ein Dampfer in Sicht, der die französische Flagge führte. Ein scharfer Schuß, der vor dem Bug des Schiffes ins Wasser ging, ließ den Führer sofort die Lage erkennen, Flagge und Wimpel wurden niedergeholt und die Maschinen gestoppt. Der angehaltene Dampfer erwies sich als ein französisches Transportschiff, das keine Geschütze führte. Der die Untersuchung leitende deutsche Offizier konnte melden: ‚Transportdampfer Mars' von Rochefort nach Bordeaux mit Uniformen, Lager- und Lazarettgerät für die dort zu bildende Südarmee bestimmt. Kapitän Pierre Boudet, Besatzung siebenundzwanzig Matrosen und Heizer der französischen Marine, keine Geschütze, nur Handwaffen an Bord. Kohlenvorrat reicht für einen Tag." — Der Versuch, die Prise an den deutschen Kreuzer heranzubringen, um die kostbare Ladung zu bergen, glückte nicht. Daher wurden die Boote zu Wasser gelassen und die französische Besatzung nebst Kleidersäcken herübergebracht. Mehrere Ballen und Kisten, deren Inhalt meistens aus Uniformen bestand und an Deck lagerten, kamen gleichfalls noch an Bord der ‚Augusta'. Nach einer kurzen Beratung mit den übrigen Offizieren bestimmte der Kommandant, daß das Schiff zu zerstören sei. Die Ventile der Maschine wurden geöffnet, das Schiff in Brand gesetzt, der Kreuzer feuerte zehn Granaten auf den Dampfer. Mit Einbruch der Dunkelheit verließ dann die ‚Augusta' den Schauplatz ihrer Taten. Wenn sie bis dahin auch vom Glücke begünstigt war, so galt es als nicht unwahrscheinlich, daß französische Kriegsschiffe aus den benachbarten Häfen gegen sie ausliefen. Der deutsche Kommandant fuhr deswegen mit seinem Schiff nach dem spanischen Hafen Vigo, der am 7. Januar, nachdem noch während der Fahrt verschiedene Fahrzeuge untersucht worden waren, glücklich erreicht wurde. In Vigo blieb das Schiff vorläufig liegen. Der Hafen zeichnet sich durch eine günstige Lage aus und hat drei Ausgänge.

Am 13. Januar lief eine französische Panzerfregatte ‚Heroine' in den Hafen ein, zwei andere Panzerschiffe folgten, um die Abfahrt des deutschen Schiffes zu verhindern. Dieses versuchte in der Nacht vom 27. zum 28. Januar zu entwischen; allein, es gelang nicht. Am 7. Februar, als der

Waffenstillstand abgeschlossen war, trat die ‚Augusta' von Vigo die Heimreise an und beendete damit die erfolgreiche Kreuzfahrt.

••••

4. Das Seegefecht bei Havanna.

Seit Ende des Jahres 1869 war das kleine deutsche Kanonenboot ‚Meteor' unter dem Kommando des Kapitänleutnants Knorr in Westindien stationiert. Das Schiff hatte eine Größe von dreihundertsiebenundvierzig Tonnen, eine schwache Maschine von dreihundertzwanzig Pferdestärken. Seine größte Geschwindigkeit betrug nicht mehr als sieben Knoten, das ist kaum fünfzehn Kilometer in der Stunde. Die Bewaffnung war eine recht starke. Außer einer mittschiffs aufgestellten Fünfzehnzentimeterkanone, die nach beiden Seiten feuern konnte, trug das kleine Schiff noch zwei Zwölfzentimetergeschütze, die am Bug und am Heck standen. Die Besatzung zählte im ganzen zweiundsechzig Mann. Am 7. November 1870 morgens fuhr der ‚Meteor' in den Hafen von Havanna auf Kuba ein. Die notwendigen Arbeiten waren kaum beendet, da ankerte auch der französische Kriegsaviso ‚Bouvet', der bedeutend stärker war, im Hafen. Durch eine Maschine von 620 Pferdekräften erzielte das Schiff eine Fahrt von 20,4 Kilometer in der Stunde. Außer einer Besatzung von fünfundachtzig Mann gaben dem französischen Kriegsdampfer ein Sechzehnzentimetergeschütz auf dem Achterdeck, zwei Zwölfzentimetergeschütze an den Breitseiten und vier Drehbassen auf der Verschanzung eine größere Kampfkraft. Die Neutralität des Hafens erforderte, daß in seiner Nähe kein Gefecht stattfinden durfte. Trotz der vorzüglichen Verfassung des feindlichen Schiffes wollte das Kanonenboot unter Knorr einen Kampf erzwingen. ‚Meteor' dampfte deshalb des Mittags wieder hinaus und lud dadurch den ‚Bouvet' zum Kampfe ein. ‚Bouvet' kam nicht, er ließ sich nicht hinauslocken. Am Abend fuhr das deutsche Kanonenboot wieder in den Hafen ein. Kaum hatte das deutsche Schiff festgemacht, da erschien ein spanischer Offizier und eröffnete dem Kapitänleutnant Knorr, daß es der Neutralität entspräche, erst vierundzwanzig Stunden nach Abfahrt des französischen Schiffes den Hafen zu verlassen. Am 8. November mittags lichtete das französische Kriegsschiff seine Anker und fuhr hinaus. Genau vierundzwanzig Stunden später, am 9. November um ein Uhr mittags, folgte nach ungeduldigem Warten das kühne deutsche Schiff. Stolz wehte von der Gaffel die Flagge des Norddeutschen Bundes, und mutvoll beseelte das Kampfgefühl die deutschen Marinesoldaten. Nur ein Gedanke war in ihnen: im Kampfe zu siegen oder unterzugehen. Die Kunde von dem zu erwartenden Seegefecht verbreitete sich blitzschnell in der Stadt, und viele tausend Zuschauer begaben sich in die Nähe der Hafenausfahrt auf die Festungswerke und die hohen Ufer. Die vielen Deutschen, die in der Stadt wohnten, beherrschte die bange Sorge, ob das kleine deutsche Kriegsschiff auch dem stärkeren französischen Gegner gewachsen sei. Stolz zog das deutsche Schiff seine Bahn. Vor dem Hafen wurde ‚Klar Schiff' gemacht; alles war zum Gefecht bereit und jedem Geschütz ein bestimmter Teil des feindlichen Schiffes als Zielpunkt angewiesen. Besonders sollten die Maschine und die Wasserlinie beachtet werden. Die Absicht des kühnen Kommandanten ging dahin, den Gegner so zu treffen, daß er sich nicht bewegen konnte, und dann wollte er ihn durch Enterung nehmen. Etwa drei Seemeilen vom Lande entdeckten sie das französische Schiff. Der Kommandant Knorr, der nachmalige Admiral der deutschen Flotte, richtete an die Mannschaft kernige und herzliche Worte und legte ihnen vor allen Dingen die Pflicht auf, im Kampfe auf die Kommandos zu achten und nicht eher zu feuern, als bis der Befehl dazu gegeben sei. Während dieser Zeit schon grüßten die ersten Schüsse, die ihr Ziel verfehlten und ins Wasser schlugen, in einer Entfernung von zweitausend Meter vom französischen Schiff herüber. Ein lautes Hurra der deutschen Matrosen war die Antwort. Nachmittags halb drei Uhr war der ‚Meteor' auf etwa tausend Meter an den feindlichen Aviso herangekommen; jetzt eröffnete er das Feuer. Der Tanz hatte begonnen. Für kurze Zeit wurde nun von beiden Seiten ein lebhaftes Geschützfeuer unterhalten, ohne jedoch irgendeine ersichtliche Wirkung zu erzielen. Eine leichte nordöstliche Brise bewegte das Schiff, das durch sein Schlingern die Bedienung der Geschütze erschwerte. Das Kanonenboot stand südlich vom Feinde und steuerte, immer Feuer gebend, in nordöstlicher Richtung auf ihn zu. Da, als die Entfernung nur noch sechshundert Meter betrug, ging der ‚Bouvet' mit voller Dampfkraft auf den ‚Meteor' los, um ihm in die Seite zu rennen und ihn so dem sicheren Untergange zu weihen. Mächtig schnitt das Schiff durch die aufschäumenden Wogen. Rechtzeitig erkannte der umsichtige Kapitänleutnant Knorr die Gefahr, und keinen Augenblick verlor er die Ruhe. Ein klarer Befehl, eine entsprechende Ruderbewegung, und der Plan des Gegners war vereitelt! Gleichzeitig wurde der Befehl zum Entern gegeben; nur einige Mann, die bei den Geschützen standen, blieben zurück, die übrigen griffen zu den Handwaffen, um in den wenigen Sekunden, da das stattliche, hochbordige französische Schiff vorbeistrich, dieses unter Feuer zu nehmen. Als der ‚Bouvet' heranbrauste, war die ernsteste Gefahr vorüber. Beide Schiffskörper stießen in einem schwachen Winkel zusammen und jagten unter entgegengesetztem Kurse aneinander vorbei. Im Vorbeifahren fiel auf deutscher Seite ein Steuermann, der neben dem Kommandanten auf der Kommandobrücke stand; ein Matrose wurde an Deck getötet. Die deutsche Mannschaft hatte sich im Augenblick der Gefahr glatt auf die Erde gelegt, um nicht von den Bordwänden des ‚Bouvet' aus unter Feuer genommen zu werden, da diese einundeinhalb Meter höher waren. Während dieser Zeit hatte die Artillerie mit einigem Mißgeschick zu kämpfen. Im Augenblick des Vorbeistreichens riß dem Buggeschütz die Abzugsleine, und als dann endlich der Schuß losging, wurde nur noch das Hinterteil des ‚Bouvet' getroffen. Der ‚Bouvet' hatte sämtliche Backbordwanten und die beiden an Backbord hängenden Boote abgerissen und zerschlagen. Dazu zertrümmerte die Fockrahe des Franzosen diejenige des ‚Meteor' und knickte den Großmast über Deck ein, der wiederum den hinteren Mast abbrach. Dabei fiel der letztere sofort über die Steuerbordseite und zertrümmerte mit seinem unteren Ende auch die Kommandobrücke. Freischwebend hing er an dem zugehörigen Tauwerk an der Bordwand über Wasser. Eine angsterregende Szene; das Kanonenboot schien in große Bedrängnis geraten zu sein. Der Wellenschlag kam vom Steuerbord und holte bei den heftigeren Schlingerbewegungen stärker nach Backbord über. Der Großmast schwankte hin und her und drohte jeden Augenblick nach der Backbordseite hinüberzufallen und die Geschütze gefechtsunfähig zu machen. Die Gefahr war aufs höchste gestiegen. In diesen Augenblicken hing alles von der Tüchtigkeit der Geschützführung ab. Durch ein geschicktes Manövrieren wollte der Schiffsleiter das Schiff so führen, daß der gebrochene Mast nach Steuerbord hinüberfiel, damit die Geschütze wieder ungestört Feuer geben konnten. Vorzüglich glückte das Manöver. Während dieser Drehbewegung war der ‚Bouvet' in die Visierrichtung des Hintergeschützes gekommen, und der Geschützführer, der beste Schütze an Bord, Bootsmannsmaat Wage, der die Gunst der Lage erkannte, wartete keinen Befehl ab, sondern feuerte mit größter Kaltblütigkeit. Sausend schlug die vierundzwanzigpfündige Granate in den Rumpf des ‚Bouvet' ein. Sie hatte gut getroffen. Die weißen Dampfwolken, die gleich darauf aufstiegen, bewiesen, daß der verwundbarste Teil des Schiffes, die Maschine, getroffen war. Das fremde Schiff war kampfunfähig. Ob dieses erfolgreichen Schusses brach unter den deutschen Matrosen ein heller Jubel aus. Jetzt hieß es, sich so schnell wie möglich von den hängenden gestürzten Masten zu befreien und die verbindenden Taue zu kappen, um dem Gegner auf den Leib zu rücken. Ein letzter Kampf, Mann gegen Mann, sollte über das Schicksal der Schiffe entscheiden. Leider ging das nicht so schnell, wie man auf dem deutschen Schiffe erwartet hatte. Durch Tauwerk der herunterhängenden Takelage war die Schraube unklar geworden. Als endlich Schraube und Ruder wieder arbeiteten, war eine kostbare halbe Stunde vergangen. Während dieser Zeit hatte der ‚Bouvet' Segel gesetzt, um in schleuniger Flucht den schützenden Hafen zu erreichen. Der ‚Meteor' näherte sich, da er mit voller Kraft fuhr, zwar wieder dem feindlichen Schiffe und nahm das Geschützfeuer auf, jedoch schon nach dem vierten Schusse erreichte der Franzose die schützende spanische Hoheitsgrenze, und die spanische Korvette ‚Hernan Cortez' zeigte dies durch einen Schuß an. Jetzt mußte der ‚Meteor' die Verfolgung aufgeben. Unbeholfen und schwer bewegte sich das französische Schiff in den Hafen; die Zuschauer an der Hafeneinfahrt grüßten es mit eisigem Schweigen. Bald darauf lief schnell und behende der ‚Meteor' ein.

Sein Äußeres wies deutlich darauf hin, daß er durch den Kampf schwer mitgenommen war; die Masten und ein Teil der Kommandobrücke fehlten, aber dennoch: stolz als Sieger zog das kleine deutsche Schiff dicht an den Ufern vorbei, und mächtiger Beifallssturm brauste vom Land herüber. Er galt der kleinen, tapferen Streiterschar, die mutvoll für die Ehre der deutschen Flagge einem stärkeren Gegner entgegengetreten war.

Am nächsten Tage wurden die beiden an Bord fürs Vaterland Gefallenen auf dem Gottesacker von Havanna bestattet; es war eine selten schöne Begräbnisfeierlichkeit. Den Gefallenen des ‚Bouvet' wurde ein Seemannsgrab auf offener See zuteil.

Der ‚Meteor' blieb noch lange im Hafen von Havanna, um gründlich seine Schäden auszubessern; den glücklichen Schützen und den umsichtigen Kommandanten schmückte von dem Tage an das Eiserne Kreuz.

••••

Michel, horch, der Seewind pfeift!

Michel, horch, der Seewind pfeift,
Auf, und spitz die Ohren!
Wer jetzt nicht ins Ruder greift,
Hat das Spiel verloren.
Wer nicht jetzt sein Teil gewinnt,
Wird es ewig missen.
Michel, horch, es pfeift der Wind,
Segel gilt's zu hissen!

Denk' des Ruhms vergangner Zeit
Und der alten Lehre:
Volkes Wohl und Herrlichkeit
Blüht auf freiem Meere.
Schläfst du wieder, altes Kind?
Hurtig aus den Kissen!
Hurtig auf, ins Boot geschwind,
Segel gilt's zu hissen!

Droben überm Nordseestrand

Schimmern Meeresweiten:
Deutsches Meer war's einst genannt —
Hei, das waren Zeiten!
Heldenzeiten, hochgesinnt,
Kühner Tat beflissen —
Michel, horch, es pfeift der Wind,
Segel gilt's zu hissen!

Und wie alter Helden Ruf
Tönt's aus fernen Tagen:
Was die Kraft der Ahnen schuf,
Du auch sollst es wagen!
Michel, eh' die Zeit verrinnt,
Schlag an dein Gewissen —
Michel, horch, es pfeift der Wind,
Segel gilt's zu hissen!

Sieh die Nachbarn! Meer um Meer
Sperren sie mit Ketten,
Michel, schärf' die alte Wehr,
Rette, was zu retten!
Michel, bist du taub und blind?
Hurtig aus den Kissen!
Hurtig auf, ins Boot geschwind,
Segel gilt's zu hissen!

Gottfried Schwab.

(Aus: „Wolkenschatten und Höhenglanz". Augsburg, Theodor Lampart.)

Die deutsche Flotte im Kampf um den Kolonialbesitz.

1. Ostafrika.

In den achtziger Jahren ließen sich an verschiedenen Stellen der afrikanischen Küste deutsche Kaufleute nieder, die von den dort ansässigen Häuptlingen der Eingeborenen Gebietsteile erwarben. Eine festere Gestalt nahmen diese Landstriche für das Vaterland an, als sich im Jahre 1884 auf Anregung Doktor Peters' in Berlin ein Kreis von Herren zusammentat, um eine Gesellschaft für deutsche Kolonisation zu gründen. Sie erachteten als ihr Arbeitsgebiet, in außereuropäischen Ländern Ackerbau- und Handelskolonien zu schaffen. Die zur Ausführung solcher weitgreifenden Pläne nötigen Gelder wurden in verhältnismäßig kurzer Zeit beschafft. Man begann sofort mit der Ausführung des Planes, indem man die Herren Doktor Peters, Graf Pfeil und Jühlke nach Ostafrika hinaussandte.

Diesen kühnen Männern gelang es, eine Reihe Verträge mit den Häuptlingen der Eingeborenen abzuschließen, so daß ein Gesamtgebiet von über zweitausend Quadratmeilen von ihnen erworben wurde. Diese Bezirke konnten dann im Jahre 1885 unter den Schutz des Deutschen Reiches gestellt werden.

Gegen das Auftreten der Deutschen im Küstengebiete Ostafrikas wandte sich der Sultan von Sansibar, und ihm mußten erst die in die dortigen Gewässer gesandten Schiffe 'Prinz Adalbert', 'Stosch', 'Elisabeth' und 'Gneisenau' Achtung vor der deutschen Macht einflößen. Als die deutsche Flottenmacht gegenüber dem Sultanspalaste vor Sansibar lag, willigte er in die von deutscher Seite aufgestellten Forderungen und erkannte Deutschlands Oberhoheit über die Küstenbezirke an.

Die junge Kolonie sollte sich nicht ungetrübt entwickeln. Das Eindringen der deutschen Kaufleute als Kulturpioniere paßte den im Küstenstriche ansässigen arabischen Händlern durchaus nicht, ihre Macht schwand, und da die herrschende Gewalt auf das Deutschtum überging, sahen sie sich in ihren Einkünften geschmälert, zumal auch jetzt Ernst gemacht wurde in der Bekämpfung des Sklavenhandels, der bis dahin ein gutes Geschäft für die farbigen Händler bildete. Der offene Aufstand begann. Die noch nicht hinreichend befestigten Stationen fielen den Aufständischen im ersten Ansturm in die Hände. Gewalt und grauenhafte Taten wurden von den aufständischen Eingeborenen und Arabern verübt, das Hinterland der Kolonie befand sich im hellen Aufstande. Wenn nicht alles verloren gehen sollte, mußte kraftvoll eingegriffen werden. Im Küstengewässer waren zu Beginn des Aufstandes nur die Korvetten ‚Leipzig' und ‚Sophie', sowie der Kreuzer ‚Möwe' anwesend; die von diesen Schiffen gelandeten Marinemannschaften hatten die Ehre der deutschen Flagge zu wahren, sie mußten den ersten Ansturm aushalten, bis neue Verstärkungen aus dem Heimatlande herankamen.

Im August des Jahres 1888 begann der Aufstand im Norden des Schutzgebietes, in Pangani; dort weigerte sich der Wali des Ortes, den von der Ostafrikagesellschaft eingesetzten Bezirkshauptmann anzuerkennen. Das Erscheinen des Kreuzers ‚Möwe', dem bald die ‚Carola' folgte, genügte, um den Widerstand des Walis zu brechen. Von seiten der Schiffsleitungen sah man davon ab, die Schwarzen zu bestrafen, und dadurch schwoll diesen der Mut. In Tanga, Bagamoyo und anderen Küstenplätzen begann die offene Empörung.

Am 6. September 1888 lag der Kreuzer ‚Möwe' vor Tanga. Ein Marineboot, das ans Land fuhr, um Lebensmittel aufzukaufen, wurde vom Lande her mit Schüssen empfangen. Die Mannschaft sah sich gezwungen, zurückzukehren. In verstärkter Zahl kam eine Landungsabteilung von vierzig Matrosen zurück, die Schiffsgeschütze der ‚Möwe' feuerten in die arabischen Linien hinüber, dazu drang die in Schützenlinie aufgelöste Abteilung unter lebhaftem Gewehrfeuer vor. Die Araber mußten den erstürmten Ort räumen. Glücklicherweise gab es auf deutscher Seite nur zwei Verwundete, die zur Pflege in ein Lazarett nach Sansibar kamen. Große militärische Erfolge zu erreichen, war sehr schwer, überall gelang es dem Feind, zu entwischen, wenn die Landungsabteilungen in die Küstenortschaften einmarschierten. In Berlin glaubte man nicht an eine ernste Gefahr; das Kreuzergeschwader erhielt Befehl, nach Südafrika zu fahren. Erst durch einen gegen den Geschwaderführer Konteradmiral Deinhardt geplanten Anschlag sah man, daß man einer planmäßig vorbereiteten Empörung gegenüberstand.

Das Zentrum des feindlichen Aufstandes bewegte sich um die wichtigen Niederlassungen Bagamoyo und Daressalam. In Bagamoyo führten die aufständischen arabischen Rebellen Greuel der verschiedensten Art aus. Die von der Korvette ‚Leipzig', die vor Bagamoyo ankerte, gesandte Matrosenabteilung konnte gleichfalls, unterstützt von den Kanonen des Kriegsschiffes, den Ort stürmen und besetzen. Unter Zurücklassung zahlreicher Toter und Verwundeter entfloh der Feind wieder ins Innere des Schutzgebietes. Dreißig Matrosen blieben zum Schutze der Station zurück. Jetzt begannen die Wogen des Aufstandes höher zu schlagen.

Buschiri, der Halbblut-Araberhäuptling, stellte sich an die Spitze der ganzen Bewegung und entwickelte sich mit der Zeit zu einem gefährlichen Gegner. Die Flotte begann zunächst eine Blockade der Küste, um dadurch den Handel der Araber lahmzulegen, ferner wurde ihnen dadurch die Zufuhr von Waffen aller Art abgeschnitten, und insbesondere wurde der Sklavenhandel gehindert. Am 6. Dezember begann die Blockade durch sechs Schiffe der deutschen Marine mit einer Besatzung von 1337 Mann; ihnen schlossen sich englische und italienische Schiffe an. Energisch haben die deutschen Kriegsschiffe das Werk angegriffen.

Um die flachgehenden arabischen Sklavenfahrzeuge abzufangen, wurde ein ausgedehnter Bootsdienst bei Tag und Nacht eingerichtet, der außerordentlich beschwerlich war und die Mannschaften sehr anstrengte. Oft kamen sie nicht aus den Booten und mußten aus den Negerdörfern Nahrungsmittel holen, um keine Zeit mit der Rückkehr zu den weit draußen liegenden Schiffen zu verlieren. Sie hatten alle Unbilden der Witterung, brennende Hitze, schweren Regen, Sturm und See in ihren offenen Booten auszuhalten. Trotzdem erlahmten sie nicht und taten in treuester Pflichterfüllung ihre volle Schuldigkeit. Manche Heldentat wurde dabei von den braven deutschen Seeleuten ausgeführt. Dazu ein Beispiel:

Der Leutnant zur See von Bredow erspähte des Nachts einmal eine große arabische Dhau, die er mit seinem Boote, das mit fünf Matrosen besetzt war, zur Untersuchung anhielt. Als das Marineboot anlegte, traten den Deutschen plötzlich achtundzwanzig Araber schußfertig entgegen, doch der Ernst der Lage erschreckte von Bredow nicht. Sein sicheres und besonnenes Auftreten schüchterte die Araber so sehr ein, daß die anderen, auf die gegebenen Signale herbeieilenden Boote der Marine, ohne weiteren Widerstand zu finden, die Araber gefangennehmen konnten.

Diese Zeiten des Kampfes in den Jahren 1888/89 brachten für die Mannschaften unserer Marine schwere Gefahren mit sich, und wer die Geschichte unserer Kolonien verfolgt, wird dankbar auf die Taten der deutschen Seeleute stoßen. Der beschwerliche Wachtdienst in den Booten wurde unterbrochen, wenn es zu Kämpfen auf dem Festlande kam, denn auch dort dauerten die Kämpfe unentwegt fort. Buschiri, der kühne Araberhäuptling, schuf sich zwischen Bagamoyo und Pangani einen festen Stützpunkt, um von hier aus seine Räuberbanden nach allen Seiten bequem aussenden zu können. Er glaubte sich um so sicherer an diesem Platze, als die deutschen Schiffsbesatzungen vorläufig nur Bagamoyo und Daressalam hielten; er spottete der ‚feigen Weißen'. In Deutschland war man jedoch zur Erkenntnis gekommen, daß nur eine durchgreifende Änderung erzielt werden würde, wenn man kraftvoller gegen diesen Häuptling vorginge. Zur Lösung dieser Aufgabe war Major Wißmann ausersehen.

Unentwegt hatte inzwischen Buschiri bald Bagamoyo, bald Daressalam gestürmt, aber immer wieder mußten seine Scharen mit blutigen Köpfen heimkehren. Am 25. Januar und am 3. März 1889 fanden besonders heftige Angriffe statt. Mit dem 4. März desselben Jahres verhängte Admiral Deinhardt, der den Oberbefehl über die deutschen Schiffe innehatte, die Blockade auch über Sansibar, und acht Tage später das Standrecht über den ganzen Küstenstrich von Bagamoyo bis Daressalam. Im April traf Wißmann ein, und im Mai 1889 ging er zum Angriff über, als seine Truppen zur Stelle waren und die notwendigsten Vorbereitungen dies erlaubten.

Admiral August Deinhardt.

Der Bericht des Reichskommissars über die Erstürmung des feindlichen Lagers lautet:

„Nach Verständigung mit dem Chef des Kreuzergeschwaders, Herrn Konteradmiral Deinhardt, beschloß ich, sofort in Aktion zu treten. Den eingegangenen Berichten zufolge hatte Buschiri seine Streitkräfte in der Stärke von sechshundert bis achthundert Mann in einem etwa eineinhalb Stunden von Bagamoyo gelegenen, nach afrikanischen Begriffen außerordentlich starken Lager versammelt.

„Die Durchführung unseres Angriffes wurde auf den 8. Mai festgesetzt. Wir brachen um sieben Uhr morgens auf. Der Weg führte uns anfangs auf den Kamm des an der Küste entlanglaufenden Höhenzuges. Ungefähr um acht Uhr wurde dieser schöne, mit Palmen und Fruchtbäumen dichtbewachsene Höhenzug verlassen, und ein ungefähr neunhundert Meter breites, schattenloses, sumpfiges, mit fast mannshohem Grase bewachsenes Tal lag vor uns. Glühend heiß brannte die Sonne auf dasselbe herab, kein Luftzug machte sich fühlbar, ein übler Geruch entströmte den morastigen Stellen, welche den Marsch außerordentlich erschwerten.

„Nach dem Überschreiten des Tales wurde wieder auf dem Höhenzuge entlangmarschiert. Auf diesem lag in einem Palmenhain Buschiris Lager. Dasselbe war weithin sichtbar und bot den Anblick einer hohen, aus dicht aufgestellten Baumstämmen bestehenden Verschanzung. Nachdem wir bis auf sechshundert Meter an das feindliche Lager herangekommen waren, schwärmte der Vortrupp sofort aus, während die Artillerie — drei Geschütze — Aufstellung in der Schützenlinie nahm. Die Marineabteilung unter Korvettenkapitän Hirschberg von S. M. S. ‚Schwalbe' stand dicht hinter dem Vortrupp beziehungsweise der Artillerie. In dieser Formation wurde bis auf zweihundertfünfzig Meter an das Lager herangegangen. Beim ersten Sprung auf zweihundert Meter begann das Feuern aus dem Lager, das unsererseits nicht erwidert wurde. Als jedoch bald darauf der weiße Reitesel Buschiris vor dem Lager erschien, beschoß ich und verwundete scheinbar das dem wohlbeleibten Buschiri notwendige Mittel zur Flucht, auch war dieser Schuß das Zeichen zum Beginn des Feuers auf der ganzen Linie. Das Feuergefecht wurde auf beiden Seiten ein sehr heftiges. Zugleich trat im Lager ein Geschütz, mit Eisenstücken geladen, in Tätigkeit. Wir schossen uns sprungweise bis auf hundert Meter an das Lager hinan. Nachdem das Schnellfeuer etwa eine Minute gedauert hatte, gab ich auf Verabredung mit Korvettenkapitän Hirschberg den Befehl, das Seitengewehr aufzupflanzen und zur Attacke vorzugehen. Die Sudanesen des Freiherrn von Gravenreuth waren zuerst an den Palisaden und Leutnant Sulzer der erste am Lager. In der Front brachen gleichzeitig die Matrosen unter Korvettenkapitän Hirschberg und die Askaris unter Freiherr von Eberstein ein. Den Matrosen voraus, nicht wartend, bis Bresche gerissen war, überklomm Leutnant zur See Schelle die Palisaden und wurde im Lager tödlich getroffen. Während jetzt die Matrosen die Palisaden soweit niedergerissen hatten, daß Mann hinter Mann eindringen konnte, war Freiherr von Eberstein mit den Askaris durch eine eingerannte Tür gedrungen. Nun wurde alles, was sich im Lager befand, niedergemacht. Die Flüchtlinge ließ ich noch eine Strecke verfolgen, bis das hohe Gras den Nachstürmenden ein Ziel setzte. Buschiri selbst soll nur mit Mühe entkommen sein. Erbeutet wurden zwei arabische, mit Koransprüchen beschriebene Geschütze und eine Menge anderer Waffen. Ferner fielen den Soldaten drei Kisten mit 6000 Rupien in die Hände. Nach zuverlässigen Nachrichten soll sich der Verlust des Gegners auf hundertsechs Mann belaufen." —

Die günstigen Folgen des Sieges blieben nicht aus. Viele Orte unterwarfen sich der deutschen Oberhoheit, und wo sich Eingeborene und Araber nicht freiwillig unterwarfen und sich noch aufsässig zeigten, gingen die Land- und Seetruppen gegen die Aufsässigen vor. Ungeheure Strapazen haben die deutschen Seeleute damals zu ertragen gehabt. Das feuchtheiße afrikanische Klima, vereint mit den Anstrengungen mußte naturgemäß zeitweise zu Krankheitserscheinungen führen. Die Erfolge der deutschen Waffen mehrten sich; nachdem der Küstenstrich in Besitz genommen war, folgte das Innere. Im Dezember des Jahres 1889 konnte die Blockade aufgehoben werden. Der Handel kam wieder zur Geltung; selbstverständlich blieb der Sklavenhandel für immer verboten.

••••

2. Die Opfer der Samoainseln.

Schon in den siebziger Jahren bildeten die Samoa- oder Schifferinseln eine wichtige Station für die deutschen Handelsbeziehungen in der Südsee. Die Natur hat gerade über diese Inselwelt ihre Schätze in verschwenderischer Pracht ausgeschüttet und ihnen ein Klima gegeben, das sie mit Recht den Namen ‚Paradies der Südsee' führen läßt. Doch nicht ungetrübt können wir diese Inselwelt nennen, ohne der schweren Opfer zu gedenken, die hier zur Ehre des deutschen Namens fielen oder umkamen im Wüten der aufgeregten Elemente. Die für das Deutsche Reich so schicksalsschweren Jahre 1888/89 brachten hier der deutschen Marine große Verluste.

Bereits seit dem Jahre 1872 tobten auf diesen Inseln Kämpfe zwischen zwei Parteien, in die oft genug unsere dort anwesenden Kriegsschiffe eingreifen mußten.

Im Jahre 1876 wurden von beiden Gruppen die dortigen deutschen Niederlassungen als neutraler Boden anerkannt; dieser Vertrag erfuhr 1877 eine Erweiterung, die bestimmte, daß die Insulaner versprachen, die deutschen Rechte auch gegen eine Benachteiligung von anderer Seite zu sichern.

England und Nordamerika versuchten im Laufe der Zeit zum Schaden der deutschen Handelsbeziehungen ihren Einfluß geltend zu machen. Daneben nahmen die Parteikämpfe weiter ihren Fortgang. Entgegen den abgeschlossenen Verträgen wurden im Jahre 1879 auf neutralem Boden sogar Befestigungen angelegt. Unter der geschickten Leitung des Kapitäns zur See Deinhardt, der die damalige Kreuzerfregatte ‚Bismarck' führte, die zum Schutze der deutschen Faktoreien herbeigerufen war, gelang es, die Beseitigung der Befestigungen zu erreichen, desgleichen auch Frieden zu stiften und die Anerkennung Malietoas als König über sämtliche Samoainseln durchzusetzen.

Der Untergang des „Iltis".
Von Professor Hans Petersen.

England und Nordamerika zogen in geschickter Art den neuen König auf ihre Seite und hetzten ihn gegen Deutschland auf, und fortdauernde Parteikämpfe blieben nicht aus. Sie wären vermieden worden, hätte der deutsche Reichstag die überreichte Regierungsvorlage, die eine Garantie des Reiches für eine neu zu gründende Seehandelsgesellschaft auf Samoa und anderen Südseeinseln forderte, angenommen. Der nächste Reichstag zeigte sich den kolonialen Bestrebungen günstiger, und damit entschied sich auch die Zukunft Samoas.

Malietoas, der Feind der deutschen Regierung, war in die Verbannung geschickt und an seine Stelle Tamasese zum König ernannt worden. Den geschickten Wühlereien der Fremden gelang es, auch ihm Feinde zu erwecken. Die Folge davon war ein neuer Bürgerkrieg, der besonders von Mataafa, einem Unterhäuptling, geschürt wurde. Die vor Apia anwesenden deutschen und fremden Kriegsschiffe griffen in die Streitigkeiten der kriegslustigen Eingeborenen nicht ein. Tamasese flüchtete im Laufe des Streites in die deutsche Plantagengebietszone, und nur durch eine energische, starke Bewachung konnte diese vor Beschädigungen bewahrt werden.

Auf Verfügung des Konsuls erhielten die deutschen Kriegsschiffe ‚Olga', ‚Adler' und ‚Eber' Befehl, vor Apia sich einzufinden, um den Schutz der deutschen Kaufleute und Farmer zu übernehmen. Einer Verabredung gemäß sollten am 18. Dezember die Rebellen ihre Waffen niederlegen; auch Tamasese erhielt diese Aufforderung.

In den frühen Morgenstunden verließen neunzig Mann der Besatzung der ‚Olga' auf einem Prahm das Kriegsschiff, ferner in zwei Booten noch weitere fünfzig Mann, die Führung der Landungsabteilung hatte Kapitänleutnant Jäckel, gelandet sollte werden bei der deutschen Pflanzung Hufnagel in Vailele. Von den geheim betriebenen Vorbereitungen erhielten die Samoaner Kenntnis. Am Abend des 17. Dezember lief in der Stadt das Gerücht um, daß bei der ‚Olga' Anhänger Tamaseses versteckt seien, die in der Nacht landen wollten, um Mataafa zu überfallen. Als die Boote der ‚Olga' abfuhren, erging von allen Seiten der Ruf an die Bewaffneten, die sich am Strande aufhielten, sich bereit zu machen. Binnen kurzer Frist hatten sich fünfhundert Anhänger Mataafas am Strande versammelt unter Anführung des Deutsch-Amerikaners Klein. Die am Strande gedeckt durch Buschwerk vorlaufenden Samoaner hielten sich in gleicher Höhe mit den deutschen Landungsbooten. Der Prahm entfernte sich von den beiden anderen Booten, da diese bei ihrem größeren Tiefgang in der Nähe des Landes nicht so schnell fortkamen. Als der Prahm in die Nähe des Ufers kam, sprangen die Matrosen auf den flachen Strand, und dabei erhielten sie plötzlich ein überraschendes Salvenfeuer. Der Angriff auf die deutschen Seeleute durch eine zehnfache Übermacht gestaltete sich trotz der wiederholten Vorstöße immer gefährlicher. Auch die Besatzungen der beiden Boote, die nach Vailele ruderten, wurden angegriffen. Die deutschen Matrosen wären verloren gewesen, hätten nicht durch das Eingreifen des ‚Adler' und ‚Eber' die Granaten die Aufrührer zurückgedrängt und in die Flucht geschlagen. Schwere Verluste erlitt die Landungsabteilung: zwei Offiziere und dreizehn Mann tot und sechsunddreißig Verwundete. Es waren schwere Opfer eines frevelhaft heraufbeschworenen Kampfes, die Sühne durfte nicht ausbleiben. Die Dörfer der Aufständischen wurden am nächsten Tage in Brand geschossen; leider konnte man des Anführers Klein nicht habhaft werden. Für friedliche Verhandlungen war die Bahn wohl frei, aber die verwickelte Lage dauerte fort. Weil die Fortsetzung der Verhandlungen sich so lange hinzog, blieben die deutschen Schiffe noch weiterhin vor Apia.

Am 15. März 1889 brach ein furchtbarer Orkan los, dessen Verheerungen in Apia und auf den davorliegenden Koralleninseln ein unsägliches Unglück anrichtete. Wohl ruhten von der deutschen Marine schon damals zwölf Schiffe mit Mann und Maus auf dem Grunde des Meeres, aber ein so großes Unglück, wie es der Märztag vor Apia brachte: zwei Schiffe auf einmal zu verlieren, hatte die deutsche Flotte bis dahin noch nicht betroffen. Die Augenzeugen jener denkwürdigen schrecklichen Sturmtage wissen davon zu berichten. Noch niemals wütete auf den Samoainseln ein so furchtbarer Sturm. Kurze Zeit vor dem 15. März ward das Wetter immer trübe, dazu fiel ständig das Barometer, aber niemand vermutete den Ausbruch eines derartig verheerenden Orkans, wie er tatsächlich in den Nachmittagsstunden am 15. März losbrach. Nachts arbeiteten die Maschinen, um den ungeheuren Druck zu mindern, den der Orkan auf die Ankerketten ausübte. Die Besatzungen der im Hafen liegenden Segelschiffe ließen meist Reserveanker fallen und gingen dann an Land. Um Mitternacht begann es zu regnen. Noch immer wuchs der Orkan. Vom Meere her drangen mächtige Seen in den Hafen, und die Gewalt der Wasserwogen trieb die Kriegsschiffe wie Nußschalen hin und her. Gegen Mitternacht verloren die Anker des ‚Eber' den Halt; unter Ausnutzung der vollen Dampfkraft hielt sich das Schiff noch von den gefährlichen Korallenriffen und den übrigen ankernden Fahrzeugen fern.

Unaufhaltsam stieg die Wucht des Sturmes, immer stärker rauschte der Regen herab. In der frühen Morgenstunde war das Wetter einfach grausig. Die sämtlichen Anker der Kriegs- und Handelsschiffe verloren ihren Halt, und jetzt bestand die Gefahr, daß die wild durcheinandergeworfenen Schiffe zusammenstießen. Auf einzelnen amerikanischen Kriegsschiffen brach eine Panik aus, und nur mit Mühe konnten die Offiziere Ordnung und Ruhe erhalten.

Die Bewohner der Stadt waren an den Meeresstrand geeilt. Die Eingeborenen schienen die Gefahr und die Lage der Schiffe zu kennen, denn ihre volle Aufmerksamkeit galt besonders den draußen hin und her geworfenen Kriegsfahrzeugen. Wohl sah man die Lichter der Kriegsschiffe glänzen, aber da diese fortwährend hin und her geschleudert wurden, erwarteten die Eingeborenen jeden Augenblick, daß zwei Schiffe aneinanderrennen und in der Tiefe versinken würden.

In der fünften Morgenstunde begann es leicht zu tagen, und ein schauriges Schauspiel offenbarte sich den ängstlich harrenden Zuschauern. Der tobende Nordoststurm hatte sämtliche Fahrzeuge von ihren Ankerplätzen losgerissen und trieb sie alle dem Riff zu. Mächtige Rauchwolken schossen aus den Schornsteinen auf; sie bewiesen, daß man auf den Schiffen alle Anstrengungen machte, der gefährlichen Lage Herr zu werden, und mit voller Maschinenkraft gegen den Ozean ankämpfte, so gut es ging. Auf den Schiffsdecken standen die Mannschaften und hielten sich am Maste oder im Takelwerk, oder suchten einen Halt. Die Schiffe glichen einem Spielball der Wellen, die sie hin und her schleuderten; alle Kraftanstrengungen waren vergebens. Die deutschen Schiffe ‚Adler', ‚Eber' und das amerikanische Kriegsschiff ‚Nipsic' lagen dicht beieinander. Unaufhaltsam trieben sie dem Riff zu. Noch wenige Meter vom Riff entfernt versuchte der ‚Eber' seinem Schicksal zu entgehen. Vergebens!

Die starke See trieb das Kanonenboot etwas ab, so daß es mit dem Vorderteil die Breitseite der ‚Nipsic' traf, die durch den Zusammenstoß ein Boot und einen Teil der Schanzkleidung verlor. Der von den Wellen zurückgeworfene ‚Eber' stieß dann mit der Korvette ‚Olga' zusammen, ohne daß sie beide beschädigt wurden. Langsam drehte sich der ‚Eber' und trieb nun seinem unentrinnbaren Schicksal, der Strandung auf dem Riff, entgegen. Die Kraft des kleinen Kanonenbootes war verbraucht, und da es mit der Breitseite dem Winde zu lag, brachen gewaltige Sturzwellen über das Kriegsfahrzeug herein; sie trieben es immer rascher dem verderbenbringenden Korallenriff zu. Noch eine riesige Woge stürmte heran, hob das Schiff wie ein Holzschifflein in die Höhe und schleuderte es dann mit der Breitseite auf das Riff. Es gab einen entsetzlichen Stoß, Wellen auf Wellen stürmten heran, und in wenigen Augenblicken war das stolze Schiff spurlos verschwunden. Mit dem Kiel hatte das Schiff zuerst das Riff getroffen, rollte dann völlig über die Seite und verschwand im tiefen Wasser. Jeder Balken des Kanonenbootes mußte zersplittert worden sein, und die meisten Leute der unglücklichen Besatzung wurden jedenfalls zermalmt, ohne zu fühlen, daß die See über ihnen zusammenschlug.

Bug des „Eber" „Adler" „Trenton"

Die bei Apia gestrandeten Schiffe nach dem Orkan.

Das schreckliche Unglück geschah im Angesichte der vielen Zuschauer am Strande. Ein angstvoller Augenblick lähmte die Entschlußkraft der Eingeborenen, dann aber brach ein Schrei des Entsetzens los, und tollkühn stürmten die Samoaner mit ihren Booten in die Brandung hinein, um Ausschau zu halten, ob nicht irgendeiner der unglücklichen Schiffbrüchigen wieder auftauchte aus dem wütenden Meer. Die Fehde mit Deutschland, der Gedanke an den Feind war vergessen, man wollte retten, soweit man konnte. Fast schien es, als ob alles Leben mit dem Schiffe seinen Untergang gefunden hätte, aber bald sah man, wie einige der Unglücklichen gegen die Wellen ankämpften. An einem kleinen Inselchen klammerte sich ein Mann fest: man holte ihn heraus, es war der Leutnant zur See Gaedeke, der einzige gerettete Offizier vom ‚Eber'. Fast betäubt vom Kampf gegen die Meereswellen, konnte der Offizier sich nicht zurechtfinden, er brach beinahe zusammen, als er die Schwere des Unglücks erfuhr. Im Augenblick des Zusammenstoßes stand Leutnant Gaedeke auf der Kommandobrücke. Als er an die Oberfläche des Wassers kam, fühlte der Gerettete, wie er dem Strande zutrieb, an dem er denn auch glücklich Rettung fand. Ferner erreichten von der Besatzung des ‚Eber' noch der Steuermann und vier Matrosen, die in der Brandung mit dem Tode rangen, glücklich das Land.

„Trenton"　„Vandalia"　„Olga"　„Nipsic"

Die bei Apia gestrandeten Schiffe nach dem Orkan.

‚Eber' ging in der sechsten Morgenstunde unter. Während der durch die Katastrophe hervorgerufenen allgemeinen Verwirrung und Aufregung verlor jedermann für einen Augenblick die Lage der anderen Fahrzeuge aus den Augen. Aber schon bald zeigte sich, daß auch diese sehr kritisch war. Der ‚Adler', durch die ganze Bucht hindurchgeschleift, stieß mit der ‚Olga' zusammen, dann befand sich der ‚Adler' in allernächster Nähe des gefährlichen Riffs, auf dem das gescheiterte Kanonenboot lag, dessen Schicksal auch ihm beschieden war. Eine ungeheure See warf ihn hoch auf das Riff, wo er aufgekantet liegen blieb. Seine Mannschaft wurde ins Meer geschleudert. Doch ein Glück im Unglück bestand darin, daß das Schiff sich vollständig auf die Seite legte und aus dem Wasser herausragte. Das Schiffsdeck stand senkrecht zum Korallenriff, und diese Seite des Schiffes lag der sturmfreien Himmelsrichtung zugekehrt. Hundertdreißig Offiziere und Mann befanden sich an Bord des Kriegsschiffes; trotzdem sie ins Wasser fielen, konnten hundertzehn von ihnen gerettet werden. Zwanzig Mann ertranken, außerdem erhielt eine Reihe schwere Verletzungen. Zu den Verletzten gehörte auch der Befehlshaber des deutschen Geschwaders, Korvettenkapitän Fritze.

Durch Umsicht und Tatkraft gelang es den Eingeborenen, Taue an dem Wrack zu befestigen, die das Deck mit dem Ufer verbanden. Mit Hilfe dieser Verbindungsstraße wurden zahlreiche Seeleute gerettet. Lange hielt sich jedoch dieser Rettungssteg nicht, und so mußte der nicht gerettete Teil der Besatzung sich am Deck des Wracks festklammern und noch den Tag und die ganze Nacht dort aushalten, ehe der Sturm soweit an Gewalt nachließ, daß es gelang, mit Booten vom Ufer aus an das Schiff zu kommen. Die ungeheuren Anstrengungen hatten diesen Teil der Mannschaft völlig erschöpft.

Das amerikanische Kriegsschiff ‚Nipsic' hatte sich unter Volldampf gegen den Wind gehalten, stieß dabei zweimal mit der ‚Olga' zusammen und bohrte den Schoner Lily in den Grund, von dessen Besatzung nur ein Mann gerettet wurde. Beim zweiten Zusammenstoß traf die ‚Olga' den ‚Nipsic' so schwer, daß der Schornstein brach und umfiel, auch die Maschine wurde gebrauchsunfähig. Dem stark betroffenen Amerikaner schien das Schicksal des Kanonenboots ‚Eber' gewiß zu sein. Dem beschloß der Kapitän zuvorzukommen und das Schiff auf die Sandbank zu setzen. Eine geringe Dampfkraft der Maschine, dazu die Ruderkraft reichten aus, um das Schiff von der gefährlichen Riffstelle forttreiben zu lassen; auf einer weiter nördlich gelegenen Sandbank lief das Schiff auf. Als die Boote ausgesetzt wurden, schlug eines um, und sieben Mann der Besatzung ertranken.

Schwierig gestaltete sich der Abstieg von dem von Sturzwellen überschütteten Wrack, und wieder halfen die Samoaner nach besten Kräften. Mit Hilfe von Tauenden, die sie an Bord geworfen hatten, ließ sich die Mannschaft nach und nach hinab; unten fingen die bereitstehenden Eingeborenen sie auf. Die beiden kleinsten Schiffe der im Hafen vereinigten Flotte, ‚Eber' und ‚Nipsic', hatten ihren Untergang gefunden, die größeren, darunter auch die ‚Olga', blieben noch flott.

Unentwegt tobte der Sturm weiter. Englische und amerikanische Schiffe kollidierten. Besonders das amerikanische Schiff ‚Trenton', das sich bis in die Morgenstunden gut hielt, hatte seit zehn Uhr morgens keinen Dampf; dazu war die Ruderstange gebrochen, und das hereinströmende Wasser löschte die Kesselfeuer. Der Versuch, das Hereinströmen des Wassers durch die Ankerklüsen zu hindern, gelang nicht mehr. Im Schiffe verließen die Heizer erst ihre gefährlichen Posten, als sie bis an die Hüften im Wasser standen. Das zur Beruhigung der Wellen in reichem Maße ausgegossene Öl richtete in dem wütenden, tobenden Elemente nichts aus. Hilflos trieb das amerikanische Kriegsschiff auf die ‚Olga' zu, deren Kommandant Kapitän von Ehrhardt die Gefahr erkannte. Er ließ die Anker fallen, dazu die Maschinen mit voller Kraft arbeiten. Es half jedoch nichts. Der unvermeidliche Zusammenstoß kam, beim ‚Trenton' zersplitterten schwere Balken am Heck des Schiffes, auf der ‚Olga' barst der Bugspriet. Nach dem Zusammenstoß kamen beide Schiffe wieder frei, und Kapitän von Ehrhardt ließ die ‚Olga, nach der an der Ostseite des Hafens gelegenen Schlammbank steuern und hier auf den Strand setzen. Nur mit äußerster Kraft erreichte das deutsche Schiff die Schlammbrücke, in die es sich sicher einbettete. Wohl gingen in der Nacht die Sturzwellen fortwährend über das Schiff hinweg, sie raubten ihm jedoch keine Menschenleben. Der ‚Trenton, trieb nach dem Zusammenstoß mit der ‚Olga, weiter. Kurz vor seinem Auflaufen spielte die Musikkapelle am Bord des Schiffes, um die Furchtlosigkeit zu beweisen, die amerikanische Nationalhymne: ‚das sternenbesäte Banner'. Das gestrandete Schiff füllte sich sehr rasch mit Wasser, es blieb aber noch so viel Raum oberhalb der Wasserlinie über, um der bedrohten Mannschaft Schutz zu bieten; von ihr ging niemand verloren.

Als dann am 17. März die Gewalt des Sturmes nachließ, übersah man den Schauplatz der schauerlichen Tragödie, die sich hier abgespielt hatte, und die der deutschen Marine einen schweren Verlust brachte, aber auch bewies, daß deutsche Seeleute im Unglück eine unerschrockene Haltung zu bewahren und mannhaft zu sterben wissen.

„Nicht ertrunken sind unsere Kameraden," so rief der Kaiser, „sondern gefallen, ihre Pflicht bis zum letzten Augenblick erfüllend. Nachdem sie siegreich gegen Menschenhand gefochten, fanden sie im mutigen Kampfe gegen die entfesselten Elemente ihren rühmlichen Tod! Gott hat es so gewollt! Auch so starben sie den Tod für Kaiser und Reich!"

••••

3. Die Helden des Kanonenboots ‚Iltis'.

Admiral Tirpitz hatte im Juli 1896 die Kreuzerdivision, die aus den Schiffen ‚Kaiser', ‚Prinzeß Wilhelm', ‚Irene', ‚Arkona', ‚Kormoran', sowie dem Kanonenboot ‚Iltis' bestand, vor der Reede von Tschifu zusammengezogen, um eine angekündigte Mannschaftsablösung zu erwarten. Wiederholte Landungsmanöver wurden hier ausgeführt, da die Küsten- und Bodenverhältnisse eine günstige Gelegenheit dazu boten. Besondere Umstände, die auf sanitärem Gebiete lagen, verursachten, daß die Kreuzerdivision nach dem Norden Japans ging, während das Kanonenboot ‚Iltis', das vom Kapitänleutnant Braun kommandiert wurde, als Stationsschiff an der langgestreckten chinesischen Küste die deutsche Flagge zeigen sollte. Dieses Sommerkommando war keineswegs beneidenswert, weil Hitze und Moskitos die Seeleute sehr plagten. Am 23. Juli lief der ‚Iltis' aus Tschifu aus.

Das Wetter war drückend heiß. Von den Philippinen her war ein gewaltiger Taifun im Anzuge. Nebel und Regen erschwerten die Ortsbestimmung. Dazu tobte der Orkan an der felsenreichen Küste Schantungs mit der Windstärke elf bis zwölf. Arge Besorgnisse herrschten über das Schicksal des ‚Iltis' bei der Kreuzerdivision, da dem kleinen Kanonenboot nur eine schwache Maschine zur Verfügung stand. Man nahm aber an, daß der ‚Iltis' den Hafen Wei-hai-wei als Nothafen anlaufen werde; um so mehr vertröstete man sich mit dieser Annahme, als ein chinesischer Bote die Mitteilung brachte, mehrere Schiffe seien in den Hafen eingelaufen. Erst am 28. Juli traf beim Flottenflaggschiff die Nachricht ein, daß der ‚Iltis' am 23. Juli 1896 zwischen zehn und elf Uhr nachts gestrandet und ganz verloren sei. Alle die Besorgnisse, die beim Herannahen des Taifuns gehegt wurden, hatten sich erfüllt. Das Schiff und die tüchtige Mannschaft waren verloren, die prächtigen Menschen lagen am Meeresgrunde oder als verstümmelte Leichen auf den Felsenriffen Schantungs. Ein Schreiben des Schiffsschreibers vom ‚Iltis' traf durch einen chinesischen Boten ein; hierdurch erst wurde die ganze Schwere des Unglücks offenbar. Die Schiffe ‚Arkona' und ‚Kormoran' dampften sofort nach der Unglücksstätte ab, um zu retten, was zu retten war. Während die ‚Arkona' bei der Strandungsstelle blieb, brachte der ‚Kormoran' die elf Geretteten zum Flottenflaggschiff; hier mußten sie neu eingekleidet werden, da sie alles verloren hatten. Am anderen Tage begab sich das Flaggschiff nach dem Felsenriff, das bei Flut und Sturm ganz unter Wasser liegt, bei Ebbe etwa einen Meter aus diesem hervorragt als zackige Felsenkante, scharf wie ein Messer. Wer auf dieses Riff geworfen wird, den zerschneiden die Felskanten, daher erklärt es sich auch, daß so wenig Leichen gerettet wurden, und die, die man rettend barg, zerfetzt waren.

Wie geschah das folgenschwere Unglück? Folgen wir den Ereignissen an Bord des Kanonenbootes. Am Mittag des Unglückstages dampfte der ‚Iltis' bei dem Hafen Wei-hai-wei, die Gefahr nicht ahnend, vorbei, trotzdem schon ein widriger Wind wehte. Der Weg ging nach Süden. Gegen Abend wurde der Wind unregelmäßiger, das Stoßen und Stampfen des Schiffes immer stärker, dazu nahm das Kanonenboot viel Wasser über Bord. Die Seen liefen hohler und höher, der Wind nahm ständig zu, die stärksten Sturmsegel mußten gesetzt werden, um vorwärtszukommen. An Deck war wegen der überkommenden Wasser der Aufenthalt kaum noch möglich. Noch mehr wuchs der Sturm. Das Pfeifen in der Takelage wurde schriller, die Segelflächen standen gespannt in der Wucht des einfallenden Windes. Eine Gaffel zerriß, eine neue wurde gesetzt. Mit voller Kraft arbeitete die Maschine. Nebel und Regen verhinderten jeglichen Ausblick. Schon fingen die Heizer an, matt zu werden; neue Kräfte aus den Reihen der Matrosen traten an ihre Stelle, um der Maschine den nötigen Dampfdruck zu erhalten. Tapfer arbeitete das kleine Schiff gegen Wind und Wellen an. Ein Wenden des Schiffes, um von der vermuteten Küste freizukommen, war nicht mehr möglich. Die dienstfreie Mannschaft lag angekleidet in den Hängematten. Gegen zehn Uhr abends überschlug der Kommandant noch einmal die Lage des Schiffes und die Richtung. Der gute Gang der Maschine bürgte für eine glückliche Rettung des arg bedrohten Schiffes. Beruhigt konnte eine Hälfte der ermatteten Mannschaft sich in die Hängematten legen, der Kommandant blieb auf der Brücke. Eine grausige Nacht! Kaum eine halbe Stunde darnach stieß das Schiff mit mächtigem Stoß auf. „Alle Mann aus dem Zwischendeck!" tönte als Befehl durch die Finsternis und den heulenden Sturm. Das Schiff saß fest, der Schiffsboden war durchstoßen, und machtvoll drangen die Wassermassen in den Schiffsraum; gierig zischend strömten sie hinein in den Heizraum; die Feuer löschten, die Lampen stürzten, und mitten im Schiffe herrschte dunkle Nacht und brausendes Wogengetümmel. „Die Kranken an Deck und mit Rettungsgürteln versehen!" lautete der nächste Befehl. Die Lage des Schiffes war jedem klar. Kommandant Braun, der das Ende vor sich sah, ließ als letztes Abschieds- und Treuezeichen ein dreifaches Hurra auf den Kaiser ausbringen. Nacht und Grausen ringsumher! Der Sturm nahm noch immer zu, hochauf bäumten sich die Wogen. Aus den dunklen Fluten tauchten gespenstisch weiße, zackige Felsspitzen auf, die mit ihren gräßlichen Armen nach den Unglücklichen zu greifen schienen, die am Schiff sich festgeklammert hielten. Mitten in der Brandung saß der ‚Iltis', er wurde hin und her geworfen. Ein Ächzen und Tosen erfüllte die Luft, gerade als ob die Geister der Hölle sich auf das unglückliche Schiff stürzten.

Unentwegt prasselten Regen und Hagel hernieder; das Gebrüll der Wogen erstickte jeden Befehl. Nieten und Haken zerbrachen und zerrissen; das Deck zersplitterte und fiel auseinander. „Ein ergreifendes Vorkommnis," so schreibt I. Langenberg, einer der Geretteten, „werde ich nie vergessen. Die Schiffsglocke, die an der Vorkante der Kambüse aufgehängt war, schlug durch das Hin- und Herstoßen des Schiffes von selbst an; es klang wie Totengeläut. Plötzlich hörte es auf." Der Augenblick des Untergangs war gekommen, denn jetzt machten die Wogen ganze Arbeit und rissen den Schiffskörper auseinander. In zwei getrennten Stücken, Vorschiff und Achterschiff, lag das Wrack da. Mächtiger rollte die See heran. Sie erfaßte das Hinterschiff und warf es mit donnerndem Getöse neben dem Vorschiff nieder. Menschliche Kraft war zu Ende, die entfesselten Elemente hatten den Untergang des Schiffes und seiner braven Besatzung beschlossen. Der Kommandant überschaute von der zusammengebrochenen Brücke aus noch einmal die Lage, ein letzter Gruß dem Kaiser, ein letztes Gedenken an Weib und Kind, und dann rief der Tod zur letzten Fahrt, der grausigen Todesfahrt fern von den Lieben.

Das Vorschiff lag eingekeilt und konnte sich nicht so viel bewegen wie das Achterschiff. Leuchtkugeln erhellten diese Stätte des Grausens, jedoch vergebens, keine Rettung kam den von der wilden Brandung umtosten

Schiffbrüchigen; wer von ihnen noch nicht den gierigen Meereswogen zum Opfer fiel, dem schlug jetzt die Todesstunde.

Vom Hinterschiff erhob sich die mächtige Stimme des Feuerwerksmaaten Raehm. In heiteren Stunden hatten sein froher Sinn und seine Sangeslust oft genug die Mannschaft unterhalten, und im Augenblick des Sterbens halfen sie auch über das Bitterste hinweg. Die ersten Strophen des deutschen Flaggenliedes wurden angestimmt. Mannhaft klangen in das Gebrüll der Wogen die Worte hinein: ‚Stolz weht die Flagge schwarz- weiß-rot!'

Und die Treue, von der die Braven sangen, haben sie dem Vaterlande gehalten bis zum letzten Atemzuge. Ein letzter Ton, und verstummt war der Mund für immer! Der wütende Orkan hatte das Hinterschiff hinabgezogen in die Tiefe und mit ihm den größten Teil der Mannschaft. Vierundsechzig brave deutsche Seeleute waren nicht mehr. Nur zwei Mann wurden besinnungslos an die eine Seemeile entfernte Küste geschwemmt, wo sie am nächsten Morgen von Chinesen aufgefunden und erquickt wurden.

Die auf dem Vorschiff zurückgebliebenen Schiffbrüchigen kamen auch in eine schlechte Lage, da die wilde See ungestümer heranrollte und sich ihnen auf dem Vorschiff kein Schutz mehr bot. An eine Rettung dachten die meisten nicht mehr, sie hatten abgeschlossen mit dem Leben; immer noch rollte die Brandung so stark über die kleine Schar hinweg, daß sie kaum atmen konnte. Gegen drei Uhr morgens brach noch der Fockmast, und von den zehn Seeleuten, die hier auf Rettung hofften, verschwand noch einer in den Wellen. Die übrigen krochen gegen Morgen in das Zwischendecksluk. So hatten sie leidlich Schutz vor der Brandung. Essen und Trinken gab's nicht. Zwei Flaschen Mixed-Pickles fanden sie, zwei Tage erquickten sie sich an dem Essig. Im Innern hatten die Wellen alles zertrümmert. Die hin und her geschleuderten eisernen Wassertanke gestalteten die Lage im Innern noch gefährlicher. Am Mittag nach der Unglücksnacht versuchten die Schiffbrüchigen, aus Planken und Holztrümmern ein Floß zu zimmern, jedoch vergebens. Ein Matrose wurde durch die hohe Brandung über Bord gespült, er konnte sich als guter Schwimmer glücklicherweise noch ans Land retten. Als er nach einem in der Nähe gelegenen Dorfe kam, führten ihn die Dorfinsassen zu den beiden vom Achterschiff Verschlagenen. Es war eine herzliche Freude des Wiedersehens, die um so größer wurde, als sie vernahmen, daß noch mehr Kameraden vom Wrack zu retten seien. Sie scheuten keine Mühe, um in die Nähe des wildumbrandeten Felsenriffs zu kommen. Endlich gelang das Wagnis. Ein Chinese schwamm von einem verankerten Boot aus an einem Tau zur Unglücksstätte, und mit unsäglicher Mühe und größter Lebensgefahr rettete er die ermatteten Kameraden. Mit Hilfe eines noch an Bord vorhandenen Schwimmgürtels kamen die Unglücklichen trotz der scharfen Felskanten zum Boot, das sie ans Land brachte. Hier wartete der einarmige Leuchtturmwärter Schwilp auf die

Geretteten. Halb verhungert und ganz zerschunden, wurden sie auf Esel gesetzt und nach dem Leuchtturm transportiert, wo er sie pflegte, bis der ‚Kormoran' die Überlebenden zu dem Flaggschiff ‚Kaiser' nach Tschifu brachte.

Die ‚Arkona' erhielt den Auftrag, nach den Leichen der Verunglückten zu suchen und sie auf einem dicht bei dem Leuchtturm angekauften Acker zu beerdigen. Wochenlang dauerte diese traurige Arbeit. Weit und breit lagen die angeschwemmten Leichen und Leichenteile an den Küstenländereien. Um sie zu rekognoszieren, blieben zwei Leute vom ‚Iltis' beim Leuchtturm zurück. Der Steuermann und der an seiner Kleidung kenntliche Zahlmeisterapplikant wurden wiedererkannt. Die übrigen konnten nicht ermittelt werden, da die Leichen von den scharfen Felskanten zerrissen waren. Nach wochenlangem Suchen konnten achtundzwanzig Leichen geborgen werden. Dreiundvierzig kamen nicht mehr zum Vorschein, trotz der hohen Prämien, die für die Auffindung ausgesetzt waren. Am 15. August hielt der Divisionspfarrer auf dem sauber hergerichteten Friedhof Gottesdienst und weihte ihn ein. Ein sieben Meter hoher weißer Marmorobelisk auf hohem Postament wurde in Tschifu aufgestellt, die Namen der Braven zum ewigen Gedenken eingegraben und auf die vierte Seite die Schlußstrophe des Flaggenliedes gesetzt:

„Und treibt des wilden Sturms Gewalt

Uns an ein Felsenriff,

Gleichviel, in welcherlei Gestalt

Gefahr droht unserm Schiff,

Wir wanken und wir weichen nicht,

Wir tun, wie Seemannsbrauch,

Den Tod nicht scheuend, unsre Pflicht

Noch bis zum letzten Hauch!

Ja, mit den Wogen kämpfend noch,

Der sterbende Pilot,

In seiner Rechten hält er hoch

Die Flagge schwarz-weiß-rot!"

Eine hohe Mauer umgibt dies einsame Stückchen deutscher Erde im fernen Osten. Hübsche Anlagen schmücken den Platz. Alljährlich kommt ein Schiff des Kreuzergeschwaders und bekränzt von neuem die Ruhestätten dieser braven Seeleute. Erst nach und nach hat sich eine wetterharte, dem Klima angepaßte Vegetation entwickelt, die die Ruhestätten dieser Braven, für die Ehre des Vaterlandes Verstorbenen ziert.

Die Deutschen in Ostasien ehrten ihre gefallenen Landsleute durch die Errichtung eines Denkmals, das im Parke zu Schanghai aufgestellt worden ist. Ein terrassenförmiger Unterbau trägt einen Mast, von dessen abgebrochener Spitze Tauwerk herabhängt, am Fuße des Mastes ruht die lorbeerumwundene deutsche Kriegsflagge.

••••

Die Helden vom ‚Iltis'.

Wild rast der Sturm an Chinas Küste
Aus grauer Nebel Hinterhalt;
Er hat die gelbe Wasserwüste
Zu flüchtigem Gebirg geballt.
Es dampft das Schiff: in allen Bohlen
Ächzt's wie ein Tier in Todesqual,
Und bei des Sturmes Atemholen
Schießt es vom Berg zum Wellental.

Vor sich den Fels, den Sturm im Rücken...
Er legt das Fernrohr aus der Hand
Und steigt von der Kommandobrücken —
Zum letzten Male Kommandant!

Auf jenen glatten Felsenkanten
Läßt sinnend er das Auge ruhn,
Er kennt sein Schicksal: er wird stranden
Und untergehen im Taifun.

„Schart euch um mich!... Wir sind verloren,
Hier hilft nicht Anker, Segel, Tau;
Den wir so oft heraufbeschworen,

Der Tod, hält seine letzte Schau!
Kein Seufzer grüßt, kein banger, leiser,
Zum letztenmal die schöne Welt:
Ein donnernd Hoch dem Deutschen Kaiser,
Und, Kinder, dann — wie's Gott gefällt!"

Und mitten durch der Stürme Tosen
Und durch der Wogen weißes Heer
Tönt aus den Kehlen der Matrosen
Ein letztes Grüßen übers Meer,
So kräftig, wie in frohen Tagen
Es einst daheim beim Becherklang...
Ein Ruck — ein Sturz — die Wellen schlagen
Zusammen über Schiff und Sang — —

Wir sahn euch nicht für immer scheiden,
Wir senkten euch nicht still hinab.
Der Schatten deutscher Trauerweiden
Fällt nicht auf euer Heldengrab.
Das Meer, dem ihr die Kraft ergeben,
Gab tief im Grund euch nun die Ruh',
Und über eure Leichen schweben
Die Schiffe eurer Heimat zu.

Kann Liebe nicht zum Grabe wallen,
Als letzten Gruß den Kranz zu weihn,
So soll ein Held, im Kampf gefallen,
Im Herzen uns unsterblich sein.
Des Ruhm erlischt nicht auf den Lippen,
Der als ein Stolz der Mutter schied,
Dem an der Fremde öden Klippen

Die Woge singt das Sterbelied.

Und preisen sollen frohe Töne,
— Ob auch die tiefe Wunde brennt, —
Daß noch die Jugend solcher Söhne
Germania ihr eigen nennt.
Wir fürchten keines Feindes Tücken
Und bieten Trotz der Stürme Wehn,
Solang auf den Kommandobrücken
Noch Helden euresgleichen stehn!

Rudolf Presber.

(Aus: „*Media in vita*", 5. Aufl., J. G. Cottasche Buchhandlung Nachfolger, Stuttgart.)

Der neue ‚Iltis' vor Taku.

(17. Juni 1900.)

Glorreich und süß ist sterben fürs Vaterland.

Horaz.

Der neue ‚Iltis' verließ unter dem Befehl des Korvettenkapitäns Lans am 6. Februar 1899 den Kieler Kriegshafen. Das neue Schiff führte vier Stück 8,8 Zentimeter-Schnellfeuergeschütze und einige 3,7 Zentimeter-Revolverkanonen und hatte stärkere Maschinen als der alte ‚Iltis', dazu zählte die Besatzung vierzig Mann mehr.

China galt auch für den neuen ‚Iltis' als Reiseziel.

Der Chinese liebt den Europäer nicht, die Bezeichnung ‚roter Barbar' weist schon darauf hin. Kaufleute, Priester, Missionare haben zunächst am meisten zu leiden unter den Aufständen, die die Geheimbünde, an denen China so reich ist, anzetteln.

Im Jahre 1898 begann die Gesellschaft der Boxer den Kampf gegen die Europäer, die Gesandten in Peking wurden belästigt und verlangten daher

Schutzwachen, zahlreiche Missionare erlagen, meuchlerisch hingeschlachtet, den Boxerbanden, die im Jahre 1900 einen großen Aufstand begannen. Wohl hatten alle Seemächte Truppen und Schiffe nach China entsandt, aber dennoch überraschte sie der Ausbruch der Unruhen, bei deren Beginn der deutsche Gesandte Freiherr von Ketteler ermordet wurde. Peking, von Boxern besetzt, die das Gesandtschaftsviertel belagerten, schwebte in großer Gefahr. Während des Anmarsches der Entsatztruppen unter Admiral Seymour hatten Teile der Landungstruppen den starken Hafen von Peking, die Takuforts, zu erobern. Die Befestigungen lagen an der Mündung des Peiho in das Meer, die meilenweiten Versandungen hinderten das Herankommen größerer Kriegsschiffe, und so konnten die vereinigten Seemächte in den Peiho nur flachgehende Kanonenboote entsenden und ihnen die Aufgabe stellen, diesen Zugang nach Peking und Tientsin offen zu halten.

Die Boote, denen die Lösung dieser Aufgabe zufiel, hießen: ‚Iltis' (deutsch), ‚Algerine' (englisch), ‚Lion' (französisch), ‚Bobo', ‚Borejets', ‚Hillate' (russisch) und ‚Atage' (japanisch).

Eine letzte Benachrichtigung schrieb den Chinesen vor, am 17. Juni früh die Befestigungen zu räumen, andernfalls der Angriff von beiden Seiten beginne. Dieser Mitteilung kamen die Chinesen zuvor: um Mitternacht eröffneten sie bei hellem Mondschein gegen die Kanonenboote das Feuer ihrer gutbesetzten Befestigungen. Die Schiffe, anfangs durch die Ebbe in ihrer Bewegung gehindert, fuhren um zwei Uhr in die verabredeten Gefechtsstellungen und erwiderten von jetzt an das Feuer.

S. M. S. ‚Iltis'.

Als es heller wurde, vermochten sich die Gegner besser aufs Korn zu nehmen. Immer wirkungsvoller schossen die Forts. Kurz hintereinander trafen sechs Geschosse die Schornsteine vom ‚Iltis' und durchschlugen sie. Die ersten Schwerverwundeten lagen an Bord des Schiffes: Berichterstatter Herrings und Obermaat Homann. Immer heftiger wurde der kleine ‚Iltis' getroffen. Seine hohen Aufbauten boten ein gutes Ziel. Schüsse in die Takelage nahmen Wanten und Stage weg. Als dann in der Morgendämmerung die Landungstruppen vorrückten und die Wälle des Nordwestforts stürmten, war es die höchste Zeit, den Ankerplatz zu wechseln, so gut hatten sich die Chinesen mit den Südfortgeschützen eingeschossen. Vorwärts, langsam vorwärts ging es dann. Brausend begrüßte sich die Iltisbesatzung durch Hurrarufe mit den Landungstruppen, die das Nordwestfort, auf dem bald alle Flaggen der am Kampfe beteiligten Nationen wehten, besetzt hielten. Nur kurze Zeit feuerte der ‚Iltis' auf das Nordfort. Als es schwieg, richteten sich alle Geschütze, soweit sie nach Steuerbord feuern konnten, gegen die Kanonen der Südforts und bewarfen diese mit Schnellfeuer. Mit lautem Knall flog dort ein Munitionslager in die Luft. Wieder trafen sehr schwere Schüsse den ‚Iltis'.

Ein anderer Treffer zündete die 3,7 Zentimeter-Maschinenkanonen-Munition an, so daß sie knisternd abbrannte. Binnen kurzer Zeit hatte Oberleutnant Nerger mit den Feuerlöschmannschaften das Feuer gelöscht. Ein Geschoß traf die untere Brücke und tötete den im Gang stehenden Artillerieoffizier Oberleutnant Hellmann und den neben ihm stehenden Hornisten. Kurz, Schlag auf Schlag folgten die schmerzlichen Verluste.

Eine Granate schlug unter dem Kommandoturm ein und richtete hier große Verheerungen an. „Ruder zerschossen!" meldete der Signalmatrose; der Telegraphenposten rief: „Maschinentelegraphen und Sprachrohr zerschossen!" — „Befehlsübermittelung an die Maschinen über Deck!" lautete der Befehl des Kommandanten, und kaum war es gesprochen, da zuckte ein Feuerstrahl, ein Knall — und die Sprengstücke der Granate durchlöcherten den anderen Schornstein, zerschmetterten dem Kommandanten das Bein und rissen ihn zu Boden. Der Schreckensruf: „Der Kommandant ist gefallen!" eilte durch die Räume des Schiffes.

Vizeadmiral von Lans.

Als der Pulverrauch sich verzogen hatte, stand der Führer, gestützt auf das Geländer, wieder aufgerichtet da und rief dem Steuermann zu: „Das linke Bein ist zerschossen; hier ist mein Taschentuch, schnüren Sie es über die Wunde fest um das Bein!“

Oberleutnant Hoffmann übernahm das Kommando; in einem Berichte, den er veröffentlichte und dem auch wir folgen, schreibt er: „Nun stand ich neben dem Verwundeten, der sich beim Passieren der ‚Algerine‘ noch einmal zusammenraffte und um ärztliche Hilfe hinüberrief, da unser Arzt und unsere Krankenträger durch die schweren Verwundungen alle Hände voll zu tun hatten, — dann brach der Kapitän Lans zusammen. Er wurde von mir und dem Steuermann Schmidt auf einen an Deck stehenden Munitionskasten gesetzt, bis auf den Ruf: ‚Krankenträger!‘ sich unter persönlicher Leitung des Stabsarztes diese zum Transport des Kapitäns nach dem Verbandplatz anschickten.

„Ich sah noch, wie die Krankenträger den schwerverwundeten Kapitän Lans hoch nahmen und an die Backbordtreppe brachten. Da traf uns wieder ein Schuß, der die Bereitschaftsmunition der Maschinenkanonen zum zweitenmal in Brand setzte, die im Gang liegenden zwei Leichen noch mehr verstümmelte und bei seiner Explosion die Treppe wegriß, auf der einer der

Krankenträger schon stand, den verwundeten Kommandanten im Arm. Alle wurden weggerissen, durch den Luftdruck beiseite geschleudert. Ein Wunder war's, daß sie nicht alle den Tod fanden. Um sie konnte ich mich leider nicht mehr bekümmern." —

Wie durch ein Wunder blieben der Arzt und seine Leute unverletzt. Den ohnmächtigen Kommandanten hatte einer seiner Matrosen in die an der Längsseite haltende Pinasse von der ‚Herta' getragen; hier bemühte sich der wieder zur Besinnung gekommene Stabsarzt um den Schwerverwundeten. Nach Anlage eines Notverbandes bettete man ihn sorgfältig im Boot und labte ihn durch Moselwein und Wasser.

Vor und hinter dem ‚Iltis' schlugen fortgesetzt Geschosse ein. Heftig erwiderte der ‚Iltis' das Feuer. Da — plötzlich ein Knall, der allen Schlachtenlärm übertönte: eine leuchtende Feuersäule im Südfort bewies, daß wieder ein Pulvermagazin des Feindes in die Luft geflogen war. Donnernde Hurrarufe an Deck schreckten den Feind, der denn endlich, nach langen, opferfordernden Minuten, in regelloser Flucht, im wilden Durcheinander das Fort verließ.

Mit zwei intakten Maschinenkanonen und den vorderen Schnellfeuergeschützen sandte der ‚Iltis' ihm noch eine Unmenge Abschiedsgrüße nach. Mit lauten, weithin schallenden Hurrarufen wurden die Forts besetzt. Der ‚Iltis' hatte nach beinahe sechsstündigem hartem Kampf die Feuertaufe erhalten!

Wie sah aber das gestern noch so schmucke Schiffchen aus! Überall wüste Zerstörung an den Aufbauten und Schornsteinen, Feuerspuren, Blut und Leichenteile am Deck. Etwa siebzehn Volltreffer im Schiff und viele andere durch Granaten, Schrapnelle, Vorderladerkugeln und Sprengstücke verursachte Schäden! Die Leute zum großen Teil schwarz vom Pulverqualm und Kohlenteer, zum Teil blutbespritzt, in der als Totenkammer eingerichteten Abteilung sieben Tote, im Lazarett fünf Schwerverwundete und fünfundzwanzig Leichtverwundete!

Als dann der ‚Iltis' hinausfuhr zur Reede, glich die Fahrt einem Triumphzug. Beim Passieren der internationalen Flotte wurde das deutsche Kanonenboot von den in Parade angetretenen Besatzungen unter Spielen der Nationalhymne mit donnernden Hochrufen begrüßt. Stolz winkte das Signal vom deutschen Flaggschiff:

„Iltis nachzueifern sei unser Stolz,

Ihm gleich zu werden, unser Ziel!" — — —

Dann fiel der Anker — und der ‚Iltis' schlingerte wie sonst, als ob gar nichts passiert sei, in der bewegten See, und dabei war ein Tag dahingegangen, der wohl einzig in der Geschichte der deutschen Marine dasteht. Lebenslänglich wird er für alle Teilnehmer unvergeßlich sein, da er ein Ruhmesblatt einflocht in den Kranz unserer jungen Marine. Viel war durch dies an Opfern reiche, siegbringende Gefecht erreicht.

Ein letzter Liebesdienst mußte nun noch den Gefallenen erwiesen werden, die Bestattung im Seemannsgrabe.

Am nächsten Vormittag wurden die Särge, nachdem sie vielfach angebohrt und, um schneller untersinken zu können, mit Roststäben beschwert waren, auf dem Deck aufgebahrt. Die deutsche Flagge deckte die Särge, und darüber lagen Orden und Ehrenzeichen, Säbel und Seitengewehr. Alle deutschen Schiffe sandten Abordnungen, dazu kam die Geschwaderkapelle an Bord, zuletzt alle dienstfreien Offiziere und der Pfarrer.

Dann lichtete der ‚Iltis' den Anker zur letzten Fahrt für die Gefallenen, alle Flaggen wehten auf Halbstock. Fünf Seemeilen weit ging's hinaus in die See; hier stoppte das Schiff. Nach einer ergreifenden Ansprache des Marinepfarrers spielte die Musik, und gesenkten Hauptes, nassen Auges brachten Matrosen die Särge ans Fallreep, der Trauersalut knallte als letzter Scheidegruß über die Meereswogen.

Während der Bootsmann ‚Fallreep' pfiff, salutierten die Offiziere, und die Mannschaft stand still. Bald verschwanden die sieben Särge auf Nimmerwiedersehen in den Fluten des Gelben Meeres. — — „Flaggen vor! Äußerste Kraft! voraus!" So nahmen sie Abschied für immer von den braven Helden, die so ehrenvoll und ruhmreich fürs Vaterland starben! —

Am 27. Juni traf das ehrende Telegramm des Kaisers ein: „Voller Freude über die Bravour des ‚Iltis' und seiner Besatzung bei Taku spreche ich dem Kommandanten und der Besatzung Meine Anerkennung und Meinen Kaiserlichen Dank aus. Ich sehe, die Tapfern des alten ‚Iltis' sind neu erstanden, es wird Meiner Marine nie daran fehlen, dessen bin Ich sicher. Dem Kommandanten, Korvettenkapitän Lans, verleihe ich Meinen Orden *pour le mérite*. Für alle Offiziere und Mannschaften sind Ordensvorschläge telegraphisch einzureichen.

Ehre den Gefallenen!

gez. Wilhelm I. R."

Deutsches Flottenlied.

Hurra! Ihr blauen Jungen,

Wohlauf an Bug und Heck!
Aus kräft'gen Seemannslungen
Laßt's dröhnen übers Deck;
Laßt brausen durch die Meere
Den Spruch, dem keiner gleich:
Mit Gott für Deutschlands Ehre —
Hurra!
Für Kaiser und für Reich!

Hurra! Wir blauen Jungen,
Wir schirmen jeden Strand,
Wo deutscher Fleiß errungen
Ein neues Vaterland;
In eisigen Nordwinds Schauern,
Im Südhauch lind und weich
Stehn wir wie Wall und Mauern —
Hurra!
Für Kaiser und für Reich!

Hurra! Wir blauen Jungen
Sind Brüder allzumal,
Uns hält ein Band umschlungen,
Das fester als von Stahl;
Denn wo wir auch geboren,
An Düne, Strom und Deich,
Wir haben Treu' geschworen —
Hurra!
Für Kaiser und für Reich!

Hurra! Wir blauen Jungen,
Wir führen gute Wehr;

Und wird dereinst gerungen
Zur See um Sieg und Ehr',
Dann stehn wir jedem Rede
Und zahlen Streich mit Streich;
Wir scheuen keine Fehde —
Hurra!
Für Kaiser und für Reich!

Hurra! Wir blauen Jungen,
Wir lachen der Gefahr;
Zu Häupten, unbezwungen,
Fliegt uns des Reiches Aar;
Und sehn den Tod wir winken,
Wird keiner schwach und bleich,
Wir rufen noch im Sinken:
Hurra!
Für Kaiser und für Reich!

Reinhold Fuchs.

(Aus: „Strandgut". Stephan Geibel, Altenburg.)

I. Geschwader im Sturm.

Der Pflicht getreu bis in den Tod.

Wenn zur Sommerzeit die Reisenden aus dem Binnenlande die Reichskriegshäfen aufsuchen, um einen Einblick zu gewinnen in Deutschlands Flotte, dann beachten sie auf ihren Rundfahrten durch die Häfen besonders die Torpedoboote, die Blitzboote, die zu Dutzenden an einer verborgenen Stelle des Hafens zusammenliegen. Ruhig und friedlich liegen sie beieinander; aber wehe, wenn sie losgelassen werden und in schneller Fahrt das Wasser durchfurchen! Dann glühen die Feuer, und der dicke, schwarze Rauch fliegt aus den Schornsteinen, die Sirenen gellen, und dahin fahren die Boote wie wildgewordene Tiere. Wehe dem Feinde, dem sie auf kurze Entfernung nahekommen, um auf ihn den verderbenbringenden Torpedoschuß abzugeben!

Die Torpedoboote bilden eine der jüngsten Waffen der Marine, sie sind unheimlich und furchtbar. Eine ungemein starke Maschine verleiht den schlanken und rasch lenkbaren, leicht gebauten Booten eine große Geschwindigkeit; die Schnelligkeit ist ihre einzige Waffe im Kampfe gegen Panzerriesen, die die Torpedoboote mit Schnellfeuer und Maschinengewehren gar leicht in den Grund bohren können.

Wenn die Boote irgendwo im Hafen liegen, steigen die Landratten gern bewundernd in ihnen hin und her. Die wagemutige Jugend klimmt vergnügt aus den Innenräumen des Schiffes durch die schmalen Aufgänge, die nur die Breite eines Mannes haben, ohne zu ahnen, einen wie schweren und verantwortungsvollen Dienst diejenigen haben, die während der Friedenszeit ihrer Dienstpflicht auf den Torpedoschiffen genügen müssen. Nur dadurch, daß immer und immer wieder Offiziere und Mannschaften im Kampfe mit der See für ihre schwierige Aufgabe — schneller Angriff auf eine feindliche Flotte im Ernstfall — geschult werden, wird diese Waffe das, was sie sein soll: ein wirksamer Verteidiger unserer bedeutenden Seehäfen.

Die Aufgaben, die unsere Marine den Torpedomannschaften und ihren Offizieren stellt, sind gewiß keine leichten. Besonders, wenn der Nordweststurm über die Nordsee fegt und die heranwälzenden Wasserberge den Schiffen den Garaus bereiten wollen. Bei solchem Wetter brausen Sturm und See um die Wette. Oft genug fährt bei einer schweren See der Bug des Torpedobootes steil in die Höhe, um sofort wieder in ein tiefes Wellental niederzustoßen.

Angstgefühl durchzittert die Rekruten, die zum ersten Male eine solche Fahrt mitmachen; aber die, welche schon länger dienen, kennen diese Gefahren. Sie haben sich vertraut gemacht mit dem Gedanken, daß ein unglücklicher Umstand in solchen Augenblicken, wenn der Wind schaurig um die Schornsteine und die Signalmasten weht, leicht das Ende bedeutet. Nur diese fortdauernden mannigfachen Friedensübungen bei schwierigem Wetter, die Fahrt über die See und die Angriffsübungen auf die heimische Kriegsflotte ermöglichen es, Großes von der Torpedowaffe im Ernstfalle zu erwarten. Vom Geist, der die Mannschaften beseelt, haben Vorkommnisse der letzten Jahre den besten Beweis geliefert. Wir müssen dieser todesmutigen Männer gedenken, weil auch sie starben für die Ehre der deutschen Flagge.

Angriff eines Torpedobootes.

Es war im September des Jahres 1912. Die deutsche Hochseeflotte hatte Torpedoangriffe abzuwehren. Bei diesen Übungen erhielt das Torpedoboot G 171 von dem Panzer ‚Zähringen' einen so unglücklichen Kammstoß, daß das hintere Viertel des Torpedoschiffes vom übrigen Teil abgeschnitten wurde und früher sank, als der größere Teil des Wracks. Im Augenblick des Zusammenstoßes empfanden die Mannschaften des Torpedobootes, daß das Schiff seinen Todesstoß erhielt, aber alle blieben während der unheilschwangeren Minuten in musterhafter Ordnung an ihren Posten. Die Befehle der Offiziere wurden so ruhig gegeben, als handle es sich um eine Gefechtsübung, und die Mannschaft führte sie genau und schnell aus. Nichts von Panik, obgleich die Sendboten des Todes das Schiff umlauerten. Als in den gefahrdrohenden Augenblicken die Klappen und Ventile, die Düsen und Sicherheitstüren sich schlossen, zuckte wohl durch manches Hirn der Gedanke an den Tod, aber zum Ausdruck kam er nicht.

Gerade dieser peinlichen, getreuen Pflichterfüllung bis zum letzten Augenblick, die auch die übten, die unten in den Schiffsräumen bei den Maschinen ihren Dienst versahen, ist es zu verdanken, daß das Wrack eine Viertelstunde sich über Wasser hielt und fast die ganze Mannschaft gerettet wurde. Als die gierigen Wellen das Wrack umfaßten, stand die Mannschaft unter Kapitänleutnant Hoppenstedt am Vorderdeck. Schwimmer und Nichtschwimmer waren geschieden. Die an der Schiffswand befestigten Schwimmwesten, soweit sie nicht schon den erregten Meereswogen zur

Beute fielen, wurden verteilt. Die Nichtschwimmer erhielten die vorhandenen Westen. Und dann ging's auf Befehl des leitenden Offiziers Mann für Mann über Bord. Schon eilten die Rettungsboote der Panzerschiffe heran, um die im Wasser Schwimmenden aufzunehmen. Hier auf brandendem Meere übten sie Mannszucht; in dem Augenblick, da das Hinterteil des Schiffes immer tiefer sank und von den gierigen Meereswogen überspült ward, übten sie noch treue Kameradschaft.

Die kurze Mittagspause, die die Mannschaften in Ruhe genießen sollten, brachte den unheilvollen Zusammenstoß. Einer der Matrosen, der in diesem Augenblick aus einem der schachtartigen Niedergänge herauskam, wurde schwer verletzt. Hilflos lag er auf dem von Meereswogen überspülten Verdeck. Selbst konnte er sich nicht mehr helfen. Sein Kamerad, der schon sprungbereit an der Schiffswand stand, um zum Rettungsboote hinüberzuschwimmen, sah ihn liegen. „Hein! Du kannst ja mit deinem gebrochenen Arm nicht schwimmen; komm, ich nehme dich mit!" Ein Mann, ein Wort. Er hat dies gehalten bis zum letzten Augenblick. Mit seinem Schützling im Arm kämpfte er gegen die Meereswogen, um sich einen Weg zu bahnen, dem helfenden Boote entgegen. Allein vergebens! Den Verletzten im Arm, sank er vor den entsetzten und machtlosen Helfern in die Tiefe, seinen Kameraden getreu bis in den Tod.

* *
*

In den Märztagen des Jahres 1913 ereignete sich ein ähnliches Unglück, das durch die Größe des Verlustes an Mannschaften das schwerste Unglück darstellt, das bis dahin die deutsche Torpedoflotte erlitt. Über siebzig brave Seeleute fanden dabei den Tod, alles junge, pflichtbewußte Menschen, die im Friedensdienste für das Vaterland ihr Ende in den Nordseewellen fanden.

Torpedoboot S 178.

Zur mitternächtigen Stunde erhielt das Torpedoboot S 178 durch den Panzerkreuzer ‚York' einen schweren Stoß, der das Wasser mit Mächtigkeit und Schnelligkeit in das verletzte Boot hereinströmen ließ. Einer der Mitfahrenden und wenigen Geretteten schrieb darüber in einem Zeitungsbericht:

„Das Unglück geschah elf Uhr vierzig Minuten. Ich lag in der Koje und verspürte den Stoß selbst nicht. Auch als ich Wasser hereinrauschen hörte, dachte ich schlaftrunken: ‚Das ist wie gewöhnlich bei schwerem Wetter.' Da legte sich das Boot schief nach Backbordseite. Jetzt war ich bei klaren Gedanken: ‚Reiß dich zusammen!' Ich sprang aus der Koje, tastete nach rechts — niemand mehr da, ging nach vorn an den Niedergang und griff dabei links — niemand mehr da. Ich war also meiner Meinung nach der Letzte. Das Wasser stieg und stürzte mit Macht durch den Niedergang. Ich arbeitete mich mit Riesenkräften dem Wasserdruck entgegen, Stiege für Stiege. Auf der obersten Stufe stand ich dann bis zum Leib im Wasser und holte tief, tief Atem, wie ein Schwimmer vor langer Tauchstrecke. Da sank das Hinterteil des Bootes. Ich wurde in den Wirbel gezogen — tiefer und tiefer. Da fühlte ich, daß sich eine Leine um meine beiden Füße gewickelt hatte. Blitzschnell kam mir der Gedanke: Sollst du hier elend ertrinken? Nein! Mit verzweifelter Kraft riß ich die Unterhose vom Leibe, wobei die Leine mit abging, und arbeitete mich hoch. Es dauerte lange, sehr lange, und als all meine Luft verbraucht war, kam ich an die Oberfläche. Nicht weit von mir schwamm jemand auf irgendeinem Wrackteile. Ich schwamm hin und schwang mich mit hinauf. Wir verteilten uns, damit das Gleichgewicht blieb. Und nun das Drama! Das Vorderteil des Bootes war noch nicht gesunken, sondern stand schräg aus dem Wasser. Sämtliche übrigen Menschen standen darauf und schrien durcheinander. Alles dauerte drei bis vier Minuten. Wir auf unseren Planken krallten uns im Holze fest. Die See ging über uns und erstarrte uns. Der Ingenieur gesellte sich zu uns. Und das Boot sank. Wir trieben etwa dreiviertel Stunden, riefen die naheliegenden Schiffe an — keine Rettung. Trotzdem blieben wir vollständig klar bei Sinnen. Des sehr schweren Wetters wegen konnte von den Linienschiffen kaum ein Kutter ausgesetzt werden. Ich sagte zu meinem Gefährten: ‚Noch zehn Minuten tragen uns die Bretter — dann ist Schluß.' Da kam ein Kutter; dreimal zurückgeworfen, kam er endlich doch heran, und wir flogen hinein. Jetzt waren wir geborgen, und das Frieren fing an. Der Obermaat hatte Unterhose und Hemd, der Ingenieur Lederzeug, und ich nur das Hemd an. Nach halbstündiger Fahrt kamen wir an Bord. Der Unterkörper war wie abgestorben." — — —

Nur elf Mann wurden gerettet, die andern fanden den Tod in den Wellen; alle waren der Pflicht getreu bis in den Tod!

Ehre ihrem Andenken!

Unterseeboot U 11.

Wichtige Daten zur Geschichte der deutschen Marine.

Die mit Stern (*) bezeichneten Ereignisse sind in dem vorliegenden Buch in besonderen Abschnitten behandelt.

1676.

Seegefecht bei Bornholm.

1683.

Gründung von Groß-Friedrichsburg.

8. Juni 1848.

Beschluß der National-Versammlung in Frankfurt am Main wegen Gründung einer deutschen Flotte.

5. September 1848.

Errichtung eines vorläufigen Marinier-Bataillons und Einsetzung einer Marinekommission.

9. November 1848.

Erste Flottenübung im Jasmunder Bodden.

5. April 1849.*

Gefecht bei Eckernförde. Wegnahme der ‚Gefion'.

4. Juni 1849.*

Seegefecht bei Helgoland.

2. April 1852.

Beschluß der Bundesversammlung, die Flotte aufzulösen.

11. November 1852.

Ausgehen des ersten Geschwaders nach Afrika und Südamerika.

20. Juli 1853.

Vertrag wegen Abtretung des Jadegebietes (Wilhelmshaven).

25. September 1853.

S. M. S. ‚Danzig' im Goldenen Horn.

7. August 1856.*

Gefecht von Tres Forcas.

1859 bis 1862.

Ostasiatische Expedition.

17. März 1864.*

Seegefecht bei Jasmund.

1. Oktober 1867.

Die Schiffe hissen die Flagge des Norddeutschen Bundes.

17. Juni 1869.

Einweihung von Wilhelmshaven.

9. November 1870.*

Gefecht zwischen ‚Meteor' und ‚Bouvet'.

21. Dezember 1884.

Gefecht im Kamerungebiet.

13. November 1886.

Eröffnung der zweiten Hafeneinfahrt in Wilhelmshaven.

3. Juni 1887.

Flottenparade bei der Grundsteinlegung des Nord-Ostsee-Kanals.

18. Dezember 1888.*

Gefecht von Vailele.

1888 und 1899.*

Buschiri-Aufstand.

16. März 1889.*

Strandung von ‚Adler', ‚Eber' und ‚Olga' im Hafen von Apia.

10. August 1890.

Übernahme von Helgoland.

28. August 1891.

Eingreifen des Kreuzergeschwaders zum Schutz der deutschen Interessen in Valparaiso.

20. Juni 1895.

Eröffnung des Kaiser-Wilhelm-Kanals.

15. Juni 1897.

Tirpitz wird Staatssekretär des Reichs-Marineamts.

15. November 1897.

Besetzung des Kiautschou-Gebietes.

17. Juni 1900.*

Eroberung der Taku-Forts.

22. Juni 1900.

Kämpfe beim Hsiku-Arsenal.

Dezember 1902
bis Februar 1903

}

Blockade der venezolanischen Küste.

Januar 1904.

Eingreifen des ‚Habicht' im Herero-Aufstand.

Fußnoten:

[1] Verlag von Enßlin & Laiblin, Reutlingen.

[2] In freier Übertragung bedeuten diese Verszeilen: „Gute Gesellen, haltet es nicht für zu wenig, zu beichten, ehe ihr aufs Schiff geht. Es war nur kurze Zeit, da verloren wir unser Leben. Ein Vaterunser für alle Christenseelen."

[3] Das Nachfolgende hat die Hanse-Brüderschaft beschlossen: wer dieses Hauses Gerechtsame nicht will tun ohne Widerrede, den soll man auf diese Tafel schreiben, und soll darauf so lange stehen, bis er dieses Hauses Gerechtsame getan hat. Bier soll man ihm hier nicht zapfen, so lange, bis er seine Sache geschlichtet hat.

[4] Es ist gut zugegangen.

[5] Pfennig.

[6]

Ehre sei Gott, Ehre sei Gott!

Das sag ich wahrlich ohne Spott.

Ei, nun kriech in das heilige Paradies,

Da sollst du schmecken das Birkenreis,

Ja, Birkenreis haufenweis,

Soviel, daß 24 Bauern dein Hinterteil können stäupen.

[7] Kaperbriefe.

[8] Nach unserer heutigen Rechnung würde es fast einen Betrag von 300 000 Mark ausmachen.

[9]

Die bunte Kuh aus Flandern kam,

Das Raubschiff auf die Hörner nahm

Und stieß es schnell in Stücke.

[10] Knöchel.

[11] Bombarden sind Geschütze des 14. und 15. Jahrhunderts; sie bestanden aus einem kurzen Rohr, dessen Seele sich nach der Mündung trichterförmig erweiterte.

[12] Meeresstraße westlich von Rügen.

[13] Deutsche Hanse.

[14] Laßt uns das Schock voll machen, dort kriechen noch viel zu viel Lausekerle auf dem Wasser herum.

[15] ‚Fredekogge' wurde ein Schiff benannt, weil es bestimmt war, den Frieden auf dem Meere herzustellen oder zu bewahren. Die Koggen hatten drei Masten und nahezu dreihundert Mann Besatzung. Sie bestand aus ‚Schiffskindern', d. s. Seeleute, die die Segel bedienten und anknüpften, und ‚Ruters', d. s. Söldner, die nur für den Kampf bestimmt waren.

[16] Die ‚Barsen' waren schlanke, schnellgehende Schiffe mit zwei Masten, halb so groß wie Koggen, ihre Besatzung bestand nur aus Seeleuten.

[17] Siehe Fußnote auf Seite 91.

[18] Kleine einmastige Fahrzeuge.

[19] Enden.

[20] Ohnegleichen.

[21] Spanische Küstenprovinz.